MÉLANGES

D'HISTOIRE

NATURELLE.

TOME QUATRIEME.

MÉLANGES
D'HISTOIRE
NATURELLE.

Par M. ALLEON DULAC, Avocat en Parlement & aux Cours de Lyon.

Quàm magnificata sunt opera tua , Domine ! omnia in sapientia fecisti ; impleta est terra possessione tuâ. *Ps.* 103.

TOME QUATRIEME.

A LYON,

Chez BENOÎT DUPLAIN, rue Merciere, à l'Aigle.

M. DCC. LXV.

Avec Approbation & Privilege du Roi.

TABLE

DES MATIERES

Contenues dans le quatrieme volume.

Fin de la Table du Tome IV.

NOUVELLE

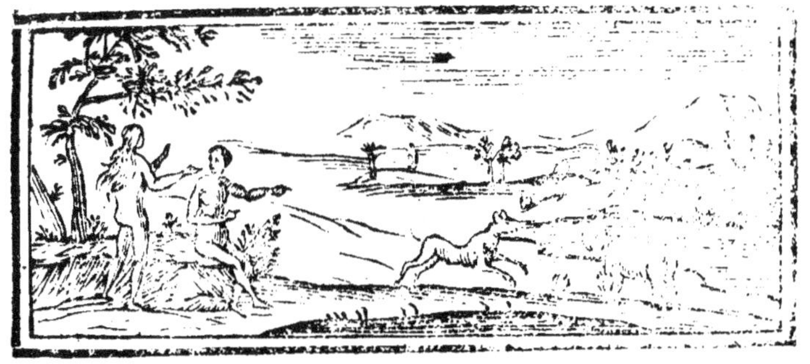

NOUVELLE
DÉCOUVERTE
SUR
LE SEL AMMONIAC.

LA nouvelle découverte sur le sel ammoniac, (a) dont nous allons parler est agréable & utile. M. *Hasselquist*, qui en a présenté le mémoire à l'Aca-

DE'COU-
VERTE SUR
LE SEL AM-
MONIAC.

(a Sans entrer dans la recherche étymologique du nom, que les uns font venir du temple de Jupiter Ammon, d'autres de la province *Ammonia*, & d'autres plus simplement d'*ammos*, mot grec, qui signifie sable, M. Leyell remarque que Pline

démie de Stockholm , est un voyageur d'un mérite connu ; & M. *Leyell* , qui s'est fait honneur de l'enrichir d'une

est le premier des anciens , qui parle de sel ammoniac dans son histoire naturelle , au chapitre 6 , qui traite des sels. Après avoir décrit un sel de montagne , qui se trouvoit aux Indes dans le mont *Oromenus* , il dit " qu'on en voyoit de
„ même dans les terres de la Cappadoce , ainsi que
„ du côté de Pelusium , & entre l'Egypte &
„ l'Arabie ; que cette derniere contrée en produisoit
„ aussi, dans des terres marécageuses & sous le
„ sable ; qu'enfin il s'en trouvoit de cette espece
„ dans les terres d'Afrque , jusqu'au temple de
„ Jupiter Ammon , & que le pays de Cyrne étoit
„ connu par un sel qu'on nommoit *Ammoniac* ,
„ à cause du sable sous lequel on le trouvoit.
„ Sa couleur , ajoute Pline , ressemble à celle de
„ l'Alun , qu'ils appellent *Schifton*. Il est en pa-
„ lettes oblongues , qui cependant ne sont pas
„ transparentes. Son goût est désagréable ; mais
„ il est très utile pour la médecine. „ *Agricola* , qui parle aussi du sel Ammoniac , rapporte qu'on le disoit très léger , pendant qu'il étoit renfermé dans ses couches ; mais que son poids augmentoit beaucoup à l'air. Dioscoride représente le sel Ammoniac , comme un sel élémentaire , dur , transparent , blanc , tenant de la nature de l'ardoise & du minéral. Toutes ces descriptions sont obscures , & ne conviennent point au sel ammoniac d'aujourd'hui. Celui qu'on nomme Ammoniac , officinal & artificiel , qui a été connu dans les siecles suivants , est un sel préparé , qui nous vient d'Egypte en forme de pain , mais qui est composé d'un acide de sel de cuisine & d'un alkali volatil.

préface, jouit d'une réputation bien ac- DÉCOU-
VERTE SUR
LE SEL AM-
MONIAC.
quife, (*b*)

On fait à préfent que la matiere dont on compofe le fel ammoniac (*c*),

---

On connoît encore une autre efpece de fel ammoniac artificiel, qui vient des Indes, en forme de cône tronqué. C'eft celui dont M. Geoffroi affuroit, dans les mémoires de l'Académie des Sciences de 1723, que les pains les plus forts qu'il eût vus, étoient d'environ neuf pouces de diametre à la bafe, & trois un quart à la tête, fur onze de haut. Mais tous ces fels ammoniacs ne font pas celui dont il eft ici queftion.

(*b*) Ils font tous deux de l'Académie de Stockholm.

(*c*) Le fel, qu'on va décrire, a été fort long-temps un fecret pour les chymiftes d'Europe, autant à l'égard de fa matiere que de fa préparation. M. Leyell paffe fur les erreurs auxquelles il a donné occafion. Le Pere Sicard, Jefuite, & Miffionnaire en Egypte, eft le premier qui en ait parlé, en 1716, dans une lettre au Comte de Touloufe, datée le 1 de Juin au Grand-Caire. Il y donne une defcription abrégée de la maniere dont ce fel étoit préparé par les Damayers, dans le delta. Cette lettre fe trouve dans les nouveaux mémoires des miffions. Enfuite les foins de l'Académie des Sciences de Paris ont mis cette matiere dans un plus grand jour. On trouve dans les mémoires de 1720, avec les remarques de M. Geoffroi fur les qualités & les ingrédients du fel ammoniac, une defcription que M. Le Mere, Conful de France au Grand-Caire, avoit envoyée à la même Académie, le 29 Juin 1719. Thomas *Shavv*, célebre voyageur Anglois, a donné aufli

est la suie des excréments brûlés de toutes sortes d'animaux quadrupedes & domestiques, qui se nourrissent de plantes, & de ceux qui proviennent des hommes. Les Egyptiens ramassent ces excréments, pendant les quatre premiers mois de l'année ; temps où leurs

en 1738, dans la relation de ses voyages, celle de la préparation du sel ammoniac d'Egypte. Mais quoique le Pere Sicard, M. Le Mere, & M. *Shaw* s'accordent avec M. *Hasselquist*, sur la matiere & sur la forme du travail, ils ont ignoré le point le plus important, qui est l'origine de l'acide de sel commun, qui, comme l'on sait, fait une partie essentielle du sel ammoniac. C'est à M. *Hasselquist*, qu'est duë cette découverte. A l'égard du reste, s'il s'écarte un peu de M. Le Mere dans la construction des fours, M. Leyell convient qu'il n'y a rien à conclure de là au désavantage du Consul, parce que cette différence peut venir des changements mêmes que les Egyptiens y ont fait depuis. Il en est de même à l'egard du produit, que M. Le Mere fait monter plus haut que M. Hasselquist. Ainsi le mérite réel de la relation Suédoise consiste principalement en deux points : l'un, de nous apprendre, par un détail fort curieux, d'où vient l'acide de sel commun au sel ammoniac ; l'autre de prouver que le sel ammoniac d'Egypte est un véritable Sublimé, contre l'opinion de ceux qui se sont trompés en le regardant comme un sel épaissi. De ce nombre est particuliérement M. Lemery dans un mémoire présenté à l'Académie des Sciences de Paris en 1718.

animaux domeſtiques, qui ſont les chevaux, les ânes, les chameaux, les bœufs, les vaches, les buſles, les brebis & les chevres, ſe nourriſſent d'herbes fraîches, ſur-tout de luzerne, la même qu'on ſeme & qu'on coupe en Europe. Lorſque les herbes commencent à ſécher, on fait beaucoup moins de cas de la ſiente des *animaux*, parce qu'elle eſt moins propre alors pour la fabrique du ſel. Ce temps commence avec l'été, où la terre eſt brûlée par le ſoleil, & dure pendant l'automne & une partie de l'hyver, où les campagnes ſont ſubmergées.

Mais il faut obſerver qu'il n'eſt point de pays au monde, ſi l'on excepte la Pologne, qui renferme dans ſon ſein, une auſſi grande quantité de ſel commun que l'Egypte. Le fond de ſon terrein n'eſt preſque compoſé que de montagnes de ſel ; ce qu'on remarque facilement par les foſſés pratiqués de diſtance en diſtance, qui rendent un ſel rougeâtre, mêlé de chaux, que les Egyptiens d'aujourd'hui appellent *natron*, & dont ils font beaucoup d'uſage dans la préparation de leurs aliments. La plupart des puits, en Egypte, ont

A 3

une eau falée, & fi commune, qu'on regarde comme une efpece de miracle, un puits d'eau douce, qui eft à Matarée, l'Heliopolis des anciens : fi le Nil ne réparoit pas ce dommage, l'Egypte feroit inhabitable, comme une grande partie de l'Arabie l'eft par la même caufe. Dans ces deux régions, celui qui poffede une fource d'eau douce, regarde cette poffeffion comme un avantage des plus confidérables ; & rarement il en découvre le lieu à d'autres qu'à fes enfants.

Les terres même les plus noires, en Egypte, renferment beaucoup de fel ; ce qu'on vérifie très facilement le matin, avant le lever du foleil, par la quantité de fel commun blanc dont elles font revêtues en quantité d'endroits, à peu-près comme on voit en Suede, dans l'arriere faifon, la terre couverte de frimats, ou d'un peu de neige. M. *Haffelquift* n'a fait cette obfervation nulle part au levant, excepté en Egypte, & dans les lieux voifins de la mer Morte.

Un terrein falé doit produire des plantes falées ; auffi s'en trouve-t-il en Egypte, & beaucoup plus qu'en aucun autre endroit du levant. L'Auteur compte, dans ce nombre, la *Salicornie*, plufieurs efpeces de *mefembryanthema*, & de *chenopodia*, qui font les plantes les plus communes, & comme propres du pays, non-feulement fur les côtes maritimes, mais même en plufieurs endroits de l'intérieur des terres.

Les animaux, qui aiment les plantes falées, mangent en Egypte de toutes celles qu'on vient de nommer, chacun felon fon goût. Les bœufs & les brebis s'attachent particuliérement au chenopodia : les chameaux & les chevres mangent tout ce qui eft verd, falé & doux, lorfqu'ils font en liberté. D'ailleurs les plantes, qui par leur nature ne font point falées, ne laiffent pas de renfermer quelque fel en Egypte; M. *Haffelquift* a même trouvé un goût de fel au trefle commun, qu'on mange verd dans ce pays, pendant la faifon où l'on ramaffe les excréments, & fec pendant le refte de l'année.

Ces obfervations fur l'étendue du fel en Egypte, font clairement découvrir l'origine de l'acide de fel qui fe trouve dans le fel ammoniac. Pendant le temps de la récolte des excréments,

A 4

DÉCOU-
VERTE SUR
LE SEL AM-
MONIAC.

ceux qui prennent ce foin s'appliquent
fur-tout à les ramaffer frais ; ils fui-
vent ces animaux pendant toute la journée, pour enlever leur fiente, auffi-tôt
qu'elle eft rendue ; eft-elle trop lâche
pour être enlevée en pieces ? on la
rend plus épaiffe avec de la paille, du
chanvre ou du lin, hachés fort menu.
On pofe enfuite cette fiente contre un
mur, dans la même forme & la même
grandeur qu'elle a été recueillie, & on
l'y laiffe expofée, jufqu'à ce qu'elle
foit tellement defféchée par le foleil,
qu'elle devienne propre à brûler : c'eft
un combuftible général pour les pauvres d'un pays dépourvu de bois, où
celui qu'on apporte par mer de la
Caramanie, coûte affez cher aux perfonnes riches : ceux qui n'ont brûlé
que des excréments dans leurs poéles
& leurs cheminées, en ramaffent la
fuie & la vendent aux manufactures
de fel : la quantité qu'on en ramaffe
eft fuffifante, pour fournir abondamment toutes les fabriques.

Il fe confume tant de cette fiente en
Égypte, que chaque jour au matin,
on ne peut fortir du Grand-Caire,
fans rencontrer des centaines d'ânes

qui en font chargés : cette combinai-
fon feroit une très mauvaife écono
mie, fi le pays avoit befoin de fumier
comme le nôtre ; mais la nature y
ayant pourvu d'une autre maniere, en
procurant la fertilité par un limon,
dont la terre fe couvre pendant qu'elle
eft fubmergée, c'eft un fujet d'éloge
pour les habitants, d'avoir trouvé moyen, par leur induftrie, de tirer d'une
chofe fi vile un double profit.

Il eft indifférent de quels animaux
proviennent les excréments dont on emploie la fuie, pour la fabrique du fel :
ceux des chameaux n'ont aucune préférence ; & malgré tout ce qu'on lit
dans quelques Auteurs, M. Haffelquift
nous affure que leur urine y fert encore
moins ; mais ceux qui travaillent dans
les fabriques du fel, prétendent que la
fuie des excréments d'hommes & de
chevres feroient la meilleure, s'ils pouvoient en avoir avec la facilité & l'a-
bondance qu'ils defirent.

La maniere de préparer le fel n'a
de remarquable, que fa promptitude
& fa fimplicité : un chymifte, dit
M. Haffelquift, dans fon laboratoire
bien rangé, le prépareroit affurément

avec plus de précaution ; mais il ne
seroit pas plus sûr du succès. On construit un four oblong, composé de tui-
les & d'excréments, d'une grandeur
suffisante pour recevoir sur la voûte
qui est plate, une cinquantaine de
cucurbites de verre, rangées sur cinq
lignes ; dix en long & cinq en large.
Chacune a son creux, pratiqué dans
la voûte du four, où elle est placée :
ces cucurbites sont rondes, & se ter-
minent par un col de la longueur d'un
pouce, sur deux de large ; elles contiennent environ deux hannes Suédoi-
ses (d). On les enveloppe d'abord de
limon du Nil, & de paille par dessus ;
ensuite on les remplit de suie d'excréments pour les placer dans leurs loges:
lorsqu'elles y sont bien disposées, on
fait du feu dans le four, avec des
excréments desséchés. On ne commence
point par un feu trop vif ; mais bientôt il est poussé au plus haut degré,
ce que les ouvriers nomment feu d'en-
fer ; il est continué dans cette violence,

(d) La hanne de Suede contient environ trois
intes de France.

pendant trois fois vingt-quatre heures,
suivant la maniere de compter des
Egyptiens. Lorsqu'il est à son plus haut
degré, on voit une fumée qui s'éleve par l'ouverture des cucurbites, &
l'on ressent en l'air un goût acide, qui
n'est pas désagréable. Alors le sel commence à s'attacher peu à peu au col
des cucurbites, qui bientôt en sont
presque fermées. Cette formation du
sel continue, jusqu'à la fin du temps
réglé par l'expérience ; ensuite on casse
les cucurbites, & l'on trouve dans
chacune, au dessous du col, un pain
de sel ammoniac, voûté en dessus,
plat en dessous, blanc au dedans, &
noir en dehors, tels enfin qu'on les
transporte dans toute l'Europe : la suie
qui s'amasse dans le four même dans
l'opération, & qui provient de la même
matiere, est employée à son tour, pour
en faire du sel.

Proche de la fabrique, les Egyptiens
ont une verrerie, dans laquelle ils font
leurs cucurbites ; & comme rien ne
se perd en Egypte, ils font servir les
morceaux des cucurbites brisées, pour
en faire de nouvelles, qui servent à
l'opération suivante. Le temps réglé,

pour faire le sel, est le mois de Mars, celui d'Avril, & une partie de Mai : le lieu principal est le Delta , & c'est une richesse en Egypte , que d'avoir un grand nombre de ces fours.

Giza grand village de l'autre côté du Nil , vis-à vis du vieux Caire , est le premier endroit où l'on trouve de ces fabriques. M. Hasselquist ne se souvient point d'en avoir vu dans le Caire même ; mais à Rosette, on en voit quelques-unes. Les ouvriers & les Directeurs mêmes sont des paysans, dont le plus simple est capable de toute l'opération ; mais les propriétaires sont ordinairement les Magistrats Turcs des villages où sont les fours ; & cette marchandise n'appartient pas au trésor du grand Seigneur, comme le senné & la casse , qui sont affermés en son nom.

Le plus grand débit du sel ammoniac se fait pour Vénise , Livourne & Marseille , & quelque partie pour les Etats du grand Seigneur : on compte qu'il s'en exporte annuellement, six cents canthares, dont chacun contient cent dix rotoles ; chaque rotole évalué à cent quarante-quatre dragmes.

Un Conseiller du commerce de Suede , membre de l'Académie de Stockholm (e) , a joint au récit de M. Hasselquist , quelques circonstances tirées d'une description (f) qu'il reçut, dit-il, à Marseille en 1743 , d'une personne qui avoit demeuré long-temps en Egypte , & qui depuis son retour en France avoit fait quelques expériences qui lui ont réussi.

1°. Il ne faut pas que les cucurbites soient entiérement remplies de sure ; on y laisse quelques pouces d'espace libre.

2°. On doit commencer le chauffage avec de la paille liée en petites bottes , pour ménager d'abord les cucurbites.

3°. Dès que le sel commence à monter, on voit une petite flamme bleuâtre & violette , qui s'éleve par le col de la cucurbite.

4°. Il est nécessaire , au commencement de l'opération , d'entretenir le

----

(e) M. Ulric Radenschold.
(f) Elle confirme d'ailleurs celle de M. Hasselquist.

col des cucurbites ouvert , par le moyen d'un fil de fer , qu'on remue par intervalles de haut en bas ; de peur que le sel venant à fermer l'ouverture du verre, la curcubite ne creve.

5°. Sur environ vingt-six livres de suie , qu'on met dans chaque cucurbite , on tire ordinairement six livres de sel ammoniac.

M. Leyell observe , à son tour , qu'outre la maniere des Egyptiens, il y a d'autres méthodes pour faire ce sel. " On lit , dit-il , dans une dif-
,, sertation de M. *de Scheffer*, adressée
,, à l'Académie de Stockholm , que
,, la plupart des terres argileuses ,
,, mêlées avec du sel commun , peu-
,, vent produire le même effet ; qu'on
,, l'obtient aussi de tous les sels vola-
,, tils du regne animal , tels , par
,, exemple , que celui de corne de
,, cerfs, d'urine, &c ; & même de l'al-
,, kali volatil tiré de la moutarde , du
,, poivre & du gingembre , lorsqu'il
,, est saturé avec de l'acide de sel com-
,, mun ; enfin qu'on peut tirer un sel
,, ammoniac de l'urine humaine , pré-
,, férablement à celle de tous les au-
,, tres animaux , parce qu'elle renferme

,, une bien plus grande quantité de
,, sel commun (*g*).

    Au reste, ajoute M. Leyell, nous
avons d'autres sels homogenes au sel
ammoniac, & qui n'en different que par
les acides ; comme celui de Glauber,
& le nitre brûlant. Nous avons même
un sel ammoniac, produit par la nature, qui se trouve, suivant M. *de
Scheffer*, aux environs de Pouzol en
Italie. Plusieurs relations parlent d'un
sel semblable, qu'elles font regarder
comme une production des volcans.
Mais elles s'accordent si peu dans sa
description, que malgré le témoignage
de M. *Boccone*, qui n'excite pas à
donner ce nom à celui qui se trouve
près du mont Vesuve, quelques chy-
mistes doutent si c'est un vrai sel ammoniac : du moins ne leur paroît-il
pas libre de parties hétérogenes.

    Après tout, observe l'auteur, ce sel,
qui tire son origine de tous les trois
regnes de la nature, quoique dans sa

(*g*) M. Geoffroi a fait la même remarque, dans
un mémoire sur la nature & la composition du
sel ammoniac. Voyez les mémoires de l'Académie
des Sciences de 1720.

compofition artificielle il ne tire fon acide que du regne minéral , tandis que les deux autres lui fourniffent fon alkali volatil , peut fort bien fe former , fans le fecours des deux derniers regnes , dans le fein des montagnes mêmes , où l'on fait que cet alkali fe trouve , auffi bien que dans les plantes & les animaux.

LAC

LAC DE NEAGLE

DANS

LE COMTÉ DE DOWN,

EN IRLANDE.

PArmi les lacs du comté de Down en Irlande, le plus considérable est celui de Neagle. C'est peut-être le plus grand amas d'eau fraîche qui soit en Europe, si l'on excepte les lacs de Ladoga & d'Onega en Moscovie, & celui de Geneve. Ses eaux ont la vertu de guérir en très peu de temps, toutes sortes de plaies & d'ulceres externes : on a découvert, en les analysant, qu'elles étoient fortement impregnées de parties sulphureuses & bitumineuses. C'est de là probablement que vient leur vertu. De célebres naturalistes ont attribué aux eaux de ce lac, la propriété de convertir le bois en pierre ; il paroît que c'est une erreur.

LAC DE NIAGLE.

Mais il est certain que les pierres que l'on tire de ce lac, sont d'une espece fort singuliere : elles sont composées de fibres étendues en longueur, & elles ne peuvent guere être fendues, que suivant cette direction. Quand on les scie en travers, on y découvre plusieurs cercles, pareils à ceux que forment dans les arbres les augmentations annuelles de la seve. Leurs parties intérieures different souvent beaucoup des extérieures, comme le cœur du bois differe de l'aubier & de l'écorce. Jetées dans le feu, elles brûlent, s'enflamment, & produisent une fumée noire, sans rien perdre, ou en ne perdant que très peu de leurs poids : il paroît par plusieurs expériences, qu'elles contiennent beaucoup de parties métalliques.

INSTRUCTION

POUR

LA CULTURE DU CAFÉ,

Traduite du Hollandois.

UN Hollandois, que ses affaires ont retenu quelques années dans l'Isle de *Mascareigne ou de Bourbon* (*a*), s'est appliqué pendant son séjour à examiner la maniere dont les habitants de

(*a*) C'est une Isle d'Afrique dans l'Océan Ethiopique, à l'Orient de la grande Isle de Madagascar, à cent lieues du Cap de Bonne-espérance. Elle est presque ovale & peut avoir quinze lieues de long sur dix de large & quarante de tour. Elle fut découverte par un Portugais de la maison de *Mascarenhas*, qui lui donna son nom ; c'est de là qu'elle fut appellée *Mascareigne*, *Mascarenhe*, ou *Mascaregne*, & qu'elle est ainsi nommée encore quelquefois ; de même qu'on appelle dans plusieurs provinces de France le café qui en vient du *Mascarin*. Les François s'en emparerent en 1672, & lui donnerent le nom de l'*Isle de Bourbon*. Ils en sont en possession depuis ce temps-là.

cette Isle cultivent le café. De retour à Amsterdam, il a mis par écrit ses observations, auxquelles il a joint de nouvelles vues ; animé de la juste confiance qu'elles pourroient être utiles à ses compatriotes, qui s'appliquent à la culture du café dans les possessions Hollandoises, & sur-tout dans l'Isle de Java. C'est ce même amour du bien de notre nation qui nous a porté à traduire ce mémoire instructif. L'usage du café en liqueur est si généralement répandu en France & dans toute l'Europe, qu'il n'y a personne qui ne doive être curieux de connoître cet arbrisseau, la façon de le planter, de recueillir & de préparer la feve agréable & salutaire qu'il produit. Ce sujet d'ailleurs tient à l'histoire naturelle ; &, ce qui nous intéresse encore plus, c'est que la colonie de l'Isle de Bourbon pourra retirer de cet écrit un avantage particulier pour perfectionner cette branche importante de notre commerce. L'Auteur n'a point donné la description du *Cafier*. Il suppose avec raison que ses compatriotes le connoissent ; il y en a dans les jardins d'Amsterdam. Il suffit de savoir que, comme la graine

a la forme de nos feves , la tige eſt
auſſi la même à peu près , à l'exception que les feuilles ont plus de reſſemblance avec celle du ceriſier. C'eſt
maintenant l'Auteur Hollandois qui va
parler.

L'arbuſte appellé *Caſier* , demande
beaucoup de ſoins , ſi l'on veut qu'il
ſoit beau & qu'il rapporte. Il ne ſuffit
pas de nettoyer une cafeterie une fois
ou deux par an , comme j'ai vu bien
des habitants de l'Iſle de Bourbon ſe
contenter de le faire. Il faut viſiter
ſouvent cet arbriſſeau , en caſſer tous
les bois morts , arracher tous les rejettons qui en tireroient la ſubſtance,
empêcher enfin ſa tige de s'élever. Le
fruit demande autant & même plus de
ſujétion que l'arbuſte qui le donne. Si le
café a été mal fabriqué , l'on tentera
vainement de le faire revenir & de lui
donner l'odeur, la ſéchereſſe & la couleur ; il n'aura jamais la qualité de celui
qu'on aura préparé avec les attentions
convenables. Les détails où je vais entrer en fourniront la preuve. Pour ne
rien laiſſer à deſirer ſur cette matiere,
je prendrai l'arbuſte au moment où il
eſt planté , & je le ſuivrai juſques dans

fa production. Le Lecteur eſt prié d'obſerver que je ne parle que du café maſcarin, & non de celui de Moka ni de la Martinique, de la fabrique deſquels je n'ai aucune connoiſſance. Mais ce que je dirai du premier, peut ſans doute s'appliquer à toutes les autres eſpeces, à quelques différences près qu'il ſera aiſé aux cultivateurs de remarquer.

Quand on veut (à l'Iſle de Bourbon) former une cafeterie, on commence par défricher le terrein que l'on deſtine à cet uſage. J'ai obſervé dans toutes les plantations que j'ai vues, que les habitants y avoient laiſſé une forêt d'arbres, & ſur-tout les plus gros. Ceux à qui je demandai le motif de cette conduite, me dirent qu'ils agiſſoient ainſi, parce que le *Caſier* a beſoin de beaucoup d'ombre. Mais la véritable raiſon eſt l'envie d'avoir à peu de frais une grande cafeterie. Car j'ai vu nombre de plantations, dans leſquelles il n'y avoit point d'arbres, parce que le temps les avoit détruits, être d'un auſſi grand rapport que celles qu'on avoit formées dans les forêts. J'en ai fait une moi-même de cent vingt-cinq

gaulettes (*b*) de long fur trente à quarante de large, qui a fort bien réuffi,
& où je n'avois pas laiffé cependant
un feul morceau de bois fur pied. Ce
feroit cette derniere maniere de défricher que je préférerois. Je fens bien
qu'il eft naturel de penfer que le colon,
dès que le fuccès eft égal par l'un ou
l'autre procédé, a raifon de fuivre le
plus facile. Il doit paroître avantageux
pour lui de ne mettre qu'un mois à
une plantation qui lui en coûteroit
fix, dans le cas où il couperoit &
brûleroit tous les arbres. Je fuis d'ail-
leur forcé d'avouer que le *Cafier* qui
viendra à l'ombre confervera plus de
fraîcheur & fera d'un verd plus beau
que celui qui fera expofé au foleil.
Voilà fans doute deux grands avantages ; mais ils ne peuvent entrer en
balance avec les accidents qui naiffent
d'une femblable plantation. Tous les
arbres, quels qu'ils foient, meurent
dans l'Ifle de Bourbon, dès qu'ils font
dégarnis de taillis, excepté peut-être
une ou deux efpeces. Or, pour faire

(*b*) La gaulette a quinze pieds.

une plantation de café, il faut défricher la terre ; & il regne tous les ans des bifes & des vents furieux qui renverfent aifément ces arbres , morts faute des taillis que leur a ôté le défrichement. Comme ces arbres font monftrueux , ils étendent au loin leurs branches , & il en eft tel qui dans fa chûte brife une vingtaine & plus de cafiers. Si le nombre de ces arbres qui tombent eft confidérable , on fent aifément quelle doit être la dépopulation. A cet accident, fuffifant par lui-même pour faire préférer la maniere de défricher que je confeille , j'en joins un fecond. Il y a dans l'Ifle de Bourbon des féchereffes qui occafionnent ordinairement des incendies par l'imprudence ou la malice des efclaves. Les arbres qui ont eu affez de force pour réfifter à l'impétuofité des ouragans , font obligés de céder alors. Les flammeches que le vent lance fur eux , les embrafe ; leurs branches tombent çà & là , & portent la flamme & le ravage dans tout ce qui les environne. On peut juger maintenant fi c'eft une raifon d'utilité ou un motif de pareffe qui engage les colons à planter dans les forêts.

Il faut donc , non-feulement défricher la terre , mais encore en arracher les bois & les brûler. Après ces
opérations l'on peut planter , en obfervant néanmoins de n'y travailler
que dans la faifon pluvieufe , qui eft
ordinairement en Decembre & en Janvier. Il eft encore important de laiffer
bien humecter le terrein dont le feu
a defféché la fuperficie.

Lorfqu'il a plu abondamment , &
que l'on juge que le temps eft encore
à la pluie pour quelques jours , on peut
planter le Cafier. Celui qui eft le
plus expofé au Soleil eft celui qu'il
faut choifir , parce qu'il fupporte mieux
la tranfplantation que ne fait le plan
né à l'ombre. Il faut que ce plan ne
foit ni trop petit ni trop grand , c'eft-
à-dire , ni trop jeune ni trop vieux.
S'il eft trop jeune , il ne réfiftera pas
au changement de terrein , encore moins
aux coups de Soleil dont il fera frappé ,
trois jours peut-être après qu'il aura
été planté. De plus, ce jeune plan n'a
point affez de racines ni de nourriture pour prendre terre promptement.
Si , d'un autre côté , le plan eft trop
vieux , il ne prendra point & mourra

en jettant sa feuille. Il est arrivé quelquefois que de vieux plans ont repris; mais la chose est si rare que de vingt cafiers de cette espece que l'on aura transplantés, il ne s'en échappera souvent pas un. Un avantage dont on jouit, si le terrein est défriché, comme je le desire, c'est de pouvoir planter la cafeterie au cordeau. Cette disposition des plans rend d'abord agréable l'aspect de l'habitation ; il en résulte ensuite une utilité, c'est qu'au moyen des aliées que forme cette disposition , le maître voit plus facilement travailler tous ses esclaves : utilité qui ne se trouve point dans un terrein rempli de bois, debout ou couché. Il est impossible d'y planter au cordeau , & l'on perd l'agréable & l'utile.

On doit aussi considérer le quartier où se fait la plantation. Celui qui est plus sujet aux pluies , demande plus d'éloignement d'un arbuste à l'autre, qu'un quartier où les pluies sont moins fréquentes. Dans le premier, le cafier vient extrêmement touffu, & par conséquent occupe plus de circonférence, au lieu qu'il s'étend moins dans le second. Les uns le plantent à six pieds, les autres à sept, quelques-uns à huit, plusieurs à dix. Je crois pour moi qu'à huit pieds la distance est convenable. Une cafeterie plantée à six pieds est trop pressée, & les arbrisseaux s'y gênent mutuellement. A dix pieds la distance est trop grande, & ceux qui les placent à une pareille distance ne le font que dans la vue de planter toujours autre chose dans les intervalles : ce qui ne doit point se faire passé trois ans, comme on verra plus bas.

Les uns plantent au piquet, d'autres à la pioche. Je suis pour cette derniere maniere. Le pied en est mieux enterré, les racines mieux couvertes, & il y a plus à espérer que la plantation réussira. Le piquet au contraire a des inconvéniens. Ou l'esclave ne fait pas le trou assez profond, ou il le fait trop. S'il ne l'est pas assez, la racine qui ne trouve point où se loger, plie & se courbe de façon qu'elle se trouve trop pressée pour prendre de la nourriture ; ce qui fait infailliblement périr le plan. Si au contraire le trou a trop de profondeur, le bout de la racine ne touchant point au fond, il est aussi impossible que dans l'autre cas qu'elle se nourrisse. Cette maniere de planter est sujette encore à un autre inconvénient. Quand le negre a fait son trou avec son piquet pointu, il fourre le plant dedans, & se contente d'ébouler foiblement la terre autour de la tige, il croit avoir planté un casier, tandis que son plan ne tient à rien, & manque par cette raison. En plantant au contraire à la pioche, on évite tous ces inconvénients ; & le negre quelque négligent qu'il soit dans l'opération, plante malgré lui avec succès. Obligé de reboucher la fosse qu'il vient de faire avec la même terre, la maîtresse racine, ainsi que toutes les petites qui en dépendent, se trouve couverte d'un terreau bien mouillé, & le plan reçoit ainsi toute la nourriture nécessaire à sa subsistance & à son accroissement.

Le signe auquel on reconnoît qu'un plan a pris, c'est lorsqu'il jette des feuilles. Il y en a beaucoup cependant qui n'en jettent pas, & qui pour cela ne doivent point être regardés comme morts. Suivez au bout de quelque-temps leur tige, & vous découvrirez du verd, soit en haut, soit en bas. Lorsque l'on n'y en découvre point,

c'eſt un ſigne infaillible que le plan
n'a pas pris , ſoit qu'il ait été mal
tranſplanté, ſoit qu'il n'ait pas eu aſſez
de force pour réſiſter à la tranſplan-
tation. Il faut alors le remplacer dans
la même année, & , s'il étoit poſſible,
dans la même ſaiſon ; cela n'en ſeroit
que mieux.

Maintenant que nous ſuppoſons la
cafeterie plantée au cordeau , & les
plans, qui n'auroient pas pris, rem-
placés, nous allons ſuivre le jeune arbriſſeau juſqu'à l'inſtant qu'il produit.

Il eſt néceſſaire de mettre , la premiere année, des grains dans cette
cafeterie , pour donner de l'ombre &
de la fraîcheur à la jeune plante. Au
moyen de ce ſecours , elle ſe nourrira
mieux, pârira moins , & , ce qui en
eſt une ſuite néceſſaire , profitera plus
promptement.

Le ris , le bled & le mays, ſont les
grains que l'on y ſeme ordinairement
avec aſſez d'indifférence ſur le choix.
Je penſe cependant que le mays eſt
préférable. Il tire moins le ſel de la
terre que le ris & le bled , & laiſſe
plus à la cafeterie la portion de ſubſtance qui lui eſt néceſſaire. Le jeune

plan en est d'ailleurs moins étouffé, & reçoit tout autant d'ombre.

Lorqu'on fera la récolte du mays, on aura soin d'en laisser la paille sur la terre. Ainsi couverte elle aura plus de fraîcheur, & c'est un soin que l'on doit avoir que de tenir frais les pieds du cafier.

On peut, pendant trois ans, continuer à semer du mays sans crainte de faire aucun tort à la cafeterie, à laquelle au contraire cela ne peut être qu'avantageux. Les trois ans passés, il n'y faut plus rien semer, parce que l'arbrisseau, qui est déjà fort & qui doit donner du fruit, a besoin d'une plus grande substance nutritive.

Quoique l'arbuste soit garni de branches depuis le haut jusqu'en bas, & que ces branches soient fournies de feuilles vertes, il donne peu de fruit cette troisieme année, qui est la premiere de son rapport. Il faut cependant avoir soin de le cueillir exactement, & voici la maniere dont on doit y procéder.

Tant que la graine est verte ou n'est encore que jaune, ou même que d'un rouge pâle, il n'est point temps de la

cueillir. L'inftant de fa maturité ne fera
venu, que lorfque vous la verrez d'un
rouge noir. Cueillez alors. Si vous at-
tendiez plus long-temps, le café trop
mûr tomberoit, & la graine feroit
perdue, ou prendroit à terre un mauvais goût.

La meilleure façon de cueillir eft de ne
fe fervir que de deux doigts; vous prenez
la graine entre & l'y faites tourner;
de cette maniere, la graine quitte aifément, & ne fait aucun tort à la branche. En arrachant au contraire bruf-
quement la graine, ou en mettant,
comme je l'ai vu faire à plufieurs, la
main au haut de la branche, & l'égre-
nant d'un feul trait, fi la branche n'eft
point toujours perdue, ce qui arrive
fouvent, elle eft au moins fi endom-
magée qu'elle ne rapporte rien l'année fuivante. Cette derniere façon de
cueillir a encore un autre inconvénient,
c'eft de mêler le café qui n'eft point mûr
avec celui qui l'eft, & de gâter ce dernier par ce mélange.

Il ne faut donc, comme je l'ai dit,
prendre que les grains qui font rouge-
noir. Dix ou douze jours après, ceux
qui n'étoient que d'un rouge pâle,

feront bons à cueillir. Enfin , au bout de trois femaines , celui qui n'étoit que jaune fera en maturité. Cette troifieme récolte eft ordinairement la plus abondante , & lorfque la plantation a quatre ou cinq ans , il eft commun de voir un efclave remplir deux grands facs dans fa journée.

La maniere de ferrer le café n'exige pas moins de foins que celle de le cueillir. A mefure que les efclaves reviennent chargés , on doit les conduire à la platte-forme , conftruite pour fecher & égoutter le café. Vous leur faites vuider tous leurs facs en un feul tas, fans l'étendre. Le lendemain matin, foit qu'il ait plu ou non pendant la nuit, vous faites étendre le monceau, en obfervant cependant que la fuperficie à laquelle vous le réduifez , foit de quelques pouces d'épaiffeur : fi on laiffoit le café plus long-temps amoncelé , il s'aigriroit. En ne reftant au contraire en tas qu'un jour & une nuit, il jette fon eau & a plus de difpofition à fécher. On fera tous les jours de même jufqu'à la fin de la premiere cueillette. Pour lors on aura foin de faire remuer , tous les jours, le café

avec

avec un rateau , foit qu'il pleuve ou qu'il faffe foleil, afin que la graine qui eft deffous fe trouve à fon tour deffus.

Au bout de quelques jours , fi le temps eft beau , la graine aura perdu fa couleur rouge , & fera devenue tout-à-fait noire. Pour lors il faut diminuer l'épaiffeur de la fuperficie qu'elle occupe , en la faifant étendre extrêmement claire fur la plate-forme , où vous la laifferez paffer deux nuits , ayant foin de remuer une fois par jour.

Lorfque la graine aura ainfi paffé deux nuits , on la tâtera & on la trouvera dure. Parvenue à ce point , elle ne veut plus ni eau ni ferein , & l'on fera obligé , lorfque le foleil fe couche , de la ramaffer & de la faire mettre à couvert fous un hangar , à moins qu'on n'ait quelque moyen pour la tenir bien couverte fur la plate-forme même.

Tous les matins , lorfque le foleil aura bien féché la plate-forme , on étendra ce café bien clair , & l'on aura foin de le remuer avec des rateaux , trois fois dans la matinée , & autant l'après midi. Au foleil couchant , on le ferrera de nouveau fous le hangar , le plus chaud que l'on pourra , & en un

feul tas, s'il eft poffible. Cette opération veut être continuée tous les jours,
fi le temps le permet ; car, fi le temps
eft couvert, il ne faut pas expofer le
café à être mouillé, la pluie lui étant
contraire quand il eft parvenu au point
que nous venons de dire.

Lorfque la graine caffera fous la
dent & que la pellicule où font renfermés les deux grains de café fe dé-
tachera d'elle-même, ce fera figne qu'il
eft fec, & il fuffira de l'expofer encore
une ou deux fo's. Quand enfin ce grain
lui-même caffe net fous la dent, il eft
temps de le ferrer ; ce qu'il faudroit
faire fur les trois ou quatre heures après
midi, afin qu'il fut bien chaud.

Le café des feconde, troifieme &
quatrieme cueillettes, fe préparera de
même, en obfervant que, fi l'on n'a
pas eu le temps de mettre celui de la
premiere en état d'être ferré, il faut prendre garde de mêler avec lui celui de la
feconde, & ainfi des autres. L'inftant
de leur parfaite fécherefe eft le feul
où leur mixtion doive fe faire. Si on
les mêle dans tout autre temps, le
dernier détériore le premier. Toutes les
cueillettes ainfi faites, & les grains

qu'elles ont produit une fois féchés & mis en magafin, on ne court plus de rifque, & le café fe conferveroit, pour ainfi dire, éternellement.

Avant que de dire comment il faut le fabriquer pour le rendre marchand, je crois devoir retourner aux arbuftes, & rendre compte des foins qu'ils demandent après la récolte.

La cafeterie veut être nettoyée. Il ne faut pas même attendre, pour le faire, qu'elle foit fale. En la nettoyant fouvent, c'eft un ouvrage de cinq ou fix jours: c'en eft un de trois ou quatre femaines, quand elle eft fale & remplie d'herbes. Elles font d'ailleurs jaunir les jeunes cafiers & leur caufent beaucoup de tort, quand ils font en fleurs ; ce qui leur arrive quatre fois l'année. L'on arrachera donc les mauvaifes herbes, & l'on gratera celles qui commencent à pouffer.

Lorfque le negre chargé de cette opération aura nettoyé tous les environs d'un pied de cafier, le cafier même doit devenir l'objet de fes foins ; voici ce qu'il trouvera à y faire. En commençant d'abord par le pied, il verra quantité de rejettons qui pouffent, &

même qui font avancés. Il faut les ar-racher tous, excepté un qu'il laiſſera avec la tige du cafier. Il tournera en-ſuite autour de l'arbriſſeau, & caſſera tous les bois morts. Il arrachera de même au haut de la tige tous les re-jettons qui s'élevent au-deſſus de la touffe. En ôtant ainſi à l'arbriſſeau le pouvoir de croître par la tête, vous l'obligez à s'étendre en circonférence, & il pouſſe, dans cette derniere di-rection, quantité de branches qui don-nent du fruit l'année ſuivante. Une ca-feterie ainſi entretenue eſt toujours belle, & la récolte en eſt facile en ce que les branches les plus élevées des arbriſſeaux ſont à la portée des eſclaves.

J'ai connu des colons qui avoient pour maxime de laiſſer croître les ar-briſſeaux au point qu'il falloit ſe ſervir d'échelles pour faire la récolte. La rai-ſon qu'ils en apportoient, étoit qu'il faut abandonner la conduite des arbres à la nature. Mais, outre que je ſuis du ſentiment qui veut que l'on aide la nature, j'ai obſervé que leur récolte n'étoit pas plus abondante que celle de ceux qui empêchent leurs cafiers de s'étendre par la tête. La ſeule différence

qui fe trouve entre les uns & les autres , eft l'embarras des échelles & beaucoup de branches endommagées. Ce que
j'avance ici eft fondé fur l'expérience.

Les cafeteries donnent moins dans
une année que dans l'autre. Cette différence dans le rapport vient de la différence dans l'objet de leur végétation.
Dans une année , elles pouffent du
bois neuf, & c'eft dans cette année
qu'elles rendent moins. Dans la fuivante , elles donnent beaucoup , parce
que ce bois neuf apporte du fruit.

En foignant les arbriffeaux , comme
je viens de dire , une cafeterie durera
quinze ou vingt ans en rapport , au
bout duquel temps on peut la renouveller.

Plus l'arbufte eft vieux , plus le café
qu'il donne a de qualité. Ce n'eft donc
point d'après le plus ou le moins d'excellence du café que l'on recueille ,
que l'on doit juger de la vieilleffe d'une
cafeterie. Le figne auquel on connoît
qu'elle eft vieille , c'eft lorfqu'elle rend
moins qu'elle ne doit rendre. Voici le
moyen de la rajeunir.

Après la derniere cueillette , faites
couper tous vos cafiers à un pied &

demi de terre. Faites ensuite porter dehors tout le bois coupé, & que la cafeterie soit bien nettoyée. Plantez alors dedans du mays. A la récolte que vous en ferez, visitez tous vos arbrisseaux ; vous les trouverez garnis de rejettons. Choisissez, dans chacun, les deux plus gros & qui vous paroîtront avoir pris le plus de nourriture, & faites arracher les autres. Soignez ces deux rejettons, comme j'ai dit ci-dessus, sans en souffrir d'autres, & replantez du mays pendant deux ou trois ans. Au bout de ce temps vous commencerez à recueillir du café, comme dans une cafeterie nouvelle, & cela pendant quinze ou vingt ans.

Je crois avoir fait connoître suffisamment tout ce qu'il faut faire pour planter, entretenir, mettre en rapport, & renouveller une cafeterie. Voyons à présent quelle sorte d'opération exige le café que nous avons laissé en magasin.

Pour donner la derniere perfection au café, c'est-à-dire, pour le rendre marchand, on en fera tirer du magasin une certaine quantité en coque, & on l'étendra le plus clair qu'il sera possible

fur la platte-forme au foleil. Il eſt bon
d'obſerver que la plate-forme doit
être feche.

Il faut avoir fous un hangar un mortier propre à piler cette graine , c'eſt-
à-dire , fait en entonnoir. L'ouverture
doit être de deux pieds environ à la
circonférence , & ſa profondeur , de
deux pieds & demi , doit inſenſiblement diminuer de largeur juſqu'à n'en
pas avoir , pour ainſi dire , dans le
fond. Si les mortiers n'étoient point
faits de cette façon , le café ſe caſſe-
roit par morceaux. Le Pilon , fait d'un
bois lourd , aura trois pieds à trois
pieds & demi de long , & ſera de la
même figure que celui d'un apothicaire.

Chaque mortier ſera confié à deux
efclaves , placés l'un devant l'autre ,
qui feront tomber alternativement leurs
pilons. On ne doit commencer à piler,
que quand le foleil a chauffé le café
qui eſt fur la plate-forme. Alors un
de ces efclaves en remplit un fac , le
porte fous le hangar , & garnit le mortier , qu'il faut avoir foin de ne remplir qu'à moitié.

Au bout de quelque temps le mortier eſt plein de coques caſſées , de

graine de café telle qu'elle est lorsqu'on l'achete, & de poussiere qui provient de la pellicule brisée sous le pilon. Quand on ne voit plus de café en coque, il faut cesser de piler, sans quoi l'on casseroit les grains de café eux-mêmes. Les deux esclaves doivent donc ramasser le tout, poussiere, morceaux de coque, & grains de café. On en met de nouveau, & l'on opere de même.

Quand tout est pilé, on construit un échafaud de sept à huit pieds de hauteur, exposé au vent, sur lequel montent deux ou trois esclaves, auxquels d'autres fournissent des sacs pleins de café pilé. Sous ces échafauds, on étend de grands draps sur lesquels les negres qui sont en haut vuident lentement leurs sacs dont ils tournent l'ouverture du côté du vent : c'est ce qu'on appelle vanner. Le vent emporte la coque & la poussiere, & les grains de café tombent seuls sur les draps.

D'autres esclaves, placés sous l'échafaud, ramassent avec des rateaux le café vanné, & le remettent dans des sacs. On le rapporte ensuite sur l'échaffaud où il eſt vanné de nouveau. Quand il a été ainſi vanné deux fois , on le porte ſous le hangar pour le paſſer au crible. Ce crible eſt une caiſſe de trois à quatre pieds de long ſur autant de large. Le rebord porte environ ſix pouces de haut, & le fond eſt percé en forme de treillage. Cette machine eſt établie ſur deux barres portées ſur des treteaux. Sur chaque barre il y a une tringle qui contient le crible, & deux eſclaves le font aller & venir continuellement d'un bout à l'autre. Les ſaletés qui pourroient s'y trouver, tombent ainſi par les trous, & il ne reſte plus à ôter que les grains du café caſſé.

Les negreſſes ſont chargées de cet emploi & le trient grain à grain. Cette opération eſt la derniere, & ſi le café exige encore quelque ſoin, c'eſt celui de ne point le laiſſer long-temps dans les ſacs, & de l'emballer promptement de peur qu'il ne blanchiſſe.

Voilà tout ce qui regarde la culture & la préparation du café. Il ne me reſte plus qu'à dire un mot des plates-formes , dont j'ai parlé dans le cours de ce petit traité.

Les plates-formes ſont abſolument

néceſſaires à la fabrique du café ; ſans elles on ne peut ni l'égoutter ni le ſécher, ni par conſéquent le conduire à ſa perfection.

Rien n'eſt plus facile que la conſtruction d'une plate-forme. Il faut d'abord choiſir un terrein qui ait une pente naturelle, ſi non il faudra lui en donner. Un terrein de deux cents pieds de long ſur environ cent pied de large formera une plate forme très belle & ſuffiſante pour faire ſécher cinquante à quatre-vingts milliers de café. La pente qu'il faudra lui donner, pour l'écoulement des eaux, doit être au moins de cinq pieds. Il eſt eſſentiel de bien nettoyer le terrein, d'en arracher les herbes, les ſouches & les pierres. On l'applanira enſuite au niveau de la pente qu'on lui deſtine, &, après l'avoir bien humecté, l'on y jetera de la cendre. Alors des eſclaves, armés de demoiſelles, battront la terre également. Quand le terrein eſt bien battu, on le remouille, l'on y répand de la cendre une ſeconde fois, & on le rebat de nouveau. Ces différentes opérations doivent être répétées cinq à ſix fois. Alors la terre eſt ferme & devient un corps dur, au moyen de la cendre

& de l'eau mêlées ensemble. Il faut entourer les plates-formes d'un petit mur d'un pied d'épaisseur environ, & élevé d'un pied & demi au-dessus du niveau de la plate-forme. Du côté où finit la pente, on ménagera de petits égouts ou gouttieres grillées, par lesquelles l'eau puisse couler en suivant sa pente; il est nécessaire de les griller, afin que le café qui pourroit suivre le cours de l'eau, se trouve arrêté par la grille. La plate-forme ainsi construite, il ne reste plus qu'à la tenir propre en la balayant souvent. Il faut sur-tout la balayer lorsqu'on ramasse le café pour le mettre sous le hangar, & avant que de le tirer du hangar pour l'exposer au soleil.

Les plates-formes que l'on fait de pavé, valent beaucoup mieux que celles de terre. Elles durent plus long-temps, ne demandent point d'entretien, n'étant point sujettes à se dégrader, se balayent plus aisément, se séchent de même, & font le café plus proprement. Aussi coûtent elles beaucoup par la cherté de la chaux & du pavé. On épargne une partie de la dépense en se servant pour payer d'une

pierre fort commune dans l'Ifle, &
que l'on appelle *Galet*. C'eſt un caillou
dont la figure préſente un ovale applati. Les bords en font ronds, ce qui
ne permet pas une jonction exacte,
& laiſſe entre ces cailloux des intervalles qu'il faut remplir de chaux, afin
que la furface de la plate-forme foit
égale. Le pavé de pierre plate n'eſt
point fujet à cet inconvénient, & fe
lie plus exactement : mais auſſi il coûte
bien plus cher, comme nous l'avons
dit. Quelque foit celui de ces deux
pavés dont on fe ferve pour conſtruire,
il faut avoir foin de choiſir un bon
fol, afin que les plates-formes ne s'af-
faiſſent en aucun endroit. L'eau qui
féjourneroit dans les endroits affaiſſés,
en rendroit l'uſage impraticable ; cette
précaution eſt abſolument néceſſaire.

Il eſt encore pour les plates-formes
une autre forte de conſtruction appellée dans le pays *Argamaſte*. Pour conſtruire de cette maniere, on commence
par former le lit de la plate-forme
fuivant la grandeur qu'on veut lui donner, cela fe fait en ôtant de la terre
& en proportionnant l'enlevement que
l'on en fait à la pente qu'il eſt néceſ-

faire d'établir. On garnit enfuite cette
furface d'une rangée de pierres feches,
que l'on recouvre d'un pied environ de
terre. Ce nouveau lit eft couvert à
fon tour d'une feconde rangée de pierres ; & le pied de terre dont on les
couvre de nouveau porte un troifieme
lit de pierres , recouvert enfin à fon
tour de deux pieds de terre qui forment la furface. Quand l'ouvrage eft
dans cet état , on le laiffe pendant
trois ou quatre mois fans y toucher.

Les pluies qui tombent deffus &
l'action du foleil font pendant ce temps
travailler les terres , qui s'affaiffent également ; après quoi l'on bat cette plate-
forme à force de demoifelles. La plate-
forme ainfi battue , les maçons bâtif-
fent la terraffe ou l'*Argamafte* avec des
roches à chaux & à fable , & couvrent
cette maçonnerie d'un ciment qu'ils
humectent fans ceffe afin de le bien
lier. On compofe enfuite un enduit
d'eau de chaux, où l'on fait entrer des
œufs & du Jagre (*a*) On étend cet

(*a*) *Jagre* ou *Jagara* : fucre qui fe fait avec le
Tari ou vin de palmier long-temps bouilli.

enduit sur le ciment, & on le frotte sans cesse avec des truelles de bois. Cet enduit devient aussi poli qu'une glace ; & c'est ce qu'on appelle *Argamaste*.

Je préférerois cependant toujours les plates-formes de terre, non-seulement parce que la dépense en est moins considérable, mais encore parce que l'*Argamaste* est sujette à se lézarder, & que leurs rateaux écaillant l'enduit, dégradent insensiblement la maçonnerie.

Je ne parlerai point des plates-formes en bois. Elles coûtent beaucoup & ne valent rien, attendu que le bois de cette Isle travaille considérablement.

Une chose importante à observer, c'est que les plates-formes, de quelque nature qu'elles soient, doivent être situées de maniere que le soleil puisse donner dessus tout le long de la journée.

EXTRAIT

DES MÉMOIRES

De l'Académie Royale de Stockholm.

(Premier quartier de 1755.)

MOnsieur *Vailz* , Intendant des salines, a tâché d'expliquer les effets de deux torrents contraires que l'on a trouvés au détroit de Gibraltar , entre la mer Atlantique & la mer Méditerranée ; l'un courant dans la Méditerranée (c'est le supérieur) , & l'autre dans la mer Atlantique. Il prétend que l'eau supérieure dans la Méditerranée est devenue par l'exhalaison plus pesante que l'eau de la mer Atlantique qui communique à l'eau peu salée de la mer du nord ; que par conséquent cette eau plus pesante va se rendre dans l'Océan , en s'écoulant par le détroit, jusqu'à ce qu'il se forme un équilibre ; mais qu'alors elle est moins haute que l'eau de l'Océan , par rapport à sa péfanteur. Celle là coule enfuite dans la Méditerranée ; elle y devient plus péfante par l'évaporation , & elle en fort de nouveau pour couler dans l'eau plus légere de l'Océan. D'autres Phyficiens placent un de ces torrents au milieu des deux mers, & l'autre non pas au-deffus du premier , mais aux deux bords. Quand à la prompte évaporation de l'eau de la mer Atlantique, qui en Portugal & dans les Ifles du Cap verd fe feche au Soleil en forme du fel, elle n'indique point, felon eux, que cette eau foit moins falée que l'eau de la Méditerranée. Pour favoir à quoi s'en tenir , il faudroit ce femble avoir fait des obfervations en dedans & au dehors du détroit , dans les deux eaux des deux mers qui fe joignent.

CHENILLE SINGULIERE.

CHENILLE SINGULIE-RE. On trouve dans les mêmes mémoires de l'Académie Royale de Stockholm, la defcription d'une chenille qui mange de la foupe & d'autres chofes graffes. Cet Infecte , pour que la graiffe n'engorge point chez lui les canaux de la tranfpiration ,

tranfpiration, eft pourvu de petits facs qui lui fervent à en fermer l'embouchure. La defcription de cette chenille eft de M. *Rolander*.

CALCUL DE LA VIE HUMAINE.

Dans la feconde partie des mémoires de l'Académie de Stockholm, il y a de M. *Wargentin*, un calcul de la vie humaine, d'après les tables de MM. Halley, de Parcieux, de Buffon, Kersboom & Simpfon, avec le réfultat des régiftres de Suede. La premiere table de M. *Wargentin*, contient dix fupputations différentes, ou dix fortes de balances. 1°. Du nombre des hommes qui meurent dans un âge fuppofé, & d'un nombre fuppofé de naiffances. 2°. Du nombre de ceux qui dans chaque âge font encore en vie, & d'un nombre de nouveaux nés établi par fuppofition. 3°. Des années qu'on peut encore efpérer de vivre à un certain âge, & dont la probabilité fait le fondement des rentes viageres. On apprendra peut-être avec furprife, que les hommes font plus vivaces en Suede & en Hollande, qu'en France & en

CALCUL DE LA VIE HUMAINE.

Angleterre. M. *Wargentin*, obferve que les femmes en général vivent plus long-temps que les hommes , ce qui provient peut être de la délicateffe de leur ftructure.

NOUVELLE INVENTION,
Pour tuer les Phocas *ou veaux marins.*

NOUVEL-LE INVEN-TION POUR TUER LES PHOCAS.

Un autre mémoire donné par M. *Knutberg* , contient une invention très utile pour tuer les *Phocas* , ou veaux marins. Ces animaux qui font tres voraces & qui défolent les pêcheurs , font quelquefois auffi grands que les chevaux de Scanie , & fe défendent contre les hommes. Le moyen que M. *Knutberg* a trouvé pour les détruire , confifte à braquer dans les trous des rochers où ces animaux fe raffemblent en grand nombre , une efpece de lance , qui eft pouffée dans le corps de l'animal par un reffort que le moindre mouvement fait détendre.

EFFET

PRODIGIEUX,

D'un éboulement de neige arrivé dans le Piémont vers la fin de l'hyver de 1755.

A Berge-moletto, village situé dans la vallée de Stura, à une heure & demie de distance du grand chemin qui conduit à Démont, le 19 Mars 1755, toutes les maisons du lieu furent renversées par l'éboulement de deux énormes masses de neige qui roulerent de la montagne voisine. Tous les habitants étoient alors dans leurs maisons, à la réserve du nommé *Joseph Rochia*, homme âgé de cinquante ans, & de son fils âgé de quinze, qui étoient auparavant sur le toît de leur maison, pour débarrasser la neige qui s'y étoit amassée, & qui étoit tombée trois jours de suite sans interruption. Un Prêtre qui alloit dire la Messe les ayant ren-

EBOULE-
MENT
PRODI-
GIEUX DE
NEIGE.

contrés hors de chez eux , les avertit qu'il venoit de voir tomber un grand monceau de neige fort près de leur maison. Rochia se crut perdu , & persuadé qu'il en alloit tomber beaucoup davantage , il prit la fuite avec son fils, sans même s'embarrasser où il alloit. A peine avoit-il fait trente ou quarante pas , que son fils tomba , ce qui lui fit tourner la tête ; il courut pour le relever , & vit alors qu'une montagne de neige venoit d'ensévelir toutes les maisons du village. La douleur qu'il ressentit , en considérant qu'il perdoit sa femme , sa sœur , deux de ses enfants & tous ses effets , le fit tomber sans connoissance ; mais ayant recouvré ses sens , il se sauva avec son fils chez un ami qui les reçut.

Vingt-deux personnes furent enterrées sous cette montagne de neige qui avoit soixante pieds de haut. Plusieurs habitants du voisinage y accoururent, pour voir s'il y auroit moyen de sauver quelqu'un ; mais on perdit bientôt l'espérance de pouvoir donner le moindre secours à ces malheureux.

Cinq jours après Rochia revenu de sa premiere frayeur , & se trouvant en état de travailler, voulut encore, aidé de son fils & de deux de ses beaux freres, faire quelques tentatives. Il fit quelques ouvertures dans la neige, sans pouvoir retrouver sa maison ni son écurie. Le mois d'Avril ayant été fort chaud, la neige commença à fondre, de sorte que le pauvre Rochia se remit encore à travailler, dans l'espérance de retirer ses effets, & de donner la sépulture à sa famille. Il ouvrit la neige & y jetta de la terre, ce qui aide à la faire fondre. Depuis le 24 Avril la neige diminuoit à vue d'œil : Rochia, dont les espérances redoubloient, rompit avec une barre de fer la glace qui étoit épaisse de six pieds, il y enfonça une grande perche & crut sentir les maisons : mais la nuit étant venue, il remit le reste de son travail au lendemain.

Cette même nuit son beau-frere qui demeuroit à Démont, rêva que sa sœur étoit en vie & qu'elle lui demandoit du secours (a), frappé de ce songe,

EBOULE-
MENT
PRODI-
GIEUX DE
NEIGE.

______

(a) Quoique ce rêve ait été realisé, on juge bien que cela n'entraîne aucune preuve en faveur des songes. Rien de plus naturel qu'un frere fortement occupé de la perte de sa sœur fasse un tel rêve.

D 3

il se leva de grand matin le 25 Avril, & vint le raconter à son frere. Ils se joignirent aussi-tôt pour travailler, & découvrirent enfin la maison. N'y trouvant point de corps morts, ils chercherent l'étable qui en étoit éloignée de deux cents quarante pas. A peine y furent-ils arrivés qu'ils entendirent ce cri : *assistez-moi, mon cher frere.* (c'étoit la femme de Rochia : elle n'appelloit que son frere, parce qu'elle croyoit son mari péri sous la neige.) Enfin ils parvinrent à tirer de son tombeau cette famille infortunée. La sœur dit à son frere d'une voix agonisante : *j'ai toujours mis ma confiance en Dieu & ensuite en vous, persuadée que vous ne m'abandonneriez pas.* Cette femme avoit alors quarante cinq ans, sa sœur trente cinq, & sa fille treize. On pense bien qu'elles n'avoient pas la force de marcher, & qu'il fallut les porter : elles ressembloient à des ombres. On les mit sur le champ au lit ; on leur donna pour toute nourriture du gruau de seigle, & du beurre. Quelques jours après, le Gouverneur de Démont vint les voir. La mere ne pouvoit se tenir debout, ni faire usage de ses pieds,

soit à caufe du froid qu'elle avoit fouffert, foit à caufe de la pofture incommode où elle avoit été fi long-temps.
Sa fœur dont on avoit baigné les jambes dans du vin chaud, marchoit un
peu, quoiqu'avec peine. Sa fille étoit
entiérement rétablie.

Le Gouverneur les ayant queftionnées
furtout ce qui leur étoit arrivé pendant
leur fépulture, voici les particularités
qu'elles lui raconterent.

Le 19 Mars au matin, ces trois perfonnes étoient dans l'étable ; il y avoit
de plus un fils de Rochia âgé de fix
ans. L'étable renfermoit auffi un âne,
cinq ou fix volailles, & fix chevres,
dont une avoit mis bas la veille deux
petits chevreaux morts-nés. La famille
étoit venue à l'étable pour porter du
gruau de feigle à cette chevre, & s'y
tenoit à l'abri dans un coin pour fe
garantir du froid, en attendant qu'on
fonnât le fervice. La femme étant fortie de l'étable pour allumer du feu
dans la maifon, apperçut une maffe
de neige venant du côté de l'eft : fur
le champ elle revint fur fes pas, ren-
tra dans l'étable, & ferma la porte,
& dit à fa fœur ce qu'elle venoit de

D 4

voir. En moins de trois minutes elles entendirent craquer le toit de l'étable, dont une partie s'affaissoit. En conséquence elles s'aviserent de se mettre dans le rattelier, qui étant soutenu par un bon pilier, résista à l'effort de la neige. Elles voulurent attacher l'âne à la mangeoire : l'animal mutin, à force de se débattre & de ruer, se détacha. Il renversa le gruau que l'on avoit apporté pour la chevre ; mais le vaisseau dans lequel il étoit leur fut fort utile, pour y faire fondre la neige qui leur servoit de boisson. On tint conseil pour savoir ce qu'il y avoit à faire, & pour examiner ce qu'on avoit de vivres. La belle sœur de Rochia trouva dans sa poche quinze châtaignes blanches ; les enfants dirent qu'ils avoient déjeûné, & qu'ils n'avoient besoin de rien le reste du jour. On se ressouvint qu'il y avoit dans un coin de l'étable vingt ou trente pains ; ce ne fut qu'un surcroît de regret pour ces pauvres femmes, que la neige empêchoit d'y atteindre. Elles appellerent à leur secours le plus haut qu'elles purent, & ne furent entendues de personne. La femme & sa sœur mangerent chacune deux

châtaignes, & burent de la neige fondue. L'âne continuoit à faire du ta-
page, & les chevres bêloient beaucoup ; mais on ne les entendit bientôt
plus. Il s'en fauva cependant deux qui
étoient près de la mangeoire. L'une
d'elles fourniffoit du lait, & c'eft ce
qui leur fauva la vie à tous : l'autre
étoit pleine, c'eft dequoi les femmes
s'apperçurent, & fur leur calcul elles
jugerent qu'elle mettroit bas vers le
milieu d'Avril.

Toute cette famille ne vit pas un
feul rayon de lumiere, dans tout le
temps qu'elle fut fous la neige. Pendant environ vingt jours, elles eurent
quelque notion du jour & de la nuit;
du moins elles en jugeoient par le cri
des volailles qui leur fervoient à marquer le point du jour. Les volailles
étant mortes au bout de ce temps,
elles furent privées de cette confolation.

Le fecond jour ne pouvant réfifter à
la faim, on mangea le refte des châtaignes & on but tout le lait que fournit la chevre, qui les premiers jours
fe montoit à environ deux livres ; après
quoi la mefure en diminua par dégrés.
Dès le troifieme jour ces femmes privées

de toute autre provision, sentirent de quelle importance il étoit pour elles de nourrir leurs chevres. Par bonheur il y avoit au-dessus de la mangeoire un petit grenier à foin. Elles en tirerent tant qu'elles purent y atteindre, & quand cela ne leur fut plus possible, elle firent monter les chevres sur leurs épaules ; ce fut ainsi qu'elles se procurerent ce foin.

Le sixieme jour, le petit garçon commença à se plaindre de maux d'estomach. Sa maladie dura six jours, au bout desquels il pria sa mere qui l'avoit toujours tenu sur ses genoux, de le coucher tout du long de la mangeoire, ce qu'elle fit. A peine y fut-il, qu'elle s'apperçut qu'il étoit froid, & il expira en s'écriant : *Oh mon pere dans la neige ! oh mon pere ! mon pere !* Il n'arriva point d'autre événement pendant plusieurs jours. Un très considérable fut la délivrance de la chevre qui leur apprit qu'ils étoient au milieu d'Avril. Par-là leur provision redoubla encore : cette précieuse chevre venoit à elles quand on l'appelloit, & elle lêchoit avec affection ses cheres maîtresses qui la chérissent encore aujourd'hui particuliérement.

Pendant tout ce temps, elles souffrirent peu la faim. Après les cinq ou six premiers jours, leurs plus grandes peines étoient la froideur de la neige fondue qui tomboit fur elles, la puanteur des corps de l'âne, des chevres & des volailles, la vermine qui les affaillit, & fur-tout la pofture gênante, dans laquelle elles furent obligées de refter. Car le lieu où elles étoient enterrées, n'avoit que douze pieds de long, huit de large, & cinq de haut; & la mangeoire dans laquelle elles étoient accroupies contre le mur, n'avoit que trois pieds quatre pouces de large.

Pendant ces trente fix jours elles ne firent d'évacuations de felle que dans les deux ou trois premiers. La neige fondue qui par la fuite ne leur faifoit aucun mal, fe diffipoit par les urines. La mere affure n'avoir jamais dormi pendant tout ce temps. Sa fœur & fa fille difent avoir dormi comme à leur ordinaire. Elles avoient, lors de l'accident, leurs purgations périodiques qui difparurent pendant ces trente fix jours.

EBOULE-
MENT
PRODI
GIEUX DE
NEIGE.

Depuis qu'elles furent exhumées, leur apétit fut long-temps à revenir. Le peu qu'elles mangeoient, à l'exception des bouillons & du gruau, leur restoit sur l'estomach. L'usage modéré du vin étoit l'aliment dont elles se trouvoient le mieux.

Nota. Cet accident a été marqué dans quelques nouvelles publiques; mais il n'en a point paru de détail aussi circonstancié & aussi sûr que celui-ci.

DE LA DIMINUTION

DES

PARTIES OSSEUSES

DANS

LE CORPS HUMAIN,

Et pourquoi les gens âgés deviennent plus petits qu'ils n'étoient dans leur âge viril.

SI le corps humain étoit conſtitué de ſorte qu'avec la grande quantité de nourriture qu'il prend tous les jours, il ne ſe fît point une diſſipation égale de ſes parties, il croîtroit prodigieuſement, & deviendroit à charge à lui-même. Si même il étoit poſſible que, ſans ſouffrir cette perte journaliere, les fluides circulaſſent comme à l'ordinaire, il en arriveroit que les fluides actuels ne pourroient plus céder de

place à ceux qui furviennent continuellement, & le corps fe détruiroit lui-même. Mais le créateur a difpofé les chofes
de façon, qu'il y a un accroiffement &
un décroiffement alternatifs dans le corps
humain ; il arrive même fouvent que les
excrétions furpaffent de beaucoup ce
qu'on prend pour réparer les pertes.

Non - feulement le principal moyen
de conferver la fanté, eft d'entretenir
une excrétion continuelle des parties
inutiles, & qui pourroient devenir nuifibles aux fonctions ; mais encore un
moyen sûr de rétablir l'ordre dans un
corps dérangé, eft de procurer aux parties fuperflues une excrétion avanta-
geufe.

Mon but eft de faire quelques réflexions fur la diminution des parties
offeufes de notre corps, & de voir fi
cette diminution ne feroit pas en partie caufe que les gens âgés font ordinairement plus petits qu'ils n'étoient
dans l'âge viril.

Quelque difficulté qu'on trouve à
imaginer que les os foient fufceptibles
de diminution, nous avons fous les
yeux des phénomenes qui la démontrent inconteftablement. Nous favons

par expérience que nous perdons des dents entieres, & qu'il en vient d'autres à leur place. Nous obfervons même que les dents que nous confervons jufques dans la vieilleffe , fouffrent une grande diminution par le frottement de la maftication. Chez les uns ce font les dents canines qui dépériffent le plus ; chez d'autres les premieres molaires ; chez d'autres encore ce font les groffes molaires. Les chaffeurs & les maquignons ont pris occafion de là de fe former une connoiffance de l'âge des chiens & chevaux , par l'infpection des dents. Les premiers n'aiment pas qu'on donne des os à leurs chiens, de crainte d'émouffer & d'ufer leurs dents.

Il eft étonnant combien il y a de variété dans la figure extérieure des dents des animaux, & même des animaux de la même efpece. Ceux qui ont examiné la chofe, ont trouvé que, dans ces derniers, la variété vient ordinairement de la nourriture qu'ils prennent. En comparant les dents des chevaux qui fe nourriffent ordinairement d'herbe fraîche & tendre , avec les dents de ceux qui mangent du foin , de l'avoine, &c. on a vu que la dif-férence de la figure de leurs dents provient sur-tout des divers frotte-ments, &c.

En appliquant ce que nous venons de dire des dents, aux autres parties osseuses, il se trouve en effet quelque difficulté dans la comparaison, parce que nous n'observons en elles aucune perte ou diminution sensible. Cependant nous ne saurions omettre ici une observation. On a prétendu remarquer que les gens vieux & décrépits, sont toujours un peu plus petits qu'ils ne l'étoient dans leur bel âge. On a voulu en attribuer la cause à la diminu-tion des parties osseuses, & c'est ce que le célebre *Diemerbroek* a soutenu très vivement dans le siecle passé. Il préten-doit avoir vu des vieillards qui étoient devenus d'un ou de deux pouces plus courts qu'ils n'avoient été auparavant. On donnoit pour raison, que les os par leur foiblesse ne pouvoient plus soutenir le poids du corps, aussi bien que par le passé, & que les membres n'étoient plus soutenus droits par les muscles, dont l'action n'étoit plus si vigoureuse.

Cependant,

Cependant , à bien considérer la chose , je trouve ces raisons insuffisantes pour établir la cause de la diminution des parties osseuses dans les vieilles gens. Je voudrois savoir ce que ces Docteurs auroient dit , si on leur eût prouvé que l'homme croît toutes les nuits de deux pouces , & qu'il diminue d'autant pendant le jour ; qu'après le repas on est plus grand de deux lignes qu'auparavant , & que l'attitude même d'être couché peut beaucoup allonger un homme. Je ne crois pas que cet accroissement de la nuit (quoique la posture où l'on est paroisse y contribuer beaucoup) doive être attribué seulement à l'allégement du poids de notre corps , ou il faut croire que le poids du corps doit raccourcir de deux pouces un homme qui se tient debout.

DIMINU-TION DES PARTIES OSSEUSES.

Mais j'indiquerai d'autres causes qui pourront me conduire à déterminer pourquoi les vieilles gens paroissent toujours un peu plus petits , & si la diminution des os en est véritablement la cause. On ne sauroit nier que les os ne soient susceptibles d'une dilatation & d'un accroissement imperceptibles ; mais tout le monde ne comprend

DIMINU-
TION DES
PARTIES
OSSEUSES.

pas comment cette dilatation peut fe faire ainfi peu à peu. *Robert Nesbilit* qui nous a donné une bonne anatomie des os, dit qu'ils ne font compofés que de quantité de petites lentilles fi étroitement unies les unes aux autres, moyennant certaines fibres offeufes, qu'aucune matiere nouvelle ne peut fe mettre entre deux. Cependant ils font remplis d'une infinité de canaux qui renferment un fluide rouge huileux, qui fournit une partie de leur nourriture. Or, lorfqu'il arrive que ce fluide s'amaffe en quantité dans les petits conduits intérieurs des os, & qu'il s'y trouve en trop grande abondance, il fe peut alors que les os en fouffrent une dilatation confidérable; & l'accroiffement ne peut avoir lieu, qu'autant que les tuyaux qui compofent le corps de l'os, s'étendent en tous fens par l'abondance des fluides qui les pénetrent, comme les naturaliftes l'ont très bien obfervé.

Mais il y a encore une autre forte de fluide qui peut caufer quelque petite différence dans la longueur d'un homme. On fait qu'entre toutes les articulations, où les os de notre corps

fe touchent, il y a de gros cartilages
qui en couvrent la tête & qui garni-
fent la cavité qui forme la jonction.
Il y a outre cela dans l'articulation un
certain fluide glutineux, qui, felon le
fentiment d'*Heifter*, y eft féparé par
des glandes particulieres. (*Ruifcb* prétend qu'il y eft porté par les orifices fubtils des arteres). Mais quelle
qu'en foit la fource, il eft certain
qu'il y a dans les articulations un pareil fluide, qu'on apperçoit vifible-
ment, fur-tout dans les articulations
des vertebres, & dans la cavité des os
innominés.

Or, fi l'on fuppofe les cas où les
vaiffeaux ouverts dans les os font remplis d'un nouveau fluide, & principalement où le fluide entre les articulations des os s'augmente confidéra-
blement, on voit que la longueur du
corps peut en être un peu augmentée.
Cet accroiffement de fluide fe fait en
partie après le repas & en partie la nuit
pendant le fommeil : dans le premier
cas, parce que tous les vaiffeaux d'un
corps fain fe rempliffent de nouveaux
fluides par le moyen de la nourriture,
ce qui doit néceffairement le dilater

un peu, comme cela arrive à tous les corps humides & spongieux ; dans le dernier cas, parce que la digestion se fait ordinairement bien pendant le sommeil, que le suc nourricier se répand par-tout, & que par conséquent le fluide visqueux entre les articulations augmente considérablement.

Tout ceci sert à prouver que la pression & le poids du corps ne sont pas toujours la cause qu'un homme peut devenir plus long ou plus court dans si peu de temps que vingt-quatre heures. La principale cause de cette variation dépend de la quantité du fluide qui peut même dilater sensiblement les conduits osseux de notre corps, & principalement ceux du fluide glutineux, qui se trouvant en quantité, doit faire que, par exemple, la tête de l'os de la jambe ne peut entrer aussi avant dans la cavité qui le reçoit, qu'elle y entreroit s'il avoit moins de fluide.

Cependant on ne sauroit refuser tout effet à la pression du corps, elle est sûrement une des causes pour laquelle on est plus petit le jour, qu'on n'a été la nuit : car les cartilages qui ſe trouvent dans les articulations au tour des extrémités des os, ſe dilatent d'eux-mêmes, lorſque le corps eſt couché, & que les os ne ſont pas preſſés les uns ſur les autres. Quelques naturaliſtes ont eſtimé cette dilatation à deux pouces. *Sanctorius* a obſervé d'un autre côté, que le corps d'un homme ſain, pendant un bon ſommeil, tranſpire cinquante onces, que par conſéquent il eſt d'autant plus léger qu'il n'étoit le ſoir. Il s'enſuit que la preſſion du corps ne devroit pas être auſſi forte le matin que la veille. Ainſi la longueur naturelle du corps, en ne faiſant aucune attention au fluide augmenté entre les articulations, & en ne jugeant que par le poids du corps, devroit être moindre le matin que le ſoir de la veille : cependant on voit le contraire. On devroit même être plutôt plus petit que plus grand d'abord après le repas, puiſque, ſelon le calcul de *Sanctorius*, on eſt alors de quatre ou ſix livres plus peſant ; cependant le contraire arrive, & des naturaliſtes exacts ont obſervé qu'on eſt alors allongé d'environ deux lignes.

Mais pour répondre à la queſtion

DIMINU-
TION DES
PARTIES
OSSEUSES.

E 3

DIMINU
TION DES
PARTIES
OSSEUSES.

pourquoi les vieilles gens deviennent plus petits qu'ils n'étoient dans leur jeunesse, j'ai déjà observé que les anciens croyoient que la diminution des particules osseuses en étoit la cause. Ils prétendoient que les os perdoient de leur force, ensorte que la pression du corps leur devenoit plus sensible que dans la jeunesse. Mais pour mieux développer la chose, je ferai l'observation suivante. S'il étoit vrai que la diminution des particules osseuses causât le raccourcissement qu'on remarque dans les vieillards, il faudroit que les os perdissent de leur longueur, & cette déperdition de substance devroit se faire aux extrémités des os seulement ou dans toute leur étendue. Or l'un & l'autre est contre l'expérience. Les Anatomistes n'ont pas trouvé que les os des vieillards soient plus courts, à moins que ce ne soit par quelqu'accident de maladie. Leurs raisonnements prouvent au contraire que les os des vieilles gens doivent être aussi longs & aussi durs qu'ils l'aient jamais été dans leur jeunesse ; ce qui s'accorde aussi avec l'expérience.

Comme cependant nous voyons tous

les jours que les vieilles gens deviennent un peu plus petits qu'ils n'étoient
dans leur jeuneſſe , on doit , ſelon
moi , n'en chercher d'autre cauſe que
celle à laquelle j'ai attribué ci-deſſus
l'altération journaliere de la nature du
corps humain. En effet les eſprits vi-
taux diminuent & s'affoibliſſent tous
les jours ; les nerfs & les muſcles perdent de leur vigueur ; les fluides &
les ſucs nourriciers diminuent dans
tout le corps ; la quantité de ſang diminue , & le mouvement qui anime
le corps & entretient la vie , ce même
mouvement le détruit inſenſiblement
& eſt la cauſe de la mort.

De là il doit arriver naturellement
que le fluide qui ſe trouve dans les
articulations entre les os diminue de
toutes parts , ce qui fait rapprocher
les os davantage, & diminue la longueur du corps. Cependant ce fluide
ne doit pas ſe conſumer entiérement,
non plus que celui qui eſt dans les
conduits déliés des os : car dans le
premier cas, le mouvement des membres deviendroit extrêmement ſenſible,
ou il s'enſuivroit une paralyſie totale ;
dans l'autre cas , on doit craindre une

Diminu-
tion des
parties
osseuses.

E 4

carie ou toute autre putréfaction. De plus on croit généralement & avec raison, que les cartilages qui se trouvent entre les articulations du corps ne reçoivent plus tant de nourriture dans la vieillesse que dans la jeunesse, & par conséquent qu'ils deviennent plus minces & s'affaissent. Ceci cause encore une diminution de longueur dans le corps qui se tient debout.

On doit encore regarder comme une cause principale ce changement, que la diminution des forces des vieillards fait qu'ils marchent plus ou moins courbés, ce qui raccourcit beaucoup la figure de l'homme. Cependant je crois qu'on ne doit pas mettre cette cause en compte, parce qu'il est vraisemblable que ceux qui ont traité cette question, doivent en avoir fait abstraction, comme d'une cause trop visible & hors de dispute. Ainsi donc, la diminution du fluide visqueux dans les articulations, doit être regardée comme la meilleure solution de la question que nous avons proposée.

NOUVEAU SYSTÊME

POUR

LA CONNOISSANCE

DU REGNE MINÉRAL.

LE deux Avril 1757, M. *de Justi* lut dans l'Académie Royale des Sciences de Gottingue, la premiere partie du plan d'un nouveau sistême pour la connoissance du regne minéral, tracé, selon lui, par la nature même, dans la différence essentielle des fluides qu'elle produit. Après un exposé des systêmes connus jusqu'ici, tant sur la génération des minéraux, que sur leur ordre & leur division, M. de *Justi* assure que ce qu'il va proposer, lui étoit déjà venu dans l'esprit lorsqu'il a écrit sa minéralogie ; mais qu'il ne l'avoit entrevu que dans une lumiere encore foible, & qu'il n'avoit oſé le publier, qu'il ne fût bien confirmé dans ſon opinion par des expériences réitérées.

M. de *Juſti* trouve dans la nature trois fluides fondamentaux, qui ſont l'eau, l'huile & le vif argent. Ces trois fluides ſervent de baſe à toutes les productions naturelles, & même à celles de l'art. Mais ils different l'un de l'autre de la maniere la plus eſſentielle, & par les marques extérieures les plus ſenſibles. Ces fluides ne peuvent jamais compatir enſemble, & ſont tout à fait inaliables. Lorſqu'on les mêle dans un verre, le vif argent eſt toujours au fond, l'eau au milieu, & l'huile en haut. Il paroît même que ces ſubſtances n'aiment pas à ſe toucher par leurs parties extrêmes ; car quand on les a remuées & mêlées l'une avec l'autre, elles reprennent leur premiere place, dès que la violence extérieure ceſſe. Quand on leur a donné, par le moyen du feu, beaucoup de mouvement intérieur, on ne ſauroit les verſer enſemble, ſans exciter extérieurement la plus grande répugnance, accompagnée d'un bruit éclatant. Quand le mouvement intérieur produit par le feu, est assez fort, deux de ces subs- tances, ou l'une d'elles au moins, se précipite dans l'atmosphere. Ainsi la nature même nous apprend la dif- férence essentielle qu'elle a mise entre ces fluides, & l'opposition radicale de leurs principes, qui peut-être sont les principes primordiaux de toute la ma- tiere. Cependant d'un autre côté ces mêmes fluides nous font voir une har- monie admirable dans leurs effets & dans leurs phénomenes. Tous les trois deviennent par le feu extraordinaire- ment volatils : ils sont invariables dans toutes leurs parties, & de quelque maniere que tout l'art humain les ait mêlés avec d'autres substances, quel- que forts que soient les liens qui les y attachent, ils sont rétablis par le feu même, dans leur nature d'eau, d'huile & de vif argent. L'expérience de M. *Boyle*, qui consiste à tirer de l'eau, par une distillation souvent réi- térée, une espece de terre, a été trou- vée fausse par M. *Boerhaave*. Chacun de ces trois fluides dissout aussi certains corps durs, & sert de lien à ceux de son ressort. La pierre la plus compacte contient un fluide aquatique & la plus forte devient fragile, dès que le feu en a chaffé toute l'humidité. Chaque mine & chaque phlogiftique contient de l'huile qui lie enfemble fes parties ; il en eft de même des métaux & des demi métaux, dont le vif argent eft le lien. Un chymifte expérimenté peut tirer ce vif argent de tous les métaux ; mais il ne s'imaginera jamais que ce foit un grand tréfor pour lui. Ce n'eft que du vif argent, comme de l'eau diftillée des pierres n'eft rien que de l'eau. Or quand nous examinons le plus connu de ces trois fluides, qui eft l'eau ; quand nous obfervons tous les effets, toutes les générations & transformations que la nature produit par l'eau, qui eft de plus la nourriture univerfelle & fondamentale de toutes les créatures qui couvrent la fuperficie de la terre, nous concevons la plus grande probabilité à conclure, que la nature emploie dans la profondeur de la terre, l'huile & le vif argent de la même maniere. Cette probabilité devient enfuite une entiere certitude, quand nous confidérons qu'elle peut fe fervir de l'huile & du vif

argent, selon leurs essences & leurs qualités, de la même façon que l'eau,
& que leurs phénomenes sous la terre
sont les mêmes que ceux de l'eau sur
la terre. Pour le prouver, M. *de Justi*
remarque que l'eau d'abord engendre
l'air. L'eau, dit-il, devient air, & l'air
devient eau. L'air est une eau étendue
dans le suprême degré, & l'eau est le
dernier degré de l'air le plus fortement
condensé. Ces deux corps different
seulement entr'eux, comme la poussiere
de la terre, & la fumée du feu. Ce
sont les plus tendres particules des mêmes choses mises en mouvement. Comme M. *de Justi* ne doute pas que cette
proposition si importante pour son systême, ne trouve beaucoup de contra-
diction, il s'appuie des raisons suivantes. On l'a crue cette proposition,
dit-il, avant l'invention de la pompe
pneumatique. Les qualités nouvelles &
admirables qu'on a découvertes dans
l'air par le moyen de cet instrument,
ont fait rejeter, par les physiciens,
cette ancienne vérité, sans examiner
si ces découvertes n'y étoient point
liées elles-mêmes. Selon l'expérience de
M. *Kraft*, des exhalaisons montent

dans une efpace vuide d'air , & plus fortement que dans l'air. M. *Homberg* a trouvé qu'à force de fecouer le vafe, il s'eft toujours formé un nouvel air fous la pompe pneumatique ; M. *Petit* a prefqu'entiérement changé de l'eau en air & en exhalaifons, par le moyen de la chaleur. De l'eau qu'on avoit le plus exactement purgée d'air , étant gêlée , en a encore produit. Cette expérience a été faite , comme les précédentes, à l'Académie des Sciences de Paris. Mais par l'effet du préjugé, les phyficiens ont reculé le témoignage de leurs yeux , & on s'eft perfuadé que l'air y avoit pénétré de dehors ; ce qui n'eft pas croyable, de la façon dont eft conftruit le vafe pneumatique. Au contraire le mouvement du froid en a fait encore détacher de nouvelles particules , qui font montées comme l'air. M. *de Jufti* obferve comme une des plus fortes preuves de fon opinion, qu'une boule de verre qu'on a totalement vuidée d'air , par le moyen de la chaleur, & dans laquelle on a mis un peu d'eau , bouchée enfuite avec de la cire & mife fur du charbon ardent, fait , en crevant, une explofion plus forte , que si la même boule étoit remplie d'air. Les vesicules qui montent de l'eau dans la machine pneumatique , ne prouvent pas que l'air qui sort soit un être différent de l'eau. Il n'y a que le mouvement intérieur de l'eau qui soit augmenté par la suction de la pompe pneumatique. La pression de l'air sur la superficie de l'eau n'a plus lieu , quand de l'eau forte déflegmée au dernier point est chauffée jusqu'au bouillonnement ; si l'on y met une lame de métal , vous verrez aussi des vésicules , mais que dans cette circonstance vous ne pourrez pas attribuer à l'air. Aussi faut-il que l'air ne soit pas une matiere étrangere & différente de l'eau , puisqu'il ne pénetre plus dans l'eau qui en a été purgée ; ce qu'il feroit surement , suivant la qualité qu'il a de pénétrer dans tous les intervalles , si l'eau avoit des intervalles où il pût pénétrer comme matiere étrangere. On a donc déjà trouvé toutes les qualités merveilleuses de l'air dans l'eau qui est pésante & qui presse , qui s'étend & détruit toute la résistance qui n'est pas égale à ses forces , qui s'échauffe beaucoup , s'étend fortement ,

reçoit par la gélée une force expansive, & qui se laisse tirer par le moyen de la pompe aussi bien que l'air,
comme une expérience de M. *Petit* l'a
démontré à l'Académie Royale des
Sciences de Paris.

Par ces raisons M. *de Justi* se flatte
d'avoir prouvé d'une maniere con-
vaincante, que l'eau produit l'air,
& qu'elle est dans le fond la même
substance que l'air. Il parle ensuite des
mouvements & des changements que
la nature produit par l'air & par l'eau,
qui forment & détruisent des corps
durs, tels que les pierres, & il passe
ensuite à l'huile. Celle qu'il entend est
l'huile naturelle, comme la Naphte,
la Pétréole, &c. Il rapporte que cette
sorte d'huile se trouve abondamment
en différents endroits, & particuliérement en Perse ; mais il croit que
ces magasins d'huile sont à une telle
profondeur sous la terre, que c'est un
cas fort rare qu'il en vienne quelque
chose à la superficie, parce que la
nature n'en a pas besoin là. L'huile
des plantes & celle des animaux montent en exhalaisons élastiques. Les ver-
res & les boules vuides d'air, où l'on a
mis

mis de l'huile , font voir les mêmes phénomenes qu'avec de l'eau. On fait que la Naphte s'enflamme à un certain éloignement du feu. On tire par conféquent un cercle d'exhalaifons & de l'air de l'huile où du phlogiftique : d'où il fuit que la même chofe a lieu dans le regne fouterrein de la nature , comme il eft prouvé par l'inflammation des mines de charbon. La nature fe fert donc probablement de ces exhalaifons fouterreines , comme de l'air fur la terre , pour compofer & pour diffoudre les métaux & les minéraux, ainfi qu'on le voit par l'examen de tant de mines de phlogiftique , qui fe laiffent diffoudre même fimplement dans de l'huile. M. *de Jufti* à cette occafion , dit que l'huile ne contient point d'air , & qu'elle ne montre aucun phénomene dans la machine pneumatique , qui puiffent lui en faire fuppofer; qu'elle découle par le fiphon même dans l'efpace vuide d'air , où l'eau ceffe de couler. A l'égard du vif argent ; il prétend qu'il monte comme les deux autres , même dans l'efpace vuide d'air, en vapeurs élaftiques , & qu'il diffout les métaux & les demi métaux , à l'exception du fer, pour la diſſolution duquel nous ne ſavons point apparemment la maniere de nous y prendre ; tandis que la mine de vif argent dans le Palatinat produit du cinabre & du fer dans le même minéral. Mais quand même le vif argent ne pourroit pas être employé à la diſſolution du fer, ce fait particulier ne formeroit pas une objection contre le ſyſtême de M. *de Juſti*. La nature à l'égard du fer eſt encore au premier degré de la métallification : elle le compoſe évidemment d'une terre commune & groſſiere, qui s'y trouve encore fort crue. Ainſi toute acidité, même une acidité végétale, peut faire d'une terre commune une terre de fer, qui en la fondant donnera du métal par l'addition d'un phlogiſtique. La partie métallique du fer dépend proprement du phlogiſtique, dont l'abſence change le fer en une terre que l'aimant n'attire point. Le fer le plus brillant & le plus poli ſe rouille entiérement, ſi on le met pendant quelques jours dans du vif argent. Ce fluide par conſéquent reſſemble en tout aux deux autres, & les expériences faites dans des mines de

métal nous montrent que les métaux
en font produits. On trouve du vif
argent courant dans les mines, & les
Javelles font principalement compofées de vif argent. M. *de Jufti* fait
mention d'un minéral fort remarquable
appartenant à M. de *Brut* Confeiller
privé, qu'il a vu à Eizenack. Ce minéral contient avec l'argent vif, con-
denfé & à moitié endurci, de l'argent
maffif, qui par fa qualité prefque fluide, fait voir que ç'a été du vif argent.
M. *de Jufti* termine fon mémoire en di-
fant, que l'eau eft la bafe du regne
végétal, l'huile celle du regne animal,
& le vif argent celle du regne minéral, quoique néanmoins ces trois fubftances fe mêlent fouvent.

LA CHASSE
AUX OISEAUX
EN NORVEGE.

CHASSE
AUX OI-
SEAUX EN
NORVEGE.

LA nécessité qui fut toujours la mere de l'industrie, expose souvent les hommes à perdre la vie, lors même qu'ils cherchent des secours honnêtes pour la conserver & pour la rendre moins dure. La chasse aux oiseaux qu'on pratique dans certains cantons de la Norvege, ne justifie que trop ce que nous venons d'avancer. Les habitants de ce pays courent journellement les plus grands dangers, afin de gagner quelque chose pour l'entretien de leur famille ; ils se flattent que le ciel touché de la pureté du motif qui les détermine à risquer leurs jours, voudra bien les conserver. Leur tendresse ne leur laisse entrevoir d'autres malheurs que celui de laisser périr leur famille dans la plus cruelle misere.

Dans la partie septentrionale de la

...asse aux oiseaux

chasse aux oiseaux

Norvege, on trouve une quantité prodigieufe d'oifeaux qui fe retirent dans
des rochers affreux , la plupart fituées
fur les bords de la mer. Les habitants
de ce pays ont tous le même droit
de chaffe , & afin qu'ils en puiffent
jouir également, le même nombre des
chiens qui fervent à cette chaffe , eft
fixé , & qui que ce foit ne peut exce-
der ce nombre. Outre la chair de ces
oifeaux qui leur fert de nourriture, la
plume en eft très eftimée ; il y a de
petits cantons qui en fourniffent tous
les ans à Coppenhague pour la valeur
de quatre-vingt à cent milles livres.

On fait cette chaffe de deux manie-
res également dangereufes. Les chaffeurs fe rendent avec un bâteau au pied
d'un rocher ; l'un d'eux avec le fecours
d'une perche, avec laquelle fes camarades le foulevent , gagne le premier
appui qu'il peut rencontrer , & lorfqu'il fent qu'il eft bien ferme fur fes
pieds, il defcend une corde à laquelle
un autre s'attache ; enfuite il le tire
à lui ; c'eft ainfi que d'appui en appui
ils s'aident tous mutuellement , jufqu'à
ce qu'ils foient parvenus aux différents
endroits où les oifeaux font leurs nids.

CHASSE
AUX OI-
SEAUX EN
NORVEGE.

F 3

Si le pied manque à celui qu'on aide avec la corde, ou s'il eſt trop péſant, il entraîne celui qui le tient en l'air, & ils périſſent enſemble. Ce malheur, quoique fréquent, ne les rebute point, ils ſe vouent au ſalut de leur famille avec un courage étonnant.

Quand ils ſont parvenus au haut du rocher, ils y tendent des filets, enſuite ils parcourent tous les nids où ils prennent tous les jeunes oiſeaux, & les vieux n'échappent guere aux filets qui ſont tendus. Lorſque le temps eſt beau, & que le gibier eſt abondant, il y a de ces chaſſeurs qui paſſent des ſemaines entieres ſous des roches, & d'autres qui en leur portant journellement leur nourriture, rapportent le butin à la maiſon.

Il y a des roches qui ſont abſolument impraticables du côté de la mer; qui eſt cependant le plus favorable pour la chaſſe, parce que les oiſeaux les choiſiſſent par préférence pour faire leur nid; alors ces intrépides chaſſeurs tâchent du côté de la montagne, de parvenir au ſommet, d'où ils deſcendent à l'aide d'un cable d'un pouce de diamêtre qu'ils paſſent entre les jambes , après en avoir fait une ceinture. Ses camarades lâchent le ca-ble ; il tient à la main une petite corde qui lui sert pour donner le signal quand il veut monter ou descendre, & même s'arrêter. Le cable détache souvent de grosses pierres qu'il évite lorsqu'il fait le balancer à propos ; un bonnet fort épais le garantit des coups qu'il pourroit recevoir des petites pierres.

Il y a des rochers qui ont plus de cent coudées au-dessus de la mer, & qui n'offrent de toutes parts que des précipices; on y attache de roche en roche, de grosses cordes qu'on y laisse tout le temps de la chasse qui dure or-dinairement tout l'été.

Il y avoit autrefois une loi dans ce pays qui privoit de la sépulture ceux qui avoient le malheur de périr à cette chasse ; ce qui étoit regardé comme une infamie pour la famille ; pour l'effacer , le plus proche parent du mort étoit obligé de courir le même risque en parcourant l'endroit d'où l'au-tre étoit tombé. Cet usage barbare est aboli, & celui qui culbute, périt pour son compte , & reçoit aujourd'hui les honneurs de la sépulture.

F 4

EXTRAITS

DE L'HISTOIRE

DE LA SOCIÉTÉ ROYALE

DE LONDRES.

MOnsieur *Long* donna en 1663 une dissertation sur la génération des fourmis. Il fit aussi l'expérience de tuer des lezards aquatiques avec du sel gris, de l'absinthe & du sel prunelle. On remarque que le premier les faisoit mourir moins vîte que les deux autres. On les mit dans de l'eau fraîche, & ils ne revinrent point. Il observa que les lezards de terre sont moins dangereux que ceux qui naissent dans l'eau, & que les crapauds qui ne sont pas vénimeux dans le froid, le deviennent dans la chaleur ; de là vient qu'ils sont si nuisibles en Italie. Le Docteur *Troune* assura qu'il avoit vu une jeune vipere qui vivoit dans le ventre d'une

autre. M. *Long* remarqua que les viperes femelles avoient quatre dents,
dont deux en haut, & deux en bas,
& que les mâles n'en avoient que deux
qui font en haut.

M. *Hooke* rendit compte de deux obfervations faites avec le microfcope,
l'une d'une mine de diamant qui fe
trouvoit dans des cailloux, l'autre d'une
araignée qui paroiffoit avoir fix yeux;
mais on ne put pas diftinguer bien net-
tement ces fix yeux.

FONTAINE

BRULANTE,

Près de Boseley dans la province de Shrop.

FONTAINE BRULAN TE.

IL est peu de phénomenes aussi surprenants, que l'espece de volcan hydropirique dont je vais donner la description. La fontaine de Boseley fit sa premiere éruption, il y a environ cinquante ans. Deux jours auparavant il s'étoit élevé une des plus violentes tempêtes qu'on eût encore vue dans le pays. A peine l'ouragan fut cessé, que le nouveau phénomene causa bien d'autres alarmes aux habitants. Au milieu d'un profond sommeil où tout le monde étoit livré, ils furent réveillés vers les deux heures du matin, par un bruit terrible & tel qu'on n'en avoit jamais entendu de semblable. La terre parut si agitée, qu'on crut toucher au dernier moment de la destruction géné-

rale. Tout le monde en un instant fut
sur pied. Ceux qui eurent assez de
courage ou de sang froid, pour vouloir pénétrer la cause d'un pareil bou-
leversement, sortirent de leurs maisons & se réunirent pour aller vers
l'endroit d'où le bruit paroissoit venir.
De plus de deux cents personnes qui
s'étoient rassemblées, il n'y en eut que
sept ou huit qui oserent s'approcher
d'une petite montagne éloignée d'environ cent pas de la riviere de Severne,
& au pied de laquelle étoit une fon-
derie. Ils s'apperçurent bientôt que tout
le bruit venoit de là : toute la surface
de la terre y étoit en effet dans une
agitation violente ; elle s'élevoit &
s'affaissoit plusieurs fois dans l'espace
d'une minute. Un homme de la compagnie, plus hardi que les autres, prit
un couteau avec lequel il fit dans la
terre un trou de quelques pouces de
diamêtre. Aussi-tôt il sortit de terre
avec impétuosité une eau jaillissante,
qui s'éleva jusqu'à six ou sept pieds de
hauteur. L'éruption fut si violente,
que cet homme en fut renversé. Un
moment après le même homme ayant
passé près de la source avec une lu-

miere , l'eau s'enflamma & jetta des flammes. Lorfqu'on eut réitéré plufieurs fois la même expérience , le propriétaire du terrein voulant conferver une fingularité fi curieufe , fit faire une citerne & la fit couvrir, en y laiffant néanmoins une ouverture pour fatisfaire la curiofité du public. Depuis ce temps , cette fontaine a toujours les mêmes propriétés. Dès qu'on approche une chandeile allumée du trou fait au couvercle de la citerne, l'eau prend feu , & brûle comme de l'efprit de vin , auffi long-temps qu'on empêche l'air extérieur d'exercer fa force ; mais auffi tôt que le couvercle , eft levé , les flammes difparoiffent. La chaleur de ce feu eft telle , que fi on met au trou du couvercle de la viande dans un pot plein d'eau , elle eft cuite auffi promptement qu'elle pourroit l'être au plus ardent foyer. Ce même feu réduit en un moment de gros morceaux de bois verd en cendres. Ce qui caufe le plus de furprife , c'eft que malgré fa violence, l'eau n'a pas le moindre degré de chaleur , & eft auffi froide que celle des autres fontaines. Ainfi le feu n'y réfide pas. Ce

ne peut être qu'une vapeur inflam-
mable qui a percé la terre en même-
temps qae l'eau , qui pénetre même
la fource , & qui enfin s'y enflamme
& brûle comme la Naphte brûle dans
l'eau.

FONTAINE
BRULAN-
TE.

EXAMEN

HISTORIQUE ET PHYSIQUE

de la prétendue diminution de l'eau, & de l'augmentation de la terre, où cette hypothefe, fon origine & fes progrès font examinés mûrement & dans toutes leurs circonftances.

Par M. JEAN BROWALLIUS, Evêque d'Abo, membre de l'Académie des Sciences de Suede, traduit du Suédois en Allemand, par M. KLEIN, Miniftre d'Ambaffade, & honoraire de l'Académie des beaux Arts de Leipfick.

DIMINU-
TION DE
L'EAU.

A Vant que de rendre compte de l'ouvrage même, nous croyons devoir imiter l'habile Traducteur Allemand, qui commence par donner fommairement l'hiftoire de la célebre hypothefe dont il s'agit dans cet ouvrage ; hypothefe défendue & combattue par tout ce que l'Allemagne & la Suede ont eu de plus favants hommes depuis foixante ans. Nous allons prendre dans fa préface ce qui nous paroîtra pouvoir rendre cet extrait plus intéreffant, & c'eft lui qui va parler.

Urbain Hiærne eft le premier qui ait tenté d'établir en Suede l'hypothefe de la diminution univerfelle des eaux. Il publia en 1702, en Langue Suédoife un ouvrage où il prétend qu'autrefois la mer Baltique étoit beaucoup plus élevée qu'elle ne l'étoit de fon temps. Il appuie cette opinion fur le témoignage de plufieurs Savants, tels que *Schvvans Kiælds, Elie Brenner,* &c. Cet Auteur eut pour lors autant de partifans de fa nouvelle doctrine, que M. *Linnæus* en a aujourd'hui, & il eft vraifemblable qu'il parut alors beaucoup d'écrits fur cette matiere. Le feul que je connoiffe eft celui d'*André Stobæus*, intitulé : *de antiquâ urbe Lund*, lequel fut publié en 1708. Voici la plus forte des preuves alléguées dans cet effai en faveur de l'hypothefe ce la diminution des eaux. Cet Auteur rapporte que M. *Jean Munte*, Curé de

Stægarp, en Scanie, & quelques-uns de ses paroissiens qui vouloient tirer de la tourbe d'un terrein marécageux désséché, trouverent à quelques pieds de profondeur dans la terre un chariot entier avec les squélettes des chevaux & du charretier. Il regarde ce fait comme une preuve incontestable, qu'il y a eu autrefois un lac en ce même endroit, & que le charretier voulant y passer sur la glace y a probablement péri.

En 1719, M. *Emmanuel Svvédenborg* publia un petit écrit en langue Suédoise concernant l'ancienne hauteur des eaux, &c. Il y adopte la conjecture du célebre *Olof Rudbek*, qui a prétendu que la Suede a été autrefois une Isle & a eu en effet la figure que les anciens géographes lui ont attribuée. Mais les plus fameux défenseurs, & pour ainsi dire, les Auteurs même de l'hypothese de la diminution universelle des eaux, MM. André *Celsius* & *Charles Linnæus*, ont paru entre l'année 1730 & l'année 1740. Dès cette premiere, *André Celsius* avoit déjà laissé entrevoir son opinion sur cette matiere, dans un discours intitulé,

de

de mutationibus, dont on trouve un extrait dans la premiere partie du *magasin
de Stockholm* : mais depuis ce temps il
l'a publiée en termes très clairs dans
les mémoires de l'Académie des Sciences de Suede.

M. *Linnæus* ne s'est déclaré en faveur de cette opinion, que dans son
ouvrage intitulé, *de Systemate naturæ*,
qu'il publia en 1738 ; mais il l'a défendue fort au long dans son voyage
d'Oelande & de Gothlande, imprimé
en 1745 ; dans son discours *de telluris
habitabilis incremento*, qui parut en la
même année ; dans son voyage de la
Gothlande occidentale, donné en 1746,
& dans celui de Scanie qu'il a publié en 1749.

On met aussi *Pierre Kalm* au nombre des partisans de cette hypothese,
& on en trouve effectivement quelques
preuves alléguées dans son voyage de
la Gothlande occidentale publié en langue Suédoise en 1742 , & dans son
voyage d'Amérique.

Mais aucun de ces Savants ne paroît
avoir eu autant de contradicteurs que
M. *Olof Dalin*, Historiographe de Suede , qui dans son histoire de ce Ro-

DIMINU-
TION DE
L'EAU.

yaume, dont la premiere partie a paru en 1744, a fondé sa chronologie sur l'hypothese de la diminution des eaux.

M. *Wallerius*, Professeur en chymie à *Upsal*, prétend dans son hydrologie, imprimé en 1748, & dont nous avons une traduction françoise, que la diminution de l'eau est une des propriétés de cet élément. Mais comme M. *Brovvallius* en parle; comme il fait encore mention de ce qu'ont écrit sur cette matiere le Baron de *Hœrlemann*, dans le voyage de Suede qu'il a publié en 1749; M. *Chydenius*, dans son mémoire *de decrementis aquarum in Sinu Bothnico*, imprimé dans la même année, & M. *Asselquin*, dans sa lettre écrite de Smirne en 1750 à M. *Linnæus*, je vais passer aux adversaires de cette hypothese.

M. *Etienne Hof*, lecteur du college de *Skare* est le premier qui l'a combattue dans son essai, *de metamorphosi telluris*, donné à *Upsal* le 13 Juin 1737. Il y soutient que, quoique cette opinion soit favorisée par un grand nombre d'observations, il seroit téméraire de l'admettre, parce qu'elle est fort opposée aux loix de l'hydrostatique.

J'espere que mes lecteurs voudront
bien me permettre de faire mention
ici de ce que j'ai écrit sur cette matiere le 21 Octobre 1743, à M. *André*
Celsius. Lorsque j'étois sur le point de
partir de Suede pour me rendre en
Espagne, il me pria de remarquer
dans mon voyage tout ce que je pourrois découvrir de contraire ou de favorable à son hypothese chérie. Je lui
envoyai mes observations, comme je
l'ai dit, en 1743 ; quoique j'eusse appris que M. *Celsius* étoit mort en
1744, le 24 Avril, je ne négligeai
pas d'observer encore en revenant en
Suede. Comme je passois le 27 Mai
1745, auprès de *Merida*, sur le grand
pont que les Romains éleverent sur la
Guadiane, j'apperçus au milieu de cette
riviere une petite Isle où je vis les
ruines d'une vieille tour ronde, à peine élevées d'un quart d'aune (*a*) au-
dessus du niveau de l'eau, & j'appris
de quelques Savants Espagnols qui
habitoient cette Ville, que la tour en
question avoit été bâtie par les Romains,

____

(*a*) Six pouces environ.

DIMINU-
TION DE
L'EAU.

avant qu'ils soumiſſent la Luſitanie. Or cette conquête eſt arrivée vingt ans avant la naiſſance de Jeſus-Chriſt ; ainſi l'on peut donner à cette tour dix-huit cents années. Ce fait ne s'accorde pas bien avec l'hypotheſe de la diminution des eaux, ſelon laquelle elles doivent diminuer en un ſiecle de neuf quarts d'aunes. (b)

M. *Gærauſſon*, homme très verſé dans les antiquités ſuédoiſes, a dans les années 747, 49 & 50, publié cinq écrits Suédois, dans leſquels il fait remonter auſſi haut qu'*Oluf Rudbeck*, l'antiquité du Royaume de Suede, & prétend que le ſyſtême de la diminution de l'eau eſt ſuffiſamment réfuté par les faits rapportés dans ces écrits.

M. *Jules Bioerner* a attaqué cette opinion dans un ouvrage imprimé in-4°. en 1748, & qui a pour titre, *Antiquités du Royaume de Suede*. Il y traite ſur-tout de la grandeur des pays Septentrionaux, de la culture des rivages & de la hauteur de la mer Baltique.

En 1749, M. *Jacob Wilke*, ancien

(b) Environ de deux pieds ſix pouces.

Hiftoriographe du Royaume de Suede,
s'éleva contre cette fameufe hypothefe,
& fit traduire du latin en Suédois par
M. *André Wilde*, fon fils. les deux
premiers chapitres de fon hiftoire prag-
matique, dans lefquels ce favant homme qui a une lecture immenfe, attaque le fyftême de M. *Dalin*, comme
il fait encore dans un appentice où
il traite de la probabilité de l'hiftoire
du nord & des fondemens de la chronologie de cette hiftoire.

C'eft en cette même année 1749,
que le favant *Etienne Bring*, Profef-
feur d'hiftoire à *Lund*, publia in 8°.
en Suédois, un recueil de plufieurs
écrits, pour fervir à l'éclaircifement
de l'hiftoire de Suede. Si quelque ouvrage folide & bien fait a paru en
Suede contre l'hypothefe de la diminution des eaux, c'eft affurément celui-ci, quoiqu'il ait à peine foixante
pages, auffi M. *Brouvallius* ne l'a-
t-il point oublié. Les objections de M.
Bring font phyfiques & hiftoriques; il
ne s'eft jamais avancé qu'avec prudence
& avec circonfpection. Une de fes remarques les plus confidérables & les
mieux fondées eft que toute cette

G 3

dispute roule sur trois questions. 1°.
Si l'eau diminue : 2°. Si elle diminue
dans une proportion donnée : 3°. Si de
la diminution de l'eau dans une proportion donnée on peut déduire, avec
quelque espece de certitude, l'antiquité
du Royaume de Suede. De plus cet ouvrage est rempli de remarques extrêmement curieuses. En voulant par exemple
expliquer pourquoi l'on trouve quelquefois des débris de navires dans les terres,
il cite un passage remarquable de *Sturle-
son*, où cet ancien Auteur rapporte qu'autrefois & sous le regne de *Hœkon*, ou *Ha-
quin*, Roi de Norvege, lorsqu'on avoit
donné un combat sur mer, le vainqueur
faisoit mettre à terre quelques uns de ses
vaisseaux, les faisoit remplir de morts, &
couvrir ensuite de terre & de pierres.

En cette même année encore, M.
Charles Frederic Menander, Professeur
de Théologie à Abo, publia un écrit
intitulé, *de superficie telluris*, où il
soutient que la diminution universelle
& absolue de l'eau détruiroit nécessairement l'équilibre de la terre.

M. *Richardson* s'est aussi élevé contre cette hypothese, dans sa description de la province de *Halland*,

publiée en 1751 , & 1752. Aux objections de cet Auteur , M. *Dalin* s'eſt
contenté de répondre dans une lettre
adreſſée à ſon excellence M. le Comte
Guſtave Bond , qu'elles ne méritoient pas
qu'on y fît attention ; il ajoute que ce
que MM. *Wilde* & *Bœrner* ont écrit
contre lui , en eſt encore moins digne.

Il ne me reſte plus qu'à faire mention d'un manuſcrit qui mériteroit bien
une place parmi les meilleurs ouvrages
compoſés contre l'hypotheſe de la diminution de l'eau , quand le nom de
ſon illuſtre Auteur lui donneroit moins
d'éclat. Il eſt de ſon Excellence M. le
Comte *Guſtave Bond* , & a pour titre :
remarques ſur l'hiſtoire de Suede de M.
Dalin. Il a été fait en 1755 , & ſon
Excellence a bien voulu me le communiquer , avec la réponſe que M.
Dalin lui a faite. Son hypotheſe eſt
combattue dans cet écrit par des rai-
ſons phyſiques & hiſtoriques que l'on
n'avoit point employées contre elle.

Paſſons à l'examen de l'hypotheſe de
M. *Brouvallius* que nous ferons toujours
parler , comme ſon traducteur a jugé à
propos de faire dans cette eſpece d'avant-
propos.

G 4

EXAMEN

DE L'HYPOTHESE

DE LA DIMINUTION

DE L'EAU.

LE Clergé de Suéde ayant préfenté à la diette de 1747, un ouvrage ou la fameufe hypothefe de la diminution de l'eau étoit combattue, M. *Dalin* entreprit de réfuter cet écrit dans la feconde partie de fon hiftoire de Suede, & les Etats ne déciderent rien. Ce filence me furprit, & comme on l'interprétoit en faveur de cette opinion, je formai le deffein d'en faire un examen refléchi, non pour avoir la gloire de contredire & de cenfurer nos états, ou de combattre M. *Dalin*, dont j'eftime & j'honore les talents, en le plaignant de fa bonne foi ; mais pour réfuter une opinion qui ne m'a jamais paru même vraifemblable.

Plusieurs des anciens Romains ont
remarqué que la terre s'augmentoit
en plusieurs endroits, & que les eaux
qui sont à sa surface, passoient d'un
endroit dans un autre ; mais peu d'Auteurs ont prétendu que l'eau éprouvât
une diminution absolue. Peu d'étrangers parmi les modernes ont été de
cette opinion , & c'est à tort qu'on
l'attribue à *Varenius* : il a cru seulement que les eaux changeoient de place.
„ Il est vrai , dit-il , que la mer quitte
„ quelquefois ses rivages ; *& dans*
„ *un autre endroit* , qu'elle couvre aussi
„ quelquefois des parties du conti-
„ nent. „ Ainsi quand il croit que
la mer Baltique , la mer Méditerranée , & le golfe Arabique doivent
diminuer , il regarde comme certain que
ces mers regagneront d'un côté les terres
qu'elles perdent de l'autre. Cependant
cet écrivain exagere ces changements,
& n'a point assez mûrement examiné
tous les faits qu'il a trouvés dans
Hérodote , *Strabon* , *Seneque* , &c. tous
Auteurs qui ne méritent pas une foi
aveugle.

Celui qu'on peut regarder comme
Auteur de cette hypothese , est M.

Maillet, Conful François en Egypte. Je ne fais fi fon ouvrage intitulé, *Tellia-med*, & l'opinion qu'il y défend ont eu beaucoup de partifans dans les pays étrangers ; je ne connois que celui qui a publié *Telliamed*. Si la très longue préface de cet éditeur eft un foible appui des opinions de M. *Maillet*, il a du moins inftruit fes lecteurs de fa manière de penfer, & fait voir qu'il réfervoit à la religion les coups dont il avoit menacé le Clergé.

Je ferai encore remarquer ici que quelques efprits forts fe font hardiment approprié les penfées de *Tellia-med*, pour les employer à leurs fins. *La Métrie* en a fait le plus grand ufage dans fon *fyftéme d'Epicure* ; mais plufieurs Auteurs les ont réfutées, (MM. *Formey*, *Bertrand*, *Harfoeker*, & *Manfredi*.

Je ne vois pas trop pourquoi on met M *Hœrne* au nombre des défenfeurs de cette hypothefe, lui qui prétend que lorfque les eaux innondent quelques pays, elles en laiffent d'autres découverts. Il n'en eft pas ainfi de M. *Suvedenberg* : il a foutenu la diminution abfolue des eaux ; il en a allégué pour preuves les terreins qui autrefois couverts par les eaux de la mer, en ont été abandonnés, les gros anneaux de fer, pour amarrer les vaisseaux, que l'on a trouvés dans les montagnes, les ancres, les poissons, les débris de Navires, &c.

Ce fut en 1743, que M. *André Celsius* publia dans les mémoires de l'Académie des Sciences de Suede, ses observations sur la diminution de l'eau dans la mer Baltique & la mer occidentale. Ces observations méritent une attention d'autant plus particuliere, qu'elles ont été en Suede, pour ainsi dire, le fondement de cette hypothese qui a ensuite obtenu & occupe encore une place si considérable dans l'histoire & dans la minéralogie. M. *Celsius* n'oublie pas une seule de ces expériences par lesquelles on peut & on a coutume de prouver l'augmentation de la terre. Il s'appuye principalement sur les lacs desséchés, les rochers découverts, les pierres où l'on prenoit des chiens de mer, (*See und Steine*) devenues inutiles à cet usage, & sur les rapports que des pilotes & des paysans lui ont fait, mais surtour sur le nivellement exécuté par M. *Rudmann*. Il a calculé & il prétend que l'eau diminue en cent ans de neuf quarts d'aunes, (environ quatre pieds six pouces), il faut cependant dire à la louange de ce célèbre astronome, qu'il ne nous donne pas son opinion comme incontestable : il dit bien que l'eau a diminué suivant cette proportion pendant cent quatre-vingt six ans ; mais il n'a pas osé avancer qu'elle ait toujours suivi, ou qu'elle suivra toujours à l'avenir cette proportion ; il n'a pas non plus assigné à cet effet de cause positive, & il a seulement conjecturé qu'il pouvoit être occasionné par les végétations, par les gouffres cachés au fond de la mer, &c. Au reste il n'a point cru que cette diminution de l'eau fût particuliere au Nord seul ; quoiqu'il parle principalement de la mer Baltique, il a soutenu que l'eau diminue de même dans la mer Occidentale.

Mais ce que M. *Celsius* a seulement hazardé au sujet d'une petite partie des siecles passés (cent quatre-vingt six ans), M. *Dalin* l'a établi comme un fait si incontestable, qu'il l'a pris pour base

de la chronologie de l'histoire de Suede.
Il s'est éloigné de Celsius, en assignant
pour cause de cette diminution un
avancement des eaux vers la ligne,
déjà prétendu par *Swedenborg* : il n'a
point regardé comme absurde une diminution bornée aux pays Septentrionaux, & quoique beaucoup de bons
écrivains aient combattu son opinion,
il semble qu'elle a encore moins d'adversaires que de partisans. Au nombre
de ceux-ci on peut compter, MM.
Wallerius, *Kalm*, *Chydenius*, *Harle-
mann*, *Hasselqain* & *Linnaeus*. Ce dernier sur-tout, en appliquant cette hypothese à l'histoire naturelle, n'a pas
peu contribué à lui donner de l'éclat,
& l'on reconnoît dans tous ses ouvrages qu'il est fort attaché à ce sentiment.
Les preuves qu'il en allegue sont tirées
des observations faites sur le golfe
Bothnique, des grands bancs de sable
de *Malingebo*, des pétrifications, des
marbres que l'on a trouvés en Gothlande, & qui sont de la même espece
que ceux de l'isle de *Carl*, & d'un grand
morceau de galene de fer, (*Glantzein*,
muria Saxi ex mica spathoque), qu'on
a de même trouvé en Gothlande. Il cite

aussi l'observation suivante faite par la Baronne *Stœlde Holstein.* Près du village de *Sœydrabiringue* , on trouve du succin à une toise de profondeur dans la terre, quoique cet endroit soit plus élevé qu'un lac voisin de six ou sept toises, & que la mer de douze ou treize. „ Les eaux , ajoute-t'il , font , pour „ ainsi dire, productrices de toutes les „ terres & de toutes les pierres : l'ar- „ gile est le sédiment de l'eau , & le „ sable n'est autre chose que de l'ar- „ gile cristallisée. Toutes les substances „ calcaires qui font sur la terre , ne „ font que des poissons, & autres ma- „ tieres pétrifiées..... Le cristal est „ composé de *quartz*, de *Spath* & de *sel*; „ les pierres précieuses font du quartz „ critallisé , &c.

Outre les défenseurs célebres dont je viens de faire mention , je dois dire ici que cette hypothese a été reçue en Suede par tous ceux qui se piquent d'avoir quelque connoissance en physique , & j'avouerai ingénûment qu'elle est extrêmement attrayante. Elle se prête si facilement à expliquer différents effets que nous observons sur la terre, que ceux qui ne veulent ignorer

de rien, lui trouvent des commodités
infinies. Il y a dans toutes les histoires
des sectes philosophiques, des systêmes
métaphysiques & hypothétiques qui ont
eu leurs défenseurs ; mais ces sectes &
ces systêmes adoptés pendant un temps
ont tous eu un terme.

Quelle différence n'apperçoit-on pas
dans les opinions de ceux qui défendent
l'hypothese de la diminution de l'eau !
Les uns la conjecturent & d'autres la
croient ; ceux-ci la regardent comme
universelle, ceux-là comme particuliere aux pays septentrionaux : l'un veut
qu'elle soit relative, l'autre veut qu'elle
soit absolue. Il me semble qu'on ne
doit pas porter le même jugement de
sentiments si divers (*c*).

Examinons d'abord ceux de Telliamed : comment ont ils pu entrer
dans l'esprit du judicieux Maillet ?
La malheureuse ambition de passer
pour esprit fort, dont cet ouvrage in-

Diminu-
tion de
l'eau.

(*c*) M. Brovvallius entre ici dans un grand détail de l'ouvrage intitulé *Telliamed* ; mais il est
si connu en France, que nous croyons inutile
d'en parler ici d'après notre Auteur. Nous ne don-
nerons donc que les objections.

conféquent porte l'empreinte la plus
fenfible , caufe toujours un certain
délire qui rend les efprits qu'elle agite ,
capables d'adopter comme vraies les
plus grandes abfurdités, dès qu'ils les
croient favorables à leur opinion chérie :
preuve certaine que la main de Dieu
eft levée fans ceffe fur les hommes qui
ofent oublier la foumiffion qu'ils lui
doivent , jufqu'au point de s'élever
contre lui. Difons le à leur confufion :
ces Athées font eux-mêmes la preuve
de la fauffeté de leurs fentiments , &
de la vérité de l'Ecriture qui nous en-
feigne que les hommes qui étouffent
ainfi les lumieres que leur fourniffent
la nature & la révélation, font abandonnés à leur corruption & à un tel
aveuglement , qu'ils ne croient plus
que le menfonge.

L'ouvrage de M. Maillet eft un exemple de l'abus qu'on peut faire de cette
hypothefe ; mais on demande fi telle
qu'elle eft généralement reçue en Suede,
elle contredit la révélation. Pour répondre à cette queftion , il faut examiner féparément les raifons de fes
divers défenfeurs.

Si l'on regarde la diminution de
l'eau

l'eau comme particuliere aux pays du nord , elle n'a rien de commun fans doute avec la chronologie ou l'hiſtoire ſacrée ; mais je ne conçois pas comment on peut l'accorder avec la ſaine raiſon. Je conçois bien qu'un lac peut être plus élevé que la pleine mer , & que la mer Baltique a pu en effet avoir cette ſituation ; mais ſi on l'accorde auſſi à la mer occidentale , cette ſuppoſition paſſe mon intelligence. L'équilibre néceſſaire aux eaux , démontre avec évidence qu'elles ne peuvent éprouver qu'une diminution univerſelle , & cet équilibre ne peut ſubſiſter , ſi l'eau n'eſt pas auſſi haute ſous l'équateur que ſous les pôles , ainſi que toutes les loix de la peſanteur & du mouvement le demandent, loix qui au commencement du monde ont donné à la terre la forme qu'elle a conſervée juſqu'à préſent. Dire que parce que la terre eſt applatie à ſes poles, & que par conſéquent les corps y ont plus de peſanteur, l'eau a néceſſairement diminué ſous les pôles & augmenté vers l'équateur, au-delà de l'équilibre dont nous venons de parler , ce ſeroit prétendre que l'eau monte au lieu de deſcendre.

Ceux qui attribuent à l'eau une diminution univerfelle , fans accorder à
la mer un pouvoir créateur , pour
ainfi dire , ne font point en cela oppo-
fés à la vérité de l'hiftoire fainte , quoiqu'il leur foit impoffible d'éviter toutes les conféquences d'une diminution
univerfelle des eaux. Avant que d'y
acquiefcer , il me femble que tout homme fage doit obferver que tous les endroits dont l'hiftoire ancienne , & fur-
tout celle de la Bible , font mention ,
doivent , fuivant cette hypothefe & la
mefure reçue , être fitués aujourd'hui
fort au deffus du niveau des eaux. Si
en effet elles diminuoient de quatre
pieds fix pouces en chaque fiecle , le
niveau d'Alexandrie , par exemple , feroit plus élevé que celui de la mer
Méditerranée d'environ cent pieds , &
tout le delta bien plus haut encore : cependant tout ce pays eft aujourd'hui tel
qu'Hérodote l'a décrit , &c. Maillet ,
protecteur zélé de la diminution de
l'eau , Maillet qui a été Conful en
Egypte , doit être en cette matiere un
témoin irréprochable : or , quoiqu'il
ait eu la précaution d'avertir que la
mer doit être aujourd'hui plus baffe

qu'autrefois , il avoue pourtant lui-
même que les anciens canaux de cette
contrée , lorfqu'ils ont été nettoyés ,
ont affez d'eau pour porter bâteau.
Mais on fait affez que jamais ils n'ont
été deftinés à des bâtiments plus confidérables. Cependant, fuivant la mefure que Celfius nous a donnée, le canal d'*Ebn-ellaas* , conftruit dans le feptieme fiecle , auroit dû être fait pour
des bâtiments de cinquante pieds, &
l'ancien canal pour des bâtiments de
quatre-vingt à quatre-vingt-dix pieds
de tirage , machines énormes dont
nos plus grands vaiffeaux n'approchent
pas. (*a*).

Mais quelle chronologie peut nous
donner la hauteur des montagnes, &
pourra-t-on l'accorder avec la chronologie facrée ? Celle-ci fixe l'âge du
monde à fix mille années , & à ne
fuivre que la mefure modérée de Celfius, la plus haute de nos montagnes
devroit avoir deux cents trente pieds
au-deffus du niveau de l'eau ; mais fi

____

(*a*) Un vaiffeau de foixante à quatre-vingt canons tire environ vingt-quatre pieds d'eau.

l'on employoit la mesure de *Telliamed*, à peine aurions nous des hauteurs de dix-huit pieds.

Nous pouvons supposer, ce me semble, que la pointe de *Svvuckustæt* que M. *de la Condamine* a trouvée de douze mille pieds au moins, en a environ sept mille : alors l'âge de cette montagne, compté depuis que sa cime a paru au-dessus des eaux, & calculé selon la mesure de Celsius, sera de cent cinquante-cinq mille années. Cependant la Norvege & la Suede ont des montagnes plus hautes encore.

Nous sommes certains de la hauteur de quelques montagnes de l'Amérique. Celle de Chimboraso, par exemple, a trois milles deux cents vingt toises : elle seroit donc, selon Celsius, âgée de quarante-cinq mille ans, & le mont Ararat, s'il a la hauteur qu'on lui attribue, en auroit cent soixante & quinze mille; mais, suivant Maillet, le Chimboraso auroit six millions sept cents cinquante mille, & l'Ararat dix millions cent vingt-cinq mille années : que seroit-ce si le temps nécessaire pour la formation des montagnes y étoit encore ajouté ?

Etablissons maintenant la question dont il s'agit , & examinons les raisons sur lesquelles on s'est appuyé , pour la décider en faveur de la diminution de l'eau. Elles sont physiques & historiques ; mais je ne parlerai point de celles-ci , parce qu'on l'a déjà fait assez & que les autres sont plus importantes. Il me semble que la question propre & véritable est celle-ci.

„ Si les eaux qui sont à la surface de
„ la terre diminuent effectivement &
„ proportionnellement au temps , de
„ sorte qu'après un certain nombre
„ d'années , on en trouve en effet
„ moins qu'auparavant , & si cette di-
„ minution , supposée possible , peut
„ être la cause de tous les phénomenes
„ & des changements observés sur no-
„ tre globe.

Le changement d'eau en terre que l'on suppose pour appuyer ce système est purement problématique, & quand même il seroit vrai , on ne pourroit pas en conclure une diminution nécessaire de l'eau , puisqu'on pourroit prétendre avec autant de raison , que d'autres corps peuvent devenir eau. Ne peut-on pas d'ailleurs démontrer

H 3

DIMINU-
TION DE
L'EAU.

que l'eau qui entre dans la compofition d'un corps folide , & qui pour
lors ne nous eft plus fenfible , n'a pas
pour cela changé de nature , & qu'elle
eft retrouvée fous fa premiere forme
dans la décompofition de ce corps ?

On a coutume de citer ici l'autorité
de Nevvton , qui a dit que la végétation , la putréfaction des corps &
leur changement en terre fait diminuer
l'eau , & que les cometes réparent &
remplacent cette diminution. C'eft fans
doute l'expérience de *Boyle* , peut-être
celle de *Van-Helmont* , peut-être auffi
le plaifir de trouver une utilité aux
cometes , qui lui a donné cette penfée.
Mais il me femble qu'il feroit injufte
de ne pas la regarder comme une fimple conjecture : quelque grand qu'ait
été Nevvton , il n'étoit toutefois qu'un
grand homme , & fes conjectures ne
peuvent paffer pour des axiomes. Les
expériences de *Van-Helmont* & de ceux
qui l'ont fuivi , ne peuvent décider
cette queftion. Il n'eft pas néceffaire
que l'eau devienne terre , pour que
celle-ci s'augmente ; & la portion ter-
reufe qui entre dans la compofition
des plantes , eft fi peu de chofe , com-

me leur décompofition le prouve , qu'il n'eft pas étonnant qu'on ne s'en apperçoive pas en mefurant le refte de la terre. De plus , l'eau qui monte dans les plantes , peut y porter autant de terre qu'il doit en entrer dans leur compofition. On ne peut pas nier que toutes les eaux pures n'en contiennent, & qu'il n'y en ait même dans l'air. Enfin la végétation des plantes , la criftallifation des fels , la putréfaction de l'eau , &c. prouvent feulement , & rien de plus, que l'eau eft un véhicule ou *lixivium* dont la nature fait ufage.

Il eft auffi difficile de prouver que dans la cuiffon des briques il fe fait un changement d'eau en terre ; & j'y vois feulement que les particules de deux corps peuvent être mifes par le moyen de l'eau dans une fphere d'attraction mutuelle. La chaux, le plâtre & d'autres matieres durcies par le moyen de l'eau ne prouvent rien moins que la tranfmutation de cet élément. Tout le monde ne fait-il pas que la chaux vive & le plâtre ne fe durciffent qu'au degré de la chaleur qui fait évaporer l'eau , & ne faut-il pas faire fécher les briques pour leur donner de

Diminu-
tion de
l'eau.

H 4

la pureté ? l'eau seule sans doute n'en donneroit pas à l'argile, si l'on n'y joignoit le secours du feu, &c.

De tout ce qui vient d'être dit, on peut raisonnablement conclure, que le changement d'eau en terre n'a point encore été prouvé, & qu'il est jusqu'à présent beaucoup plus probable que l'art humain ne peut changer les éléments l'un en l'autre.

Il faut considérer dans cette matiere-ci, que les expériences seules peuvent y être admises & non les spéculations : il faut encore faire attention, que ce qui mérite réellement d'être appellé expérience, doit avoir été fait avec une grande circonspection. On donne souvent ce nom à ce qui n'est en effet qu'une conclusion que l'on a tirée de quelque fait observé, & la plupart de ceux que l'on allegue dans cette histoire ne méritent pas qu'on les nomme expériences. La terre a été, dit-on, couverte d'eau autrefois, on en trouve des marques partout. Mais aucune expérience ne peut le prouver, & ces marques si célebres peuvent avoir une toute autre cause, quoique nous ne puissions lui assigner que celle

de la grande hauteur des eaux ; &
quand même ce feroit la vraie , prou-
vero t-e le que l eau diminue ? Il pourroit encore arriver que toutes les raifons fur lefquelles on a fondé ce fyftême fuffent inconteftables , & que la
conclufion que l'on en tire , de la diminution abfolue & univerfelle de l'eau ,
fût entiérement fauffe : quand même
cent expériences prouveroient pour cette
hypothefe , une feule qui la contrediroit
les rendroit toutes de nulle valeur.

Les preuves qu'on a tirées du nivellement des eaux , en faveur de leur
diminution , paroiffent être les plus importantes ; j'avoue que fi , après avoir
déterminé un centre de gravté immobile , on trouvoit & l'on démontroit
que la furface des eaux s'en approche , ce feroit une très forte preuve du
fait en queftion : mais il me femble
bien étonnant que les quatre mefures
prifes à ce fujet different toutes entr'elles. Celfius prétend , d'après Rudmann , que l'eau diminue de quarante-
cinq pieds en dix fiecles , & Maillet ,
de trois pieds ; dans le même temps
au contraire Manfredi foutient , qu'elle
augmente d'un pied & demi , & Har-

fœker de dix pieds. La différence de ces mefures prouve évidemment l'incertitude de cette hypothefe. Examinons-les & voyons laquelle eft la plus vraifemblable & la plus digne de croyance.

Celle de Maillet, qui d'ailleurs n'eft qu'une fimple conjecture, me paroît être fi petite, qu'elle ne fignifie rien. Elle peut cependant convenir à la mer Méditerranée, & en cela Maillet n'a pas contredit l'Hiftoire. Mais il n'en eft pas ainfi de la mefure de Celfius : s'il eft inconteftable que l'eau diminue dans une certaine proportion fur toute la furface de la terre, non feulement l'hiftoire de Suede, mais toutes les autres hiftoires les plus anciennes, les plus dignes de foi, courroient grand rifque d'être réduites à rien.

Au refte cette mefure n'a pour fondement qu'une tradition orale des payfans, qui porte que des rochers où l'on prenoit des chiens de mer, font devenus impraticables ; mais ces rochers appuyés fur un terrein peu folide, n'ont-ils pas pû éprouver quelque changement, par des tremblements de terre, & par des tempêtes ?

L'élévation du rocher au-deſſus de la ſurface de l'eau devenue trop grande, eſt-elle donc la ſeule cauſe qui puiſſe avoir rendu ces rochers inutiles à la pêche des chiens marins ? D'autres cauſes peut-être , comme par exemple le défaut de nourriture , a pu éloigner ces animaux & les a forcés d'aller vers de nouvelles côtes. Quoiqu'il en ſoit , il eſt très certain que le ſimple rapport des payſans ne peut avoir aucun poids dans une queſtion qui demande une ſi grande exactitude.

La meſure de Manfredi ne me paroît pas être plus exempte d'erreur ; elle a toutefois plus de vraiſemblance. Cet Auteur dont l'exactitude eſt ſi connue de tous les Savants , a lui-même exécuté cette meſure , & il a trouvé quatorze pieds de différence entre la plus haute & la plus baſſe eau. Comme il étoit à Ravenne en 1731 , pour y meſurer combien le niveau de quelques endroits étoit élevé au-deſſus de celui de l'eau , il voulut faire cette épreuve à la Cathédrale bâtie depuis 1300. Comme pour cet effet il fallut creuſer quelques pieds en terre , on trouva un ancien plancher fait d'un très beau marbre, & qui étoit à une telle profondeur, qu'il n'avoit que six pouces au dessus de l'eau la plus basse ; mais lorsque la mer étoit grosse, il étoit huit pouces au-dessous. Il n'est pas vraisemblable, à ce qu'il prétend, que l'on ait construit ce plancher, aussi bas : il faut donc, où qu'il se soit affaissé, ou que la mer se soit élevée. Le premier cas lui paroît absurde, & il s'en tient au dernier. Il pense que cette élévation des eaux de la mer peut être un effet des terres que les rivieres y entraînent sans cesse : il combat en peu de mots la diminution prétendue de l'eau, & prétend que les seuls sables que la mer pousse perpétuellement sur ses rivages & qui les accroissent, sont ce qui a fait croire aux partisans de ce système, que l'eau diminue.

Manfredi ne s'arrête pas là : il entreprend de calculer la quantité de terre que les rivieres portent à la mer, & le résultat de son calcul est qu'elle s'éleve de cinq pouces en trois cents quarante-huit ans.

Cette mesure comparée aux autres a sans doute plus de vraisemblance, & on

ne peut la réfuter démonstrativement.
Cependant je ne vois pas, comme il le
prétend, qu'il soit impossible que son
pavé de marbre ait pu s'affaisser, & que
du transport des terres dans la mer, il
s'ensuive nécessairement que la surface
de celle-ci s'éleve en même proportion que son lit, puisqu'elle peut toujours s'étendre & couvrir de nouveaux
terreins ; les terres qui sont à son fond
peuvent être portées vers ses bords ; son
fond même peut devenir plus profond
en quelques endroits, tandis que des
bancs de sable s'élevent en d'autres,
& ainsi ses eaux peuvent toujours être
également hautes. Quant à Harsoeker,
en suivant Manfredi & augmentant encore sa mesure, il a peut-être plus af-
foibli qu'affermi son hypothese.

Si entre ces différentes mesures on
prend le milieu qui est ordinairement
la voix la plus sûre, on dira que la
hauteur de l'eau est toujours à peu près
égale ; opinion très conforme à celle
de ces deux derniers écrivains qui pensent que la terre a toujours la même
quantité d'eau.

Cependant je ne regarde leur théorie que comme douteuse, & je vou-

drois qu'on me démontrât avec un peu plus d'évidence que les eaux de la mer s'élevent , & dans quelle proportion. Comme ils ont fuppofé à cette élévation une caufe générale , ils l'ont fans doute regardée comme univerfelle , & non comme bornée à la feule mer Méditerranée ; mais l'expérience ne confirme pas leur fentiment en ce point , puifque la diminution des eaux paroît auffi & même plus forte en quelques endroits , que fon augmentation femble l'être en d'autres.

Du moins l'opinion de ces deux Auteurs ne me paroît point favorifer ceux qui prétendent que l'eau diminue aux pôles , & augmente vers l'équateur. Les raifons que j'ai alléguées ci-deffus contre ce fyftème , fubfiftent encore ici dans toute leur force.

Les rochers que la mer , dit - on, laiffe de temps en temps à découvert, femblent être une très forte preuve de la diminution de l'eau : mais ne feroit-il pas plus naturel d'attribuer cette efpece de phénomene , fuppofé certain , à quelque caufe particuliere , plutôt qu'à une diminution univerfelle des eaux ?

D'ailleurs n'eſt-il pas prudent de remarquer à ce ſujet , que les hommes
& les payſans ſur-tout ſont portés à
ſe plaindre de leur ſort , & à vanter
celui de leurs peres : ils ſe rappellent
leur jeuneſſe, ce temps heureux où la
vie exempte de ſoucis , eſt toujours
aiſée , toujours agréable ; ils le com-
parent à celui où ils vivent , & attribuent, ſoit à ce dernier , ſoit aux endroits qu'ils habitent , des déſagréments
dont leur conſtitution naturelle & leur
âge avancé ſont les ſeules cauſes. Les
premiers pilotes ſe ſont contentés ſans
doute de connoître les écueils de quelque côte & de les éviter ; leurs enfants ou ſucceſſeurs qui ont apperçu
des rochers qui ne leur avoient point
été enſeignés par ces premiers , ont
pû croire fort aiſément que les eaux
avoient ceſſé de les couvrir depuis peu
de temps , ou après y avoir échoué
ont eu intérêt de le dire & de le faire
croire.

On peut encore remarquer , que les
eaux n'ont pas toujours la même hauteur dans toutes les années : or quand
les pilotes font leur apprentiſſage dans
des temps où les eaux conſervent conſ-

tamment une grande hauteur, comme il arriva en Suede en 1754, les années suivantes leur fourniffent un grand nombre de remarques fur ces rochers dont on prétend que les eaux s'éloignent.

On a avancé que les anciens murs de la ville de Stockholm fubfiftent depuis cinq cents ans, parce qu'ils font à vingt pieds au-deffus du niveau de l'eau, & on pourroit le croire, fi ce fentiment n'étoit pas contredit par les vérités fuivantes. Il faut d'abord démontrer la juftesse de cette mefure; mais fuppofons-la vraie, ce fait eft encore difficile à croire. Il eft incertain à quelle diftance le niveau de ce mur étoit autrefois de celui de l'eau, & fi l'on calcule fuivant la mefure reçue de la diminution de l'eau, on trouvera que les fondements de ce mur ont dû être conftruits fous l'eau, ce qui eft incroyable.

C'eft à tort que M. *Bring* a cité comme une preuve de la diminution de l'eau, ce que le pere de *Charlevoix* dit de l'endroit où la ville baffe de Quebec a été bâtie. Cet Auteur rapporte, il eft vrai, " que la riviere s'eft

„ s'eſt éloignée de Quebec & a laiſſé
„ entre elle & cette Ville un ſi grand
„ eſpace de terrein, qu'on y bâtit ce
„ qu'on appelle la baſſe-ville, qui eſt
„ aujourd'hui tellement élevée, que
„ ceux qui l'habitent ſont entiéremeit
„ à l'abri des inondations. „ Si l'on
veut expliquer ce paſſage comme il doit
l'être en effet, on n'y trouvera aucune
preuve de la diminution de l'eau,
puiſqu'immédiatement après cet Auteur
ajoute, que les baſtions du port ſe
trouvent à fleur d'eau dans les crues
de l'équinoxe.

Je ne m'arrêterai pas long-temps à
ce qu'on dit de la ſituation du château d'Abo, que l'on a coutume d'alléguer comme une preuve de la diminution de l'eau. Je me contenterai
de faire remarquer ici, que la partie
la plus élevée du terrein où eſt ce
château, eſt à vingt-quatre pieds deux
pouces au-deſſus du niveau de l'eau ;
qu'on croît communément que la plus
ancienne partie de ce château a été
bâtie il y a ſix cents ans ; qu'ainſi,
ſelon l'hypotheſe, elle étoit alors à
deux pieds huit pouces, & le reſte du
château à ſix ou ſept pieds au-deſſous

de l'eau. Si l'on fait attention au nouveau château que le Roi *Jean* habita en 1363, pendant sa captivité, il est difficile de comprendre comment ce Prince put y entrer, puisque, selon la même hypothese, la porte devoit être alors à deux pieds au-dessous de l'eau ; mais on n'a cependant sur ce point aucune inquiétude, & l'on est certain que pour lors on alloit à ce château par un chemin très praticable.

On prétend que l'eau diminue dans les lacs & dans les rivieres, & cette opinion au premier coup d'œil paroît bien fondée. Je passerai sous silence tous les exemples qu'on cite pour en prouver la vérité, on en a par tout de pareils : je remarquerai seulement qu'il faut examiner ce que cette eau devient, & si elle ne passe pas visiblement d'un endroit dans un autre.

M. Linnæus a observé que les rivieres rendent tous les ans leur lit plus profond ; je ne veux point contredire cette remarque ; mais je dirai qu'on ne peut en faire une application générale. Il en est beaucoup qui remplissent de sable les endroits où leur cours est doux ; mais toutefois

cette obſervation ne peut ſervır à étayer
l'hypotheſe de la dıminution de l'eau.
Avant que de l'admettre dans les rivieres, il me ſemble qu'il eſt néceſſaire d'examiner, 1°. Si cette queſtion
concerne les rivieres dont il eſt parlé
dans l'hiſtoire ancienne ; & alors on
doit s'aſſurer avec tout le ſoin poſſible que l'on a leur vraie poſition.
Notre ſavant hiſtorien & antiquaire
M. *Scarin*, qui eſt né & a été élevé dans
la Gothlande occidentale, m'a aſſuré
que les ponts que l'Eêque *Benedict*
fit conſtruire en ce pays, & dont il
eſt tant parlé dans nos anciennes chro-
niques, ſont encore aujourd'hui auſſi
néceſſaires qu'ils pouvoient l'être autrefois. On trouve auſſi des endroits où
l'on pourroit juger que les ponts ſont
entiérement inutiles, cependant ils ſont
néceſſaires en certains temps de l'année. On peut ſe rappeller ici la plai-
ſanterie d'un François, qui conſidérant
le fâmeux pont de Madrid, diſoıt qu'il
falloıt le vendre pour acheter de l'eau
aux habitants. On voit cependant quelquefois la riviere de *Manſanares* remplir toutes les arches de ce pont. Il en
eſt de même de la Guadiane ſur laquelle

on a bâti près de Merida un pont très considérable , dont pendant l'été le tiers sert à peine , quoiqu'au printemps l'eau en remplisse toutes les arches. Enfin, pour ne pas tant nous éloigner de la Suede, on a trouvé de tous les temps , dans la Gothlande occidentale , tant d'eau qu'il paroît que les Ponts y sont toujours nécessaires, quoiqu'en ait dit M. Dalin.

2ᵛ. On doit être exactement instruit quel étoit l'état d'une riviere dans le temps duquel on commence à compter la diminution de l'eau ; mais il est difficile de connoître cet état avec certitude. On n'a point de ces temps-là d'observations bien exactes , & il ne suffit pas d'alléguer qu'une riviere a cessé d'être navigable , puisqu'un pareil changement peut avoir une toute autre cause.

3°. Il faut faire une grande attention au temps de l'année auquel a été faite l'observation que l'on cite , & pour avoir toute la certitude que l'on est en droit d'exiger en ce cas-ci , il faudroit que ces observations fussent répétées journellement pendant des années entieres.

4°. On doit encore obferver très exactement la quantité de neige & de pluie qui tombe plus ou moins abondamment vers la fource de la riviere, qui eft l'objet de l'expérience. Quoiqu'on puiffe oppofer à cette objection, qu'il s'éleve à peu près tous les ans de la furface de la terre la même quantité de vapeurs qui retombent enfuite en neige, en grêle & en pluie, il eft démontré par l'expérience que toutes ces eaux *fubdiales* ne tombent pas tous les ans en même quantité : il faut donc néceffairement, pour rendre probable l'hypothefe dont il eft ici queftion, faire à ce fujet des obfervations pendant un grand nombre d'années.

Mais quand ces obfervations favoriferoient la diminution de l'eau, elle ne feroit pas encore prouvée, puifque l'abaiffement de l'eau des rivieres peut avoir beaucoup d'autres caufes.

Il arrive très fouvent pendant les crues d'eau du printemps, que les eaux d'une riviere fe portent vers d'autres endroits.

Quelquefois elles fe creufent des canaux fouterreins dont on ne s'apperçoit ordinairement qu'après un efpace de temps très considérable, & au grand dommage des habitants du pays où ces canaux se découvrent.

Les rivieres sont formées par une grande quantité de sources, de torrents & de ruisseaux : si quelque cause accidentelle en détourne une partie, la quantité des eaux de ces rivieres diminue ; mais celle des eaux de la mer reste toujours la même, elle reçoit seulement ces eaux détournées par une autre voie.

Il peut encore arriver que les eaux d'une riviere dont la surface paroît s'abbaisser, prennent un autre chemin que celui qui leur étoit ordinaire, & aillent se rendre en des endroits où elles forment des bourbiers, des marais, des lacs On en pourroit citer en Suede plus d'un exemple, & il n'y a même que les soins, l'art & l'industrie des cultivateurs qui puissent en préserver quelque pays que ce soit ; comme c'est ordinairement leur paresse & leur inaction qu'il faut accuser, de ce que les terreins marécageux & abondants en rouille se multiplient. Depuis la destruction de Jerusalem, la terre promise a été déserte, comme Jesus-

Chrift l'avoit annoncé : ce pays qui fut autrefois, le plus fertile du monde & qui nourriffoit dans fon peu d'étendue, un plus grand nombre d'habitants que beaucoup d'autres contrées bien plus vaftes, eft devenu, pour ainfi dire, un marais, faute de culture.

Plufieurs pays fertiles autrefois, & dont les Turcs ou les Arabes font aujourd'hui maîtres, ont prouvé le même fort. Dieu a fur-tout fufcité ces peuples pour l'exécution des prophéties & de fes menaces.

Telle eft peut-être la caufe de la diminution apparente des eaux du Xante & du Simoïs. Peut-être encore eft-ce fans raifon qu'on a dit des Grecs qu'ils avoient beaucoup de très peu de chofe.

Perfonne ne doute que cette partie de l'Italie, comprife fous le nom d'Etat de l'Eglife, a été autrefois un des pays les plus abondants de la terre : inculte aujourd'hui, il eft devenu prefque défert & infertile. Les foffés & les canaux que l'on y avoit conftruits font tombés en ruine, & la plus grande partie du terroir eft maintenant un marécage bourbeux & mal fain, tan-

Diminu-
tion de
l'eau.

I 4

dis que les pays voisins, où la culture a été maintenue, n'ont point
éprouvé ce malheur.

On a coutume d'alléguer encore en
faveur de l'hypothese de la diminution des eaux, & comme des augmentations de terre, les lacs desséchés ou
changés en champs. Je ne vois pas
néanmoins comment le desséchement
d'un marais peut contribuer à l'augmentation de la masse de la terre,
& il me paroît que toutes les raisons
qu'on allegue à ce sujet ne prouvent
qu'un simple déplacement d'eau, auquel on peut assigner pour cause, les
tremblements, les éboulements de terre,
les débordements des rivieres, les
trombes, les ouragans, &c.

Tous ces divers accidents font cause
que l'on trouve quelquefois des lacs
& des marais desséchés, des fables,
des pierres & autres corps solides,
transportés d'un lieu dans un autre,
d'anciennes montagnes détruites, de
nouvelles formées, & enfin de grands
changements à la surface de notre
globe.

Lorsque l'on entreprend en quelque
endroit des expériences, fans que l'on

foit informé de l'hiftoire des changements que cet endroit a éprouvés ,
on ne peut les expliquer que par de
fimples conjectures qui font ordinairement fort éloignées de la vérité. Plus
ces changements fe font paffés près de la
furface de la terre , plus les obferva-
teurs courent rifque de s'égarer. D'ailleurs l'effet de ces caufes eft quelquefois lent & continu , propriétés qui
font que les hommes y apportent
moins d'attention : cependant ces effets deviennent confidérables & s'accroiffent avec le nombre des années.
Il me femble que je peux regarder avec
raifon les effets ordinaires de l'eau &
du vent comme caufes des changements
que fubit notre globe , & croire qu'il
y a peu d'endroits qui n'aient pas
changé de forme , & beaucoup qui en
ont changé plus d'une fois.

La caufe des defféchements des lacs
eft vraifemblablement le changement
de cours , ou l'épuifement de leurs
fources , quoique l'un & l'autre ne
foient pas quelquefois fenfibles. Il peut
arriver encore que leurs canaux deviennent fi fpacieux que toutes leurs eaux
s'écoulent. Les travaux des hommes

peuvent aussi sans doute y contribuer, soit à dessein, soit sans qu'ils le sachent. Ce phénomene est arrivé il y a quelques années dans la paroisse d'*Ilemane* en Carelie, où l'on a vu avec surprise qu'un lac a quitté son ancienne place pour en prendre une autre.

On sait que les lacs augmentent, ainsi que leurs sources ; & dire que les cavités de leur lit se remplissent de terre, c'est ne rien dire en faveur de la diminution de l'eau, ou de la prétendue transmutation d'eau en terre. Puisque ce sont des ruisseaux qui forment ces lacs, & y apportent continuellement des eaux, il est aisé d'imaginer qu'en même temps ils y apportent des terres & des sables. Il ne paroît donc pas surprenant que dans les endroits où il y a eu autrefois des lacs, on trouve des débris de bâteaux, des ancres, des poteaux, des chaînes, quoique ces endroits, soient fort élevés au dessus du niveau de la mer.

On cite encore, pour prouver la diminution de l'eau, le desséchement des pêcheries & des ports, l'éloignement où sont aujourd'hui de la mer quelques villes qui en étoient autrefois voisines, & les bancs de sable formés aux embouchures des ruisseaux & des rivieres.

Toute eau courante contient de la terre, plus ou moins, selon que le terrein qu'elle traverse est compacte ou lâche, que son cours est lent ou rapide, & que sa masse est considérable. Ces particules de terre qu'elle emporte, se déposent en raison de leur pesanteur, & à mesure que le cours de l'eau qui en est chargé se ralentit; & cela doit arriver près de l'embouchure des rivieres, parce que leur lit devient alors plus large, & leur cours plus doux.

Les plus grands fleuves du monde (*a*) méritent à cet égard une attention particuliere : l'expérience fait voir qu'à l'embouchure de ces rivieres, & surtout de celles dont les eaux sont bourbeuses, il se forme des bancs de sable si considérables, qu'ils trouvent place sur nos cartes ; mais si on les examine sans prévention on verra facilement

____

(*a*) Tels que le Maragnon, le Mississipi, le fleuve S. Laurent, le Sénégal, le Nil, &c.

qu'ils ne doivent leur existence qu'à la cause que nous venons d'assigner, & nullement au changement prétendu d'eau en terre.

Parmi les exemples qu'on peut alléguer de l'augmentation de la terre, l'Egypte est le plus remarquable. Ce présent du Nil, pour me servir de l'expression d'Hérodote, est selon les partisans de la diminution de l'eau, un des plus solides fondements de leur hypothese. Je ne repéterai point ici la critique que d'autres ont fait d'Hérodote ; il suffit que sa théorie & sa prophétie de l'augmentation de l'Egypte aient été entiérement démenties par le laps de temps.

Je laisse à juger si M. Freret a eu raison de nier que l'Egypte ait été formée par les terres que le Nil charrie : mais il ne me paroît pas qu'on puisse nier à juste titre, que le terrein de cette contrée n'en a pas reçu quelque augmentation. Quant à l'étendue qu'il a pu en recevoir en même temps, ce point n'est lié en aucune maniere au systême que je combats.

Cependant je ne peux m'empêcher ici de réfuter Maillet sur deux points où il ne me paroît pas d'accord avec l'expérience. " Les eaux de la mer , dit-„ il , ont dans l'espace d'un siecle , „ laissé à découvert un terrein de deux „ mille pieds François de longueur ; „ & c'est de ce point qu'il part , pour calculer la diminution des eaux qui s'est faite ou se fera. Pour moi je conçois bien comment les rivages de l'Egypte ont pu être étendus par l'addition du sable que le vent du nord pousse avec les eaux , vers la fin de l'inondation du Nil ; mais s'ils avoient augmenté , depuis le temps de Miris , dans la proportion que Maillet nous donne , l'Egypte seroit aujourd'hui deux fois plus grande qu'elle ne l'est. Il faut donc que Maillet se soit trompé dans cette observation , ou qu'elle ait quelqu'autre cause. Le même Auteur nous assure encore qu'un dixieme de l'eau du Nil se change tous les ans en vase ; mais n'est-il donc pas évident que ce pays n'a point reçu à beaucoup près l'augmentation qu'un pareil changement suppose.

Quoiqu'il en soit , l'augmentation du terrein de l'Egypte détruit entiérement toutes les mesures données de la diminution de l'eau. Selon Maillet, ce pays auroit été augmenté d'environ quatorze pieds, & selon Celsius, de cent quatre-vingts : abſurdités viſibles & palpables.

Je me rappelle que quelques défenſeurs du ſyſtême dont il s'agit, ont repréſenté, qu'ils manquoient d'obſervations faites dans les temps reculés. Ce n'eſt pas cependant qu'ils les regardent comme néceſſaires pour prouver leur theſe cherie, déjà démontrée ſelon eux, & qui mérite le nom d'une vérité prouvée, reçue & inconteſtable ; mais ces obſervations pou roient leur faire découvrir la vraie proportion de la diminution de l'eau.

J'aurai l'honneur de leur faire part de ces obſervations qu'ils demandent, & de leur faire voir qu'elles ont toute l'exactitude qu'ils peuvent déſirer. Comme ce ne ſont pas des faits cachés dont je leur parle ; je ſuis extrêmement ſurpris qu'il n'en ait pas encore été fait mention dans notre diſpute.

On ne peut nier que dans les endroits où l'on a placé des meſures pour déterminer exactement l'accroiſſement des eaux du Nil, la ſurface de ces

mêmes eaux ne foit , pendant leur hauteur ordinaire , au niveau de la mer
à peu de chofe près ; mais les eaux
de ce fleuve s'élevent communément à
environ vingt aunes turques au-deſſus
de leur hauteur ordinaire : ainſi le pays
qu'elles couvrent ne peut avoir plus de
vingt aunes turques au-deſſus du niveau de la mer.

D'ailleurs toute l'Egypte eſt préciſé-
ment aujourd'hui telle qu'Hérodote l'a
décrite , & l'on peut d'autant moins
douter de la juſteſſe de cette meſure
de l'élévation des eaux du Nil , que
tout le monde ſait que les Egyptiens
s'en ſervent depuis un temps infini ,
& qu'elle ne les a jamais induits en
erreur.

Nous ne rapporterons point ici ce
qu'Hérodote dit avoir appris des Prêtres
d'Egypte , & nous ne parlerons que
de ce qu'il dit avoir vu lui-même ,
& qu'une expérience faite exactement
lui a confirmé. Du temps de cet écrivain , les eaux du Nil s'élevoient à
quinze ou ſeize aunes grecques au-
deſſus de leur hauteur ordinaire , ou ,
comme nous venons de le ſuppoſer ,
au-deſſus du niveau de la mer. Au-

jourd'hui elles s'élevent au-deſſus de ces mêmes niveaux à vingt aunes turques qu'on peut ſuppoſer égales à l'aunage grec. Ce fait démontre évidemment que le terrein de l'Egypte s'eſt accru d'environ ſix aunes grecques ou turques, c'eſt-à-dire, de douze pieds de Paris, dans l'eſpace de deux mille deux cents ans. Mais puiſque l'on ſuppoſe que le point duquel on meſure la crue de ce fleuve, eſt pris au niveau de la mer, cette crue doit néceſſairement faire connoître l'augmentation du terrein & la diminution de l'eau de la mer. Or cette augmentation eſt démontrée être de douze pieds ; parce que le point duquel on commençoit autrefois à meſurer l'élévation des eaux étoit le même qu'aujourd'hui, & n'a point été changé. La crue des eaux du Nil du temps d'Hérodote, & celle d'apréſent ne different que de douze pieds : donc la diminution des eaux de la mer eſt zero, & leur niveau n'a pas changé depuis deux mille deux cents années.

S'il eſt inconteſtable que des eaux entieres ont abandonné les terreins qu'elles avoient long-temps occupés,

il

il ne l'eſt pas moins qu'elles en ont
inondé d'autres , & ces changements
ſont atteſtés par tant d'écrivains célebres & authentiques , que je n'en dirai
rien ici.

On trouve encore plus de preuves
des inondations cauſées par les eaux
de la mer même ; mais les terreins
abandonnés dans ces deux cas ſont
à peu près égaux à ceux qui ſont
inondés. Après un mur examen de
toutes les circonſtances de ce fait , je
crois pouvoir avancer ſans crainte d'erreur , que la ſurface des eaux de la
terre , eſt la même aujourd'hui qu'autrefois ; mais quand il n'en ſeroit pas
ainſi , quand même la ſuperficie de la
terre ſe ſeroit accrue , l'eau pourroit
n'avoir ſubi aucune diminution. Cependant comme on vante beaucoup les
preuves que l'on a tirées de l'augmentation de la terre , je citerai ici quelques-
unes des autorités qui m'affermiſſent
dans mon opinion.

Plus je compare les obſervations faites ſur les accroiſſements de quelques
parties de la terre & ſur les inondations de quelques autres parties , moins
j'y trouve de différence. De plus je

vois que les écrivains qui ont examiné cette matiere avec des yeux impartiaux, n'y ont pas trouvé seulement une égalité parfaite, mais qu'ils ont pris cette égalité pour fondement de leurs systêmes, comme une vérité reconnue.

MM. de Buffon, Manfredi & Bertrand, ont trouvé dans leurs propres expériences des raisons de croire que ces eaux en général gagnent autant de terrein qu'elles en perdent, & la mer Méditerranée en fournit les exemples les plus évidents Enfin les observations faites sur cette mer, font voir que sa surface est de nos jours au même niveau qu'autrefois.

Pour l'honneur de Hasselquin, je voudrois qu'il n'eût pas imaginé de citer Smirne comme une preuve de la diminution de l'eau. Les descriptions que Strabon, Tournefort, Spon, & d'Arvieux, ont fait de cette ville, apprennent assez que son circuit a été autrefois plus considérable qu'il ne l'est aujourd'hui. Elle s'étendoit fort loin au sud & à l'ouest, vers des rivages maintenant inhabités ; mais ayant éprouvé six tremblements de terre qui en ont détruit la plus grande partie, située au bord de la mer, il n'est pas étonnant qu'elle soit aujourd'hui à quelque distance du rivage.

Les murs de l'ancienne ville de Cadix sont encore baignés par les eaux, quand elles sont hautes. On n'observe à Tarente aucun changement. Tournefort nous assure que l'Isle de Crête, a encore la même grandeur que Strabon & Pline lui ont attribuée, & que le détroit qui sépare la grande & la petite Isle de Delos, a les cinq cents pas de largeur que Strabon lui donne. Enfin toutes les remarques faites par Donati, dans son histoire naturelle de la mer Adriatique, favorisent l'opinion de M. de Buffon que nous venons de citer.

Si les pensées suivantes ne peuvent pas achever de convaincre mes lecteurs, qu'il y a toujours eu une proportion constante entre la surface de la terre & celle des eaux, au moins elles donneront à cette hypothèse, la plus grande vraisemblance.

Qu'on me permette de poser ici comme vérités reconnues :

1°. Que la quantité des vapeurs qui s'élevent dans notre atmosphère, eſt proportionnelle à la ſuperficie totale des eaux du globe terreſtre.

2°. Que la quantité de l'eau depluie eſt égale à la quantité des vapeurs élevées.

3°. Que les végétaux dont ſe nourriſſent les bêtes, ſur-tout dans le continent, ne croîtroient point, ou du moins ſeroient ſtériles, s'ils n'étoient nourris d'une certaine quantité d'eau, dont l'abondance ou le défaut peut également cauſer leur diſette; & qu'ainſi la différence obſervée entre la quantité d'eau qui tombe pendant les années pluvieuſes, & celles qui ne le ſont ni trop ni trop peu, eſt tout au plus d'un ſixieme de toute cette quantité.

4°. Que la quantité des eaux de pluie, de neige, de roſée, &c, qui tombe actuellement ſur la terre, eſt préciſement néceſſaire aux plantes, dont les hommes font uſage (*a*).

(*a*) Que la quantité des eaux *ſubdiales* ait diminué effectivement depuis 1713, ce n'eſt tout au plus qu'une conjecture. Ni le temps, ni les lieux où l'on a fait à ce ſujet des obſervations, ne permettent pas qu'on en tire une pareille conſéquence : de nouvelles obſervations ſemblent même en démontrer la fauſſeté.

5°. Que le nombre d'hommes & d'animaux qui font maintenant fur la terre, eft aujourd'hui à peu près le même qu'il étoit, il y a trois fiecles, & que la quantité de leurs aliments eft par conféquent à peu près la même.

Cela pofé, examinons quel eût été le fort des hommes, fi l'hypothefe de la diminution de l'eau, ou fon changement en fubftances folides avoit eu effectivement lieu, ainfi que l'avancent fes partifans. Suppofons que le paradis terreftre a été une petite Ifle, ou le fommet d'une montagne, & que le continent, eft forti par degrés du fein des eaux. Si l'on fuppofe que la furface étoit alors double de celle d'aujourd'hui, il faut avouer néceffairement qu'il s'eft élevé une quantité double de vapeurs, qu'il a par conféquent tombé une quantité double d'eau de pluie, &c. fur un très petit continent ; que rien n'a pu y croître, & que les hommes & les animaux ont péri, faute de fubfiftance.

Il fuit encore de cette hypothefe, que les eaux *météoriques* ou *fubdiales*, ont été les plus abondantes, lorfqu'elles étoient le moins néceffaires, & qu'on

Diminu-
tion de
l'eau.

K 3

en aura la moindre quantité, avec le plus grand befoin. Suppofons encore que la mer a dans l'efpace de fix mille années perdu la moitié de fa fuper-ficie, il faudra néceffairement en con-clure, que la terre recevoit il y a trois mille ans, moitié plus qu'aujourd'hui d'eaux météoriques; qu'ainfi aux temps heureux de David & de Salomon, & même long-temps après, elle n'a pu être cultivée, & que peut-être en-core l'étoit-elle très difficilement même dans le temps de Jefus-Chrift. Or il doit s'enfuivre que l'eau éprouvant tou-jours une diminution conftante, la terre fubira bientôt une féchereffe, qui augmentera toujours tant que le monde durera. Laiffons aux défenfeurs de cette hypothefe le foin d'accorder ces con-féquences avec la fageffe du créateur, & avec ce que nous venons de dire: ajoutons-ici feulement l'opinion du cé-lebre *Keill.*

„ La quantité des eaux de la mer
„ fuppofée, dit-il, une fois moindre
„ qu'elle ne l'eft actuellement, les
„ vapeurs qui s'en féparent pour s'éle-
„ ver dans l'atmofphere & retomber
„ enfuite en pluies fur la terre, feroient

,, auſſi une fois moindres. Le globe
,, terreſtre n'auroit plus que la moitié
,, des rivieres qui lui ſont aujourd'hui
,, néceſſaires, puiſque la quantité des
,, vapeurs qui s'élevent, eſt propor-
,, tionnelle à la ſuperficie d'où elles
,, s'élevent, & à la chaleur qui les
,, attire. Ces conſidérations nous dé-
,, montrent la prévoyance du Créa-
,, teur qui a donné à la mer une ſur-
,, face aſſez vaſte, pour fournir les
,, vapeurs néceſſaires à nos campa-
,, gnes (b).

J'examinerai encore ici, mais légérement, quelques preuves qui ſont alléguées, en faveur de l'hypotheſe de la
diminution de l'eau. De ce nombre
ſont les ſources ſalées, les mines de
ſel & les lacs ſalés, parce qu'on eſt
dans l'opinion que les eaux de la mer ont
ſéjourné dans les endroits où on les
trouve. Je ne le nierai certainement
pas ; mais qu'importent ces faits à
l'hypotheſe dont il eſt queſtion? J'avoue
que je ne le vois point.

DIMINU-
TION DE
L'EAU.

____

(b) Examen de la théorie de la terre de *Burnet*
P. 92.

K 4

On cite encore ici les pierres per-
cées ; mais je ne peux pas en parler
avec certitude, puisqu'on ne fait point
encore fi elles font un effet de la nature ou de l'art des hommes, & je ne
prends aucun plaifir à conjecturer (c).
On allegue auffi pour preuve de la
diminution de l'eau, la neige & la
glace éternelle qui couvrent les montagnes du nord ; mais ne faut-il pas
commencer par prouver que l'eau diminue ? On a fans doute beaucoup
d'exemples de ces glaces éternelles ;
mais ne peut-on pas croire qu'immédiatement après le déluge, il y a eu

____

(c) Ces pierres font appellées en langue Suédoife, *Yälte gryror*, c'eft à dire, *marmite de géants*,
fans doute parce qu'on croit que les enfants d'*Enoe*
s'en fervoient pour faire cuire leurs viandes. On
en voit une très grande auprès du golfe de *Sand-*
hamm en Suede : cinq ou fix perfonnes peuvent y
entrer & s'y tenir debout. Elle eft ronde & il y a
une petite ouverture à un de fes côtés. Comme
les anciens habitants de cet endroit s'imaginoient
que l'*epoufe de Neptune* fe retiroit quelquefois dans
cette pierre, ils la nommerent *fruftuga*, c'eft-à-
dire, *chambre de la Dame*, & elle porte encore
aujourd'hui ce nom. A la partie fupérieure, elle
a des enfoncements tels que ceux qu'on rencontre au pied des montagnes qui bordent les rivieres, & qui ont été creufées par les eaux.

dans les mêmes endroits autant de glace qu'aujourd'hui , & ne peut-il pas arriver qu'il s'en fonde dans un endroit autant qu'il en reste en un autre ? On doute avec raison que les neiges qui tombent sur les plus hautes montagnes , soient fort abondantes , & il est fort possible que ces monceaux de neige appellés *Lavanges* , qui se détachent & tombent de temps en temps de ces montagnes , & se fondent ensuite, restituent à la mer toute l'eau qu'elle avoit perdue.

Je ne conçois pas trop pourquoi l'on allegue comme des preuves de la diminution de l'eau , les rochers ronds & irréguliers que l'on trouve répandus sur la surface du continent. Quant à l'arrondissement de ces rochers , j'avoue que les eaux peuvent avoir beaucoup contribué à leur donner cette forme ; mais il faut nécessairement qu'ils aient été brisés & séparés auparavant d'autres rochers : effet qui exige une force que l'on ne trouvera jamais dans la diminution de l'eau , & auquel il est probable que le déluge a la plus grande part. Je crois d'ailleurs pouvoir dire avec assurance que les eaux

Les rivieres n'y ont pas moins contribué que celles de la mer.

Le Comte de *Mosigli* a observé que les flots de la Méditerranée s'élevent pendant les tempêtes à environ huit pieds au-dessus de leur hauteur ordinaire, & l'on a éprouvé que ceux de la mer Baltique s'élevent encore plus haut. On peut juger par là en quelque maniere de leur force & des effets qu'ils peuvent avoir ; mais l'action répétée de l'eau rapide des rivieres ne peut-elle pas en avoir autant ? Qui fait d'ailleurs fi ces rochers qu'on trouve dans les bancs de fable & dans les couches de la terre ne prouvent pas plutôt, qu'avant le déluge même la mer avoit fes rivages, & a été fujette aux mêmes tempêtes, dont nous fommes témoins aujourd'hui. Je rappellerai ici une fois pour toutes, qu'en confidérant feulement que le deluge a dû néceffairement changer le cours des rivieres & la fituation de la mer, on pourra expliquer plus clairement les phénomenes que notre globe nous offre, qu'on ne le peut par tous ces fyftémes d'inondation & de diminution, fans être obligé de s'engager dans un laby-rinthe de difficultés & d'abſurdités.

Pluſieurs phyſiciens ont déjà fait voir que les vallées & les montagnes ſont des ornements de notre globe, abſolument néceſſaires au bonheur de ſes habitants, & de plus une preuve évidente de la ſageſſe du Créateur. C'eſt autour des montagnes que les nuages ſe raſſemblent, pour être portés plus loin dans les airs, & aller répandre ſur les campagnes des pluies ſalutaires ; c'eſt de leurs cimes que les fleuves, les rivieres, les ruiſſeaux deſcendent, & qu'ils ſe partagent ſi également qu'aucune contrée n'en eſt dépourvue. La „ liaiſon, dit M. *Bertrand*, qui eſt „ entre les montagnes & les beſoins „ des animaux, & l'accroiſſement des „ plantes, & l'entretien du globe ter- „ reſtre, & la circulation de toutes „ choſes, nous prouve évidemment „ qu'elles ne ſont pas un ouvrage fait „ *à peu pres*, ou celui d'un hazard „ aveugle. Plus on obſerve la nature, „ plus on y lit cette vérité ; & il faut „ être au moins bien inattentif, pour „ ne pas y appercevoir la main d'un „ être tout puiſſant, tout ſage, qui en a „ lié enſemble toutes les parties, &

,, qui a établi entr'elles l'ordre le plus
,, admirable. ,, L'ouvrage de la création est sans doute fort au-dessus de
notre foible imagination ; mais nous
avons l'aveuglement d'en vouloir fonder la profondeur infinie , & nous
nous précipitons d'extravagance en extravagance.

La terre offre , dit-on , de tous les
côtés des traces incontestables de l'effet
de l'eau sur elle : je les vois ainsi que
mes adversaires. Elle a la même conformation , le même ordre que le fond
des mers : j'avoue ici mon ignorance ; mais j'ajouterai qu'il me semble
que tout cela ne prouve en aucune
maniere la diminution de l'eau. L'histoire de la Bible plus authentique que
des fables de paysan , sur lesquelles
on a bâti le systême que je combats ,
nous dit en termes clairs que tout le
globe terrestre a servi de fonds aux
mers, & il est impossible que le déluge
n'ait pas laissé les traces les plus remarquables.

Il a d'ailleurs plu au tout-puissant,
qui a voulu nous garantir des erreurs
d'une *Geogonie Athéiste* , de nous faire
instruire par Moïse, qu'au commence-

ment les fubftances aqueufes & ter-
reftres étoient confondues , & qu'il les
fépara. Nous ne favons pas fi Dieu
opéra cette divifion , felon les loix naturelles ; mais on peut fans doute affirmer que notre tout-puiffant Créateur
n'a pas été aftreint aux loix qu'il avoit
lui feul établies. Il les a impofées à
fes créatures ; pour qu'elles s'y con-
forment , & non pour s'en fervir lui-
même comme de modeles.

Au commencement du monde la
terre a été féparée des eaux , & en a
été encore depuis entiérement couverte.
Quelle opiniâtreté n'y a-t-il donc pas
à rejeter des vérités qui expliquent
aifément la nature des eaux qu'on apperçoit fur notre globe , & à aimer
mieux recourir à de vrais romans phyfiques !

Examinons un peu fi la formation
des montagnes , par une diminution
conftante des eaux, eft plus conforme
à la nature qu'à l'hiftoire facrée. Je
ne répéterai point ici ce que j'ai déjà
dit de l'immenfité de temps néceffaire
à une pareille formation ; je ferai feulement remarquer que , quand on dou-
bleroit ce temps , quand on fuppoferoit

DIMINU-
TION DE
L'EAU.

une éternité, on pourroit tout au plus attendre de cette diminution des eaux la formation de quelque banc de fable. On n'a pas encore démontré que la terre ait produit un caillou, & l'on m'affure qu'elle a produit les montagnes les plus énormes. Si cela eft, pourquoi de nos jours n'y voyons-nous aucun figne de ce pouvoir extraordinaire. Les bancs de fable, loin de fe durcir, font fujets à des changements ; l'argile que la mer couvre eft molle fous les eaux & ne devient dure qu'à l'air ; enfin quand on ftratifieroit avec des coquillages & du *Sargazzo* cette argile & le fable qu'on trouve au fond de la mer, on n'auroit jamais que de l'argile & du fable. L'ingénieux M. *Linnæus* ne nous a fans doute donné fon opinion fur la formation des montagnes, que comme une conjecture ou une poffibilité dont on peut s'amufer, fi l'on veut, jufqu'à ce que l'expérience nous ait donné une meilleure théorie.

On peut fuppofer, fuivant l'hypothefe de la diminution des eaux, qu'elles ont été élevées au deffus du continent à deux ou trois cents mille pieds ; & comment à une auffi grande profon-

deur ont-elles pu agir sur leur fond ?
Toutes les loix de la nature & du
mouvement sont contraires à cet effet :
ceux du vent & des tempêtes n'ont
certainement pu s'étendre aussi bas,
& l'on ne peut recourir ici aux courants de mer, si l'on ne suppose qu'il
y avoit déjà des montagnes formées
sous les eaux. Je ne puis d'ailleurs concevoir qu'aucun autre mouvement ait
pu contribuer à leur formation ; la force centrifuge n'a jamais pu être capable
que de donner au globe terrestre la forme d'un sphéroïde applati vers les pôles.

On ne peut pas plus se prévaloir
ici du flux & du reflux. Quand même
il eût été alors aussi grand qu'il est
aujourd'hui, quelle part ont pu avoir
à la production des montagnes, cette
élévation facile des eaux vers la lune
& leur retour à leur place accoutumée ?
Mais accordons à M. de *Buffon* qui a
employé tant d'adresse à tâcher de le
démontrer, accordons-lui que le flux
& le reflux auroient pu se faire sentir
jusqu'aux fonds des mers, & nous
pourrons dire avec assurance qu'il n'auroit pas été capable de former aucune
montagne.

DIMINU-
TION DE
L'EAU.

Selon l'hypothefe reçue de la formation des montagnes , elles doivent
avoir pour bafe une couche de chaux,
enfuite une couche de fable , puis une
couche de terre graffe & noire , après
celle-ci une autre d'ardoife , & enfin
un roc tiré véritablement de je ne fais où.

J'ai lu & entendu faire des defcrip-
tions d'un grand nombre de montagnes : j'en ai vu & examiné plufieurs
par moi-même , & je n'en ai pas trouvé une feule conformée de cette maniere ; il eft certain que leurs couches
font de matieres différentes , & ne
font pas arrangées conftamment dans
le même ordre. Elles le font quelquefois felon la gravité fpécifique des
corps dont elles font formées , & quelquefois auffi elles n'obfervent point cette
loi. C'eft ce que j'ai fouvent vu de mes
propres yeux. Enfin l'on n'a pu encore
affujettir leur arrangement à aucune
regle conftante. Il eft donc très difficile de découvrir l'origine de ces couches.

Cependant l'on peut dire , ce me
femble , avec raifon , que quelques-
unes exiftent depuis la création même ,
d'autres depuis le déluge , & que d'autres encore doivent leur exiftence à des
caufes

caufes particulieres ; mais il n'eft point
aifé de les diftinguer. J'en citerois quelques exemples , fi mon deffein n'étoit
pas d'éviter toutes les longueurs : j'af-
furerai toutefois que plus j'ai apporté
d'attention à l'examen des lits de la
terre & des montagnes , & moins j'ai
été convaincu qu'ils devoient leur être
à la diminution prétendue des eaux.

Tout bien examiné , il paroît que
les caufes que l'on affigne à la formation des couches de la terre , font inca-
pables d'une pareil effet. Si elles avoient
pu le produire , une feule & unique
matiere auroit dû former le fond de
la mer ; ou , fi l'on prétend qu'elle en
a dépofé de plufieurs efpeces , toutes
les couches devroient être compofées du
même mêlange , ou , pour mieux dire ,
de cette efpece de précipitation , il ne
pourroit jamais réfulter aucunes couches différentes & diftinctes les unes
des autres. C'eft ce que prouve la vafe
du Nil , mefurée en Égypte par le Docteur *Shavv* : on n'y voit aucune diftinction de couches , quoiqu'il y ait un
long intervalle entre la précipitation
des matieres que le Nil charrie & y
apporte annuellement. Cette confidé-

ration ne peut avoir lieu dans l'hypothese dont il s'agit, puisqu'il faut nécessairement que ses défenseurs conviennent que la mer dépose continuellement les matieres dont elle est chargée.

Si l'on supposoit à la mer un fond composé de terreins en pente, & formés des différentes matieres que Dieu a créées au commencement, j'avoue qu'alors il pourroit en résulter des especes de couches, mais fort différentes de celles que nous trouvons aujourd'hui dans nos montagnes, & de celles même dont M. *Linnæus* a inventé la composition. Il est vrai qu'on pourroit distinguer ces couches, mais l'expérience combat formellement cette formation : on trouve quelquefois de la chaux sur du gravier, quelquefois aussi du gravier sous de la chaux. (*Vid. Ramazzini opera* p. 143.)

Toutes les montagnes, dit-on, ont une couche de chaux pour base. Ce fait est moins aisé à prouver qu'à dire. Pour moi j'ai cru jusqu'ici que le Créateur tout bon & tout sage avoit placé près de la surface de la terre les substances les plus nécessaires à l'homme, & je comptois la chaux au nombre

de ces fubftances. J'avois dans le fer
un exemple de cette attention de la
Providence. Ce métal fi utile eft fouvent à découvert à la fuperficie de la
terre, & on ne le trouve jamais dans
le fond des mines. Il eft vrai qu'on a
trouvé des fubftances pétrifiées à une
grande profondeur ; mais je n'ai jamais entendu dire, qu'on ait trouvé
au plus bas des mines des lits de chaux
ou de coquillages : cependant on ne
peut pas nier que beaucoup de mines
ne foient plus profondes que quelques-
unes de nos mers. On ne trouve pas
le moindre veftige de chaux dans celle de
Fahlun, qui a foixante & dix pieds de
profondeur perpendiculaire, à compter
du pied de la montagne. Il en eft de même de celle de *Sahlberg*, quoiqu'il s'y
trouve une grande quantité de fpath.
Qu'on me permette donc de ne pas encore ajouter foi à cette affertion, & d'attendre au moins qu'elle ait quelques
preuves.

On peut expliquer auffi en quelque
façon, par la diminution de l'eau,
la formation des couches horizontales
de la terre ; mais comment expliquera-
t-on celle des couches perpendiculaires ?

L 2

Diminu-
tion de
l'eau.

Il est évident qu'elles ne doivent leur existence ni aux matières que la mer est supposée avoir déposées, ni à ses flots, ni à ses courants ; cependant si je ne me trompe, elles font les plus nombreuses.

On me répondra, je le sais, que tous ces lits ne font autre chose que des fentes ou crevasses qui se font faites dans quelques montagnes lorsqu'elles se font durcies, & qui ont été ensuite remplies d'eau dont le séjour y a déposé des substances pierreuses qu'on a nommées *pierres parasites*. J'exposerai plus bas mon opinion sur cette espece de pierres, & je ferai d'abord observer ici que dans ces fentes prétendues on ne trouve pas seulement du *spath*, du *quartz*, du *Skimmer* (*mica particulis squamosis sparsis*), mais encore de l'amianthe, de l'asbeste, du talc, de l'ardoise, du gravier, de la chaux, du quartz blanc, du spath dur, des gypses, des cailloux, &c. Il est d'ailleurs incompréhensible comment cette eau chargée de substances pierreuses a pu rester dans ces fentes & les remplir depuis le haut jusqu'en bas. D'où cette eau est-elle venue, & pourquoi n'en trouvons-nous pas des crevasses à demi remplies ? pourquoi les lits perpendiculaires qu'elle y a formés , sont-ils d'un côté de pur spath & de l'autre de pur quartz ? Si on attribue cet effet à l'eau de la mer , il faut convenir qu'on devroit trouver dans ces fentes du sable & de l'argile , &c. Enfin cette opinion conduit à tant de faussetés palpables , qu'on peut dire avec assurance que ces couches perpendiculaires ne sont en aucune façon des fentes comblées.

J'avoue d'ailleurs que je n'entends pas le desséchement des montagnes , qu'on allegue comme la cause de ces prétendues crevasses ; du moins je ne le conçois pas comme possible dans toutes les montagnes. Comment l'appliquera-t-on , par exemple , à celles qui sont formées de spath dur , *Spathum compactum scintillans* ? Quelques accidents, il est vrai , peuvent former des fentes au pied des montagnes , mais on les trouve toujours vuides. Enfin n'est-ce pas concevoir une idée trop basse de la formation de la terre , & comparer Dieu à un homme qui modele un morceau d'argile , & le met fécher dans un coin ? Pour moi je crois fermement que Dieu a ainſi diſpoſé ces couches , quand il a ſéparé la terre des eaux , & je ne recherche point ce que je ne peux ſavoir , je veux dire , s'il a opéré cet arrangement par les ſeules loix de la nature , s'il y a immédiatement employé ſa puiſſance , ou des cauſes ſecondes , &c. J'avoue que je ne peux rendre raiſon de cet arrangement par le petit nombre des loix naturelles qui ſont parvenues à ma connoiſſance ; mais j'ai aſſez de lumieres & de ſincérité pour y voir de toutes parts des traces de la main de Dieu.

Les pétrifications ont encore été regardées comme une preuve de la diminution de l'eau , par les naturaliſtes qui n'ont pu croire que le déluge ait été capable d'enterrer des corps d'animaux & des végétaux à une ſi grande profondeur ? Mais y ont-ils bien fait attention ? qu'ils conſiderent les effets des inondations particulieres , & qu'ils jugent enſuite de celles du déluge univerſel ? En 1656 , par exemple , une trombe traverſa les terres de Sahlun , y creuſa un chemin en très peu de temps, & les terres qu'elle en tira furent enlevées à une hauteur prodigieuse. En 1618, un petit ruisseau acheva de miner les fondements du mont *Conto* en Graubinde : ce mont, en s'écroulant, ferma le passage des eaux qui inonderent la ville de *Plirs*, & formerent un lac à sa place. En 1634, le *Gaulan* fit périr dans les montagnes septentrionales de Norvvege quarante-huit maisons de paysans & quelques Eglises. En 1659, le 8 de Mai, l'Elbe Oriental, (*Osterdal elfvven*) emporta pendant la nuit un village entier nommé *Sebbenbo*, & depuis ce temps on n'a pu en découvrir la plus légere trace. Si de simples ruisseaux & des rivieres ont pu causer de pareils ravages, quels doivent avoir été ceux du déluge universel ! est-il étonnant qu'on en trouve des traces à la cime des montagnes & à la plus grande profondeur ?

Revenons aux *pierres parasites* qui ne se présentent que dans les prétendues fentes des montagnes dont nous venons de parler, & qui ont dû y être produites par une eau qui s'y est arrêtée.

Si cette eau a été celle de la mer, pourquoi ces fentes ne sont-elles pas

DIMINU-
TION DE
L'EAU.

remplies des matieres qui forment le fond de la mer, je veux dire de fable & d'argile ? Comment eft-il poffible que cette eau les ait comblées entiérement de la matiere en laquelle elle a dû être changée , puifque cette matiere , ayant une fois plus de pefanteur , tient une fois moins d'efpace ? Dira t-on que de nouvelle eau qui furvient dans ces crevaffes acheve de les remplir ? Mais comment n'en voyons-nous rien ? Comment ne refte-t-il pas au moins un peu de vuide au haut de la fente ? Pourquoi l'eau fe change-t-elle en quartz dans l'une , & en fpath dans l'autre ? D'où peuvent provenir des efpeces d'eaux auffi différentes ? Si une feule & même eau contient en foi les principes de plufieurs efpeces de pierres , pourquoi ne fe font-ils pas dépofés felon leur gravité fpécifique ? Pourquoi du moins ne font-ils pas également mêlangés ?

J'ai combattu jufqu'ici la diminution de l'eau par les plus fortes raifons que j'ai pu trouver dans la faine phyfique ; mais pour donner un plus grand jour à la vérité dont j'ai entrepris la défenfe , je veux oublier ici

toutes ces raifons , & acquiefcer entiérement à toutes celles qu'on allegue
en faveur de cette hypothefe , quelque contraires qu'elles foient à la
révélation & à la vraie cofmologie. Je
demanderai feulement qu'on m'ap-
prenne ce que devient l'eau que le
globe terreftre perd.

Maillet prétend qu'elle s'évapore ,
que fes vapeurs font portées de la
terre vers les autres planetes, & qu'a-
près un certain période , elles reviennent à la terre. Il ne faut pas avoir
en phyfique des connoiffances bien profondes , pour découvrir au premier
coup d'œil la foibleffe de cette conjecture contraire à toute loi de pefanteur
& de projection : mais quand cette hypothefe pourroit avoir lieu , ne ferions-
nous pas toujours en droit d'alléguer
que la terre doit auffi attirer les vapeurs des autres planetes, & gagner
peut-être plus qu'elle ne perd ?

J'ai démontré ci-deffus combien il
eft abfurde de dire , que l'eau remonte
des pôles vers l'équateur. J'ai auffi
parlé de l'hypothefe du changement des
eaux en terre & en pierres , & je crois
l'avoir fuffifamment réfutée. Mais je

veux bien ici la suppofer vraie dans toute fon étendue, pour faire voir avec évidence qu'elles devroient en être les suites néceffaires. En fuppofant que l'eau s'eft abaiffée de dix-huit mille pieds, que la pefanteur des fubftances dans lefquelles elle fe change eft une fois plus grande que la fienne, & l'efpace qu'elles occupent par conféquent une fois moindre ; enfin que la furface de l'eau eft égale aujourd'hui à celle du continent, il ne pourroit être compofé que de montagnes & d'eaux, dont les rivages auroient une hauteur énorme au-deffus du niveau ordinaire. Mais nous trouvons tout au contraire à la furface de notre globe, un très grand nombre de plaines qui ont à peine quelques toifes au-deffus de ce niveau, & qui s'étendent infenfiblement vers la mer entre les montagnes. Si dans un monde ainfi conformé, le climat de la neige s'étendoit par-tout vers les eaux, comme on l'obferve aujourd'hui fur notre terre, il s'enfuivroit que le continent feroit par-tout couvert de glace & inhabité. Que devient donc ici l'hypothefe de la diminution de l'eau ? Nous devrions

bien nous guérir de la maladie des systêmes, des conjectures, des demi théo-
ries, & apprendre enfin à n'élever jamais aucun édifice, que nous n'ayons
éprouvé long-temps la force & la con-
venance des matériaux rassemblés.

Toutes les preuves que j'ai alléguées
contre ce systême, ne sont pas les
seules qui démontrent son absurdité :
j'ai déjà dit, & je le répete avec une
entiere conviction, que toute la nature
s'éleve contre ce systême, & confirme
l'histoire sacrée. J'ai eu occasion de
voir en Suede une province appellée
Rumbolande, qui, quoique beaucoup
plus basse que bien d'autres, offre
cependant des vestiges d'une bien plus
grande antiquité. Il est vraisemblable
que cette province a été habitée une
des premieres, & que les plus élevées
ne l'ont été que long-temps après. Les
habitants de celle-ci ont toutes les marques de nos colonistes nouveaux, & ceux
de la *Rumbolande*, toutes celles d'une
ancienne nation, tant à l'égard de leurs
mœurs, de leur langue & de leur maniere de vivre, que de l'attachement
qu'ils ont pour les usages de leurs peres.
Tout démontre en cette contrée que

les endroits les plus bas & les plus voisins de la mer ont été habités les premiers, & ces preuves sont confirmées par le rapport des habitants même.

On y trouve aussi beaucoup de rivieres qui sont encore aujourd'hui navigables pendant l'espace de vingt, trente, & quarante milles, comme elles l'étoient autrefois dans les temps les plus reculés, & dont les rives sont si basses en plusieurs endroits, qu'une grande partie de ce pays auroit dû être sous les eaux, si elles avoient eu la hauteur que leur diminution prétendue suppose.

Il n'est pas rare de trouver & j'ai souvent vu moi-même de vieux arbres si proches des rivages, que lorsque l'eau est un peu haute elle en couvre les racines. Ces arbres âgés de quelques siecles, prouvent incontestablement que pendant ce temps au moins le niveau des eaux est resté le même, puisqu'on ne peut pas supposer qu'ils ont crû sous elles, & qu'elles sont encore aujourd'hui très peu au-dessus de la surface de la mer. J'en citerai seulement quelques exemples qui ont été remarqués par M. *Gadd*, de l'Académie

d'*Abo.* Près de Biœrne, dans l'Isle de
Peltu, il fit couper un gros sapin qui
étoit tout près du bord de la mer :
il en compta les anneaux, & vit que
cet arbre étoit âgé de trois cents dix
ans ; il n'étoit cependant élevé que
de deux pieds au dessus du niveau de
l'eau.

Les deux bords du détroit de *Kirken*
près de *Hiis*, sont couverts par un
très grand bois qui n'a pas plus de
deux pieds au-dessus de l'eau, & deux
sapins qui furent coupés, l'un âgé de
deux cents trente deux ans, l'autre de
deux cent vingt-cinq ans, n'étoient
élevés que d'un pied au-dessus des
eaux du détroit.

Dans l'Isle de *Carluotto* un sapin qui
avoit deux cents vingt-sept ans, n'étoit
élevé que d'un demi pied au-dessus du
niveau de l'eau qui couvroit une partie
des racines de cet arbre. Dans l'Isle
d'*Tattaluoto*, un chêne de trois cents
soixante-quatre ans fut trouvé n'avoir
que trois pieds au dessus de la mer,
&c. Si l'eau a diminué, selon la mesure de *Celsius*, de quatre pieds six
pouces en chaque siecle, il s'ensuit
que l'arbre de l'Isle de *Peltu* a crû

fous les eaux & y a refté pendant deux cents vingt années ; que le chêne d'*Yat-talaoro* y en a refté deux cents trente, de même que les bois immenfes que l'on voit fur tous ces rivages. On fait affez, fans que je le dife, que cela eft entiérement contraire aux loix de la nature & de la végétation de ces efpeces d'arbres ; ce qui fournit un argument invincible contre l'hypothefe de la diminution de l'eau.

Le même Académicien, M. *Gadd*, a rapporté & confirmé par un grand nombre d'expériences, que les détroits d'*Abo* préfentent autant d'exemples d'accroiffement que d'inondations de terreins. Il a remarqué encore en Finlande des lacs voifins de la mer qui ont prefque le même niveau, mais dont les bords & les fonds font d'une efpece toute différente des bords & du fond de la mer, dont les eaux n'ont aucun goût de fel, & ne contiennent ni poiffons, ni plantes marines, mais font au contraire tout remplis des herbes que l'on ne trouve que dans les eaux douces.

Venons maintenant aux pavés qu'on a trouvés dans des Villes anciennes, fort enfoncés dans la terre. S'ils ne font qu'au niveau de l'eau, ou qu'un peu plus bas, il eſt certain que ce niveau a toujours été à peu près le même depuis que ces rues ont été conſtruites. Un grand nombre de villes de Suede, comme Stokholm, Orboga, Kœping, &c. fourniſſent des preuves de cette eſpece contre la diminution de l'eau, & M. *Kalm* a obſervé celle-ci pendant ſon ſejour à Londres.

„ On ſait, dit-il, que les Anglois
„ regardent leur capitale comme une
„ des plus anciennes villes de l'Eu-
„ rope, & en font remonter l'âge
„ beaucoup au delà de la naiſſance de
„ Jeſus-Chriſt.... En 1748, pluſieurs
„ maiſons de Londres qui étoient au-
„ tour de la bourſe, furent incen-
„ diées. Lorſqu'on voulut en rebâtir
„ de nouvelles ſur le même terrein,
„ on trouva, à ſeize pieds en terre,
„ une vieille rue toute pavée. Si l'hy-
„ potheſe de *Celſius* & ſa meſure
„ étoient vraies, cette rue eût été ſous
„ les eaux avant la naiſſance de Jeſus-
„ Chriſt.

M. *Kalm* nous apprend que, lorſqu'il étoit en Norvvege entre *Chriſtian-*

Sund & *Greemstad* , des paysans âgés de quatre-vingts & de quatre-vingt-dix ans lui ont assuré, qu'ils n'avoient jamais observé que l'eau diminuât , & qu'ils lui montrerent une petite maison de pêcheur qu'ils avoient toujours vue également éloignée depuis plus de quatre-vingts ans.

Plusieurs autres paysans & pilotes, vieillards du même âge , qu'il a interrogés , en Angleterre, dans les pays d'Essex & de Kent qu'ils avoient toujours habités , loin d'avoir remarqué que l'eau diminue, lui soutinrent qu'elle augmentoit. Pour le prouver , ils lui dirent que la mer emporte tous les ans quelques portions de terrein dont elle prend la place ; qu'elle a renversé les fondements de quelques églises situées sur les bords, & couvert leurs ruines ; que les pêcheurs avoient été obligés d'abandonner de temps en temps les maisons qu'ils avoient sur le rivage & d'en bâtir de plus éloignées. Ils ajouterent aussi , que ces portions de terre que la mer prend dans un endroit, elles les porte souvent dans un autre , & qu'il n'est pas rare de voir sur les côtes d'Angleterre , les ports les plus
sûrs

sûrs rendus inutiles par la quantité des
fables qu'une feule tempête y jette.

M. *Kalm* rapporte encore que l'on
trouve en Amérique en plufieurs endroits , des coquillages de teftacées
qui ne vivent que dans la mer. On
en trouve même , ajoute-t-il , fur le
fommet de la montagne blue , & en
creufant dans la terre , on y voit plufieurs couches de ces coquillages , dont
l'épaiffeur va quelquefois jufques à
neuf pieds ; on y trouve encore , à
quelques toifes de la furface de la
terre , de grandes pieces de bois , des
noix , des pommes de pin , des noifettes , des morceaux de bois à moitié
brûlés , des cuilliers & marmites de
fauvages , &c. En examinant de près
toutes ces chofes , on voit bien qu'elles
ne peuvent pas avoir été occafionnées
par la diminution des eaux , mais qu'il
faut les attribuer au déluge univerfel ,
ou à l'augmentation de la terre. On
voit très clairement dans l'Amérique
Septentrionale , que les bords des rivieres s'accroiffent , fur-tout à leurs embouchures. On peut affurer , par exemple que la plus grande partie de la
nouvelle Gerfey eft formée des terres

Diminu-
tion de
l'eau.

que les rivieres qui la traversent, y
apportent.

On dit que les eaux des rivieres de
la Pensilvanie deviennent plus basses,
& les nivellements faits dans ce pays,
il y a trente ans, confirment cette opinion. En conclurons-nous que l'eau
diminue ? Non, puisque nous pouvons
assigner une autre cause à ce phénomene. A l'arrivée des Européens dans
l'Amérique Septentrionale , toutes les
terres n'y étoient couvertes que de forêts & de mousse : ainsi les fontes des
neiges & les débordements des rivieres
ne pouvoient en entraîner que b·en peu.
Mais aujourd'hui ces mêmes terres étant
cultivées en partie, font devenues par
là plus légeres ; les eaux les emportent donc avec plus de facilité, & en
remplissent les lits des rivieres , qui
par conséquent deviennent plus basses,
& font en effet au printemps & après
les pluies extrêmement bourbeuses.

M. *Levi Evam*, Ingénieur Anglois,
que M. *Kalm* vit en Pensilvanie, & à
qui il parla de l'hypothese de *Celsius*,
lui dit, qu'il étoit convaincu par des
raisons très probables que la mer n'avoit
pas diminué fur les côtes de la province

de Galles, fa patrie, au moins pendant fix fiecles & plus ; & voici quelles font fes preuves.

L'Ifle de Bardfey eft l'endroit où les moines Anglois s'enfuirent au temps de l'Apôtre Auguftin qui vivoit à la fin du fixieme & au commencement du feptieme fiecle : elle eft à trois milles Anglois au fud fud-oueft de la partie méridionale de Carnavonshire au pays de Galles. De tous les temps on y a pris terre à une plage baffe & plate, & fa mauvaife fituation l'a fait appeller *Porth Solach*, c'eft à-dire, port boueux. On trouve dans cette Ifle & près du rivage de la mer une fontaine qui eft à quelques pieds fous les eaux dans les plus grands flux, mais qui refte à découvert, quand la grandeur du flux eft moyenne, & lorfqu'elle eft la plus baffe. Cette fontaine eft à une diftance affez confidérable de l'eau, & telle eft la pofition que l'hiftoire lui donne, il y a plus de fix cents ans, & qu'elle a encore aujourd'hui.

Je ne peux m'empêcher de citer encore ici ce qu'un autre favant homme a dit fur le même fujet, & les recherches qu'il a faites à l'oueft de notre patrie. C'est en Suede que l'on voit les plus grandes traces du déluge. La terre de *Bohu* pourroit le démontrer, & réfuter seule la diminution de l'eau. A un demi mille de Uddevvalla & à environ deux cents pieds au-dessus du niveau de l'eau, on trouve une quantité prodigieuse de coquillages qui ne paroissent y avoir été portés que par un débordement subit. Au milieu des couches qu'ils forment, on trouve de très grosses pierres, des lits d'argile, de sable & de coquillages, dont la situation est oblique, outre deux petits amas de testacées enfermés dans du sable pur, & qui n'ont pu certainement être ainsi formés par un décroissement d'eaux uniforme & perpétuel, &c.

Je ne citerai plus que les observations suivantes qui m'ont été communiquées par M *Wahlborg*.

1°. L'Eglise de Naglum, qui doit avoir été bâtie au commencement du onzieme siecle, n'est qu'à quatre pieds au-dessus de la surface de l'eau.

2°. Les forts bâtis près d'Odentio, de Graddebœck & de Mætœga, l'ont été à la fin de quinzieme siecle & au

commencement du feizieme fous les pro-
tecteurs du Royaume, *Stein* & *Suvante-
Sture.*

3°. Le vieux château d'*Edsborg* qui
eft entre Trollhœlta & l'Eglife de Tef-
fin, montre que le lac de Wener n'a
du moins pas diminué.

4°. La vieille ville de Locdefe dont
on voit encore les ruines, n'eft qu'à
environ un pied au deffus de la furface de l'eau &c.

J'ai nommé plufieurs fois dans cet
examen M. de *Buffon*, ce grand homme qui a donné de fi grandes preuves
de fes connoiffances en phyfique : il
n'a point, comme j'ai déjà dit, adopté
dans fon fyftême la diminution ; cependant il croit que la terre doit fa
figure aux eaux de la mer, & qu'elles
ont formé les montagnes. Il paroît
même avoir employé plus de foin que
tous les Auteurs à donner à cette hypothefe un air de poffibilité. Je n'ai
cependant pas cru néceffaire de le combattre ici particuliérement, & j'ai penfé
qu'il me fuffifoit de réfuter ce que l'hypothefe reçue en Suede a de conforme
avec la fienne. Si je n'ai pas fait mention de tout ce que celle-ci renferme,

ce n'eſt pas que je le lui accorde ; j'ai ſeulement voulu éviter toute longueur inutile.

J'avois été prévenu d'ailleurs dans cette réfutation. M. *Jean Targioni Toz-zeti* , Docteur à Florence , a publié dans ſon ouvrage intitulé , *Relazioni d'Alcuni Viaggi* ; &c. pluſieurs obſer-vations ſur la ſtructure des montagnes de l'ancienne Ligurie qui lui ont donné occaſion de combattre le ſyſtême de M. de *Buffon*.

Si ce grand architecte , en voulant élever des montagnes , n'a pas mieux réuſſi qu'il n'a fait , je ne conſeillerois à perſonne de le tenter après lui ; mais il aura ſans doute encore des imita-teurs. Moins les hommes peuvent con-cevoir les ouvrages du créateur , plus aiſément ils s'imaginent qu'ils en ont vu juſqu'à l'eſſence. " L'homme , di-
„ ſoit un ancien ſage , eſt plus fait
„ pour jouir du monde que pour en
„ juger. „ Je crois en effet que des yeux pénétrants & impartiaux qui con-ſidéreront la nature avec la modeſtie convenable à des êtres tels que nous ſommes , y verront facilement beau-coup de barrieres poſées par la main

de l'être suprême , pour arrêter ces esprits superbes qui veulent concevoir & approfondir ce que Dieu seul peut & doit connoître.

J'espere avoir démontré que le clergé de Suede n'a pas eu tort de regarder la diminution de l'eau comme une hypothese très douteuse , même improbable & contredite par l'histoire, par la physique & par la nature entiere. Telle est & ma pensée & ma foi. Je laisse au public le soin de juger si j'ai bien rempli mon devoir envers mes compatriotes, qu'on auroit pu accuser de n'avoir pas apperçu le faux & le danger de cette hypothese ; envers mes amis qui m'ont engagé à cette entreprise ; envers les sciences , le clergé de Suede, ma conscience , & la religion. Mais je puis assurer mes lecteurs, que je suis pleinement convaincu , par l'étude réfléchie que j'ai faite de l'écriture sainte & de la nature, que toute physique est fausse , dès qu'elle contredit la révélation , & qu'au contraire ces livres sacrés qui nous ont été accordés par le maître de la nature, contiennent souvent des explications des vérités les plus cachées, & conduisent

M 4

à leur découverte. Je n'appréhende pas que ceci paroisse étranger à ceux qui les ont lus & étudiés de bonne foi. Quant à ces philosophes qui n'ont d'autre guide que l'habitude & la mode, je fais peu de cas de leur jugement. Quelque étendue que soit cette mode pour laquelle ils ont la complaisance de se bercer de fausses idées, il est certain qu'il n'est point de connoissances humaines qui aient un fondement aussi ferme, aussi solide que notre sainte religion, dont le défaut le plus grand au jugement de ces esprits forts, est d'être reçue trop généralement. Si de tous les philosophes qui ont écrit sur la matiere que je viens d'examiner, j'avois à en recommander un, & la lecture de ses ouvrages, ce seroit M. *Bertrand*, qui **a** du moins philosophé sans oublier qu'il étoit chrétien, & qui par là s'est aussi le moins écarté de la saine physique.

PRÉROGATIVES

DES PAYS FROIDS

SUR LES PAYS CHAUDS,

Pour la culture de la soie.

LE célebre M. *Jufti*, qui paroît sur-tout appliqué à rendre la bonne phy-sique utile à l'économie , s'exerce ici sur un sujet très piquant qui a d'abord l'air d'un paradoxe , mais qui mérite la plus grande attention. Nous allons le laisser parler.

On pense assez communément que les pays du nord ne sont point du tout , ou sont très peu propres à la culture de la soie , & nous osons dire qu'ils ont à cet égard bien des préro-gatives sur les pays chauds. Nous ne voulons pas au reste qu'on nous en croie sur notre parole : nous nous at-tacherons à en apporter des preuves solides. Comme la culture de la soie a pris son origine dans les climats chauds, on a toujours cru en conséquence que c'étoit une entreprise vaine & hazardée que de l'introduire dans les pays froids. On sait qu'elle a commencé à Constantinople sous l'Empereur Justinien. Lorsque dans le douzieme siecle, Roger, Roi de Sicile, voulut l'établir dans cette Isle, son projet parut d'abord ridicule. Il en fut de même lorsque Henri IV se disposoit à l'introduire en France : on traita cette idée de chimere, & l'on regarda comme impossible qu'elle réussît dans ce climat. La prévention alla si loin, que le sage Sully, qui donnoit à son maître de si bons conseils pour gouverner, s'y opposa fortement : nouvelle preuve que les plus grands hommes sont entraînés quelquefois par le torrent des préjugés vulgaires. Cette prévention revint encore à la fin du siecle dernier & au commencement de celui-ci, quand quelques patriotes zélés s'efforcerent de faire goûter cette nouvelle branche d'économie.

Or puisque malgré l'absurdité qu'on voyoit alors dans ce projet, il a réussi dans certains pays au point qu'ils en font leur négoce le plus important & le plus avantageux, n'y a-t-il pas lieu d'en espérer autant en Allemagne ? Aussi depuis qu'on a vu faire de la soie dans la marche du Brandebourg, dans quelques cantons septentrionaux d'Allemagne, & même en Suede, le préjugé qu'on avoit conçu contre cette culture a beaucoup perdu de sa force.

Cependant les impressions qui en restent sont fort nuisibles à la réussite de la soie. On convient qu'on pourra la cultiver, mais que ce ne sera qu'avec perte, ou du moins qu'on n'en retirera aucun profit, & que par cette raison jamais cette entreprise ne fleurira en Allemagne. Il faut donc répondre à cette objection qui est si propre à dégoûter ceux qui seroient portés à embrasser cette branche d'économie.

Si les pays froids n'étoient pas propres à la culture de la soie, ce ne pourroit être que parce que la nourriture des vers à soie ne s'y trouveroit point du tout, ou qu'elle ne s'y trouveroit pas en quantité suffisante, ou parce que les vers n'y réussiroient pas par d'autres raisons.

A l'égard de la premiere raison, il

est certain que le mûrier blanc , qui est la nourriture ordinaire des vers à soie, réussit parfaitement, même dans les pays froids. Cet arbre n'est rien moins que délicat , il ne souffre pas même du plus grand froid. Les hyvers de 1709 & de 1740 qui ont fait mourir tant d'arbres fruitiers & même sauvages , ont beaucoup moins nui aux mûriers blancs. Tant de plans de ces derniers arbres qui sont bien venus en plusieurs endroits d'Allemagne , prouvent assez que notre sol n'est contraire en rien à l'accroissement de ces arbres.

On dira peut-être que , quoiqu'on élève en Allemagne des mûriers blancs, il n'est pas moins constant que les feuilles qu'ils poussent ne sont pas si délicates ; qu'elles sont au contraire bien plus rudes & plus grossieres que celles des mûriers élevés dans les pays chauds ; que par conséquent jamais les vers n'y fileront de la soie aussi riche & d'une aussi bonne qualité que dans les pays chauds. On conviendra qu'en effet les feuilles du mûrier ne sont pas si délicates en Allemagne que dans les pays chauds. Il n'en est cependant pas moins

vrai que la foie qui a été filée en
Allemagne par les vers qui y ont été
nourris, est aussi belle que celle d'Italie.

Je pourrois alléguer les expériences
que j'en ai fait moi-même à Vienne.
Ceux qui ont vu des vers à foie en
Italie, & qui ensuite ont été témoins
de mes essais en 1751 & 1752, ont
été forcés d'avouer que mes vers étoient
meilleurs, plus forts & plus grands
qu'en Italie même. En l'année 1751,
lorsque je pris soin moi-même de mes
vers, je retirai d'un quart d'once de
femence, autant de foie qu'on en retire en Italie de pareille quantité dans
les meilleures années. Si l'on allegue
que Vienne est située fous un ciel plus
chaud que la plupart des autres contrées d'Allemagne, j'en appellerai aux
expériences qui en ont été faites à
Stall, à Berlin, & en d'autres parties
de l'Empire plus septentrionales. Quand
les vers ont été bien foignés, on y a
eu autant de cocons d'une once de
femence qu'en Italie & en France, &
on y a tiré également une livre de
foie pure de huit à dix de ces cocons.
Concluons donc que les feuilles de
mûrier ne font pas moins bonnes &

moins propres à nourrir les vers en Allemagne qu'en Italie.

On n'a pas plus à craindre que les vers ne réuffiffent pas dans les pays froids. Dès qu'ils font une fois convenablement nourris, le froid le plus rigoureux ne leur nuit point. Ces animaux vivent tout au plus neuf à dix femaines, & il n'y a point de pays qui n'ait en été autant de chaleur qu'il en faut pour ce temps. Il eft vrai que dans le nord le froid peut arriver même en été, plutôt que dans les pays chauds; mais c'eft encore un préjugé d'imaginer que les vers à foie demandent une grande chaleur. Ils font eux-mêmes d'une nature fort froide, l'attouchement feul peut nous en convaincre; on s'apperçoit d'un froid fenfible, quand on les touche. Ce froid ne dépend point de la faifon, il leur eft intrinfeque; les plus grandes chaleurs n'y font aucun changement, au contraire leur fraîcheur devient encore plus fenfible. Par conféquent on n'a point à craindre qu'un climat tempéré foit dangereux & défavorable à leur culture.

L'expérience confirme ce raifonnement. On connoît le thermometre de

Fahrenheit qui est artificiel & ajusté
avec de la neige ou de la glace où l'on
a mis du salpêtre. Le degré O de ce
thermometre est assurément un degré
excessif de froid ; on a même douté
si les hommes pouvoient y vivre. On
fit en 1753, au college Thérésien,
en présence d'une assemblée nombreuse,
l'expérience réitérée de mettre pendant
cinq minutes un ver à soie dans cete
glace ; on y mit en même temps un
thermometre de *Fahrenheit* qui tomba
effectivement au degré O, & cependant on retira cinq minutes après le
ver à soie tout vivant. Un ver qui
peut supporter un aussi grand degré
de froid, ne risque pas de périr en
été dans un pays comme l'Allemagne.
Tout ce qu'opere le froid à l'égard des
vers, c'est qu'ils ne filent pas si-tôt,
ne croissent pas si vîte, & mangent
quinze jours ou trois semaines plus
long-temps. Si dans un climat suffisamment chaud il s'écoule six semaines depuis qu'ils sont éclos jusqu'à ce qu'ils
filent, cet intervalle ira dans un pays
froid jusqu'à huit ou neuf semaines. Voilà toute la différence : au reste ils ne s'en
portent pas moins bien, & ils filent

d'auſſi bonne ſoie que dans un temps continuellement chaud & dans un climat moins tempéré. On a éprouvé la même choſe en Italie & en France; car dans ces contrées même il y a des années dont les étés ſont aſſez froids.

Quoique les vers à ſoie , pendant une chaleur modérée d'été , croiſſent plus rapidement & filent plutôt, il ne faut pas croire que le degré de chaleur qui convient le mieux pour leur accroiſſement & leur conſervation ſoit le plus conſidérable. Après pluſieurs eſſais , M. *Sauvage* a conſtaté que le dix-huitieme degré du thermometre de M. de *Reaumur* , eſt le degré de chaleur dans lequel ils proſperent le plus , particuliérement ſi on les y conſerve depuis leur naiſſance juſqu'au moment où ils filent. Mes expériences de 1751 & 1752 , ſe ſont rapportées à celles de M. *Sauvage* , & j'ai trouvé qu'à ce degré de chaleur ils donnent le double de cocons que dans un degré plus fort ou moindre : or ce dix-huitieme degré n'eſt point du tout rare en Allemagne. Dans nos étés les plus ordinaires la chaleur monte à ce degré & quelquefois même plus haut, & elle

elle s'y foutient pendant plufieurs femaines. On a vu dans des cantons
feptentrionaux d'Allemagne la chaleur
monter au vingt-fixieme & vingt-fep-
tieme degrés ; il eft vrai qu'elle ne s'y
foutient pas long-temps : mais toujours
il eft conftant que le degré de chaleur
néceffaire aux vers à foie pour qu'ils
profitent bien, n'eft pas incompatible
avec notre climat.

Non-feulement rien ne s'oppofe en
Allemagne, comme on vient de le
démontrer, à la culture des vers à
foie, mais je vais encore entreprendre
de prouver que nous avons des pré-
rogatives fur les pays chauds.

En effet une chaleur exceffive bien
loin de faire profpérer les vers à foie,
leur eft plutôt nuifible & même mor-
telle. M. *Sauvage* s'eft affuré, par fes
expériences, que lorfque les vers à
foie doivent éclore, s'ils effuyent quelques degrés de chaleur au-deffus du dix-
huitieme de M. de *Réaumur*, ils font
perdus fans reffource. Ils vivent & mangent jufqu'au temps où ils filent ; mais
alors ils tombent malades & meurent
prefque tous. J'ai auffi moi-même donné le vingt-unieme degré du thermo-

metre à des vers au moment où ils devoient éclore. Malgré le bon état dans lequel ils paroissent être jusqu'au quatrieme changement de peau, ils mouroient tous alors : tandis que ceux de la même espece à qui je n'avois donné que le dix huitieme filoient, sans tomber malades, & donnoient une excellente récolte de soie. Voilà donc le danger que courent les vers dans les pays chauds, où la chaleur de l'air monte souvent au vingt-unieme degré dès la fin d'Avril, ou le commencement de Mai. C'est ce que nous n'avons point à craindre en Allemagne. Il est très rare que la chaleur monte si haut même au milieu de Mai, temps auquel le mûrier prend ses feuilles, & où par conséquent on commence à faire éclorre les vers.

L'excessive chaleur est également nuisible à ces animaux, quand ils commencent à filer. S'il survient alors une chaleur du vingt-un au vingt-deuxieme degré, & qu'elle dure quelques jours, les uns meurent lorsqu'ils sont au plus fort de leur ouvrage. Le fruit de leur travail est ainsi perdu. On les trouve morts & pourris dans leurs cocons,

& ces cocons imparfaits ne servent
qu'au fleuret. On en fait souvent l'expérience en France & en Italie, &
je l'ai malheureusement faite moi-même à Vienne en 1752. La moitié de
mes vers mourut dans les cocons, &
cela dans un appartement qui étoit
exposé au soleil pendant toute la journée.

Si dans les pays plus froids la chaleur naturelle de l'été ne monte pas
au dix-huitieme degré, il y a une
façon de produire artificiellement ce
degré de chaleur. On pose un thermometre dans l'endroit où sont les vers,
à une distance raisonnable du poële
qu'on échauffe modérément & de façon
que ce degré de chaleur se conserve ;
& quand la saison a atteint ce dix-
huitieme degré, on cesse d'échauffer
le poële. En me servant de cette méthode en 1751, non seulement mes
vers ont filé quinze jours plûtot que
ceux qui avoient été sans thermometre, mais j'ai de plus tiré la moitié plus
de cocons.

Dans les pays chauds où la saison
va ordinairement au-delà du dix-huitieme degré, on n'a point de moyens
de diminuer la chaleur ; car si l'on veut

arroſer le plancher ou rafraîchir de quelqu'autre façon , on y attire l'humidité de l'air qui cauſe aux vers les maladies les plus dangereuſes. J'ai obſervé d'après mes expériences , que la mal-propreté du logement & l'humidité de l'air ſont les deux ſeules cauſes de ces épidémies qui dépeuplent des appartemens entiers pleins de vers. Les autres précautions qu'on preſcrit dans la plupart des livres qui traitent de cette matiere , d'éviter le bruit & les mauvaiſes odeurs , ſont d'ailleurs aſſez inutiles , ainſi que je l'ai reconnu par tous les eſſais dont j'ai rendu compte dans mon livre des *nouvelles vérités*. Envain objecteroit-on la dépenſe que peut coûter le chauffage que je viens de conſeiller ; car pour pouſſer la chaleur du quinzieme, degré au dix-huitieme , il ne faut qu'un peu de branchages. Lorſque je le tentai en 1751 , je n'y employai pas plus d'un quart de voie de bois , meſure de ce pays-ci , & l'on eſt bien dédommagé de cette dépenſe par la meilleure récolte. Il eſt vrai qu'il faut éviter que cette chaleur artificielle paſſe le dix-huitieme degré , car alors elle

feroit très nuiſible. C'eſt ce qui rendra
cette méthode difficile pour les gens
de la campagne, quoiqu'au reſte je
ne vois pas qu'il fût impoſſible de
leur faire des thermometres exprès, où
cela feroit ſi clairement déſigné qu'ils
ne pourroient pas s'y tromper. Après
tout ceux qui ont plus de lumieres
pourront pratiquer cette méthode qui
fera toujours d'un grand avantage.

Je me flatte d'avoir aſſez prouvé
que les pays froids ont de l'avantage
ſur les pays chauds pour la culture
de la ſoie : ainſi j'ai rempli mon en-
gagement.

SALINES
DE REICHENHALL.

Extrait des voyages de Keyſler.

SALINES
DE RE-
CHEN-
HALL

ENtre *Uncken* & *Saltzbourg*, qui ſont à quatre milles l'un de l'autre, on trouve les ſalines Bavaroiſes de Reichenhall. Sa ſource eſt connue ſous le nom de *bonté de Dieu*. On en éleve la matiere au moyen d'une roue de trente-ſix pieds de diametre, & de chaînes de fer avec l'aide d'une autre d'un plus petit volume. Quand une fois les eaux ſont parvenues à la maiſon de travail, on la diviſe en deux parties, dont l'une reſte dans ce lieu, & l'autre eſt conduite à trois milles de là dans des canaux de plomb, au-deſſus des hautes montagnes de Traunſtein, où, par la raiſon de la grande abondance de bois qui s'y trouve, on eſt plus à portée de faire bouillir le ſel. Il y a à Reichenhall ſix poëles, dans

lesquels alternativement on fait bouillir
chaque jour le sel , de sorte que dans
l'espace de six jours toute la matiere
se trouve bouillie. Il s'y en fait ordinairement pour cinq cents gulders par
semaine. Afin que les poëles ne soient
pas trop endommagés par l'eau salée ,
on les prépare avec de la chaux , de
la fougere & de la paille. Il s'y attache , quand le sel bout , un sédiment
de sel bâtard , qu'on dissout tous les
trois mois , ou quelquefois plus souvent ; & en y ajoutant un peu d'eau
salée , on en fait du sel fin. La Saal
qui coule à Reichenhall , a les propriétés requises pour rafiner le sel ; ce
qui rend l'opération beaucoup plus facile en ce lieu , que dans les salines
voisines , où il faut porter à la mine
l'eau fraîche à grands frais. A Hall en
Suisse , on met du sang de jeune
bœuf & des œufs , pour accélérer la
séparation des parties salines d'avec le
reste de l'eau. C'est ce qu'on ne fait
point à Reichenhall , n'on plus qu'à
Hall en Suabe , à Nauhein & à Lune-
bourg. On sait qu'en Allemagne plusieurs Théologiens protestants soutien-
nent , que la défense de manger du

sang s'étend aux chrétiens des deux alliances. Tous ceux qui sont de cette opinion, ainsi que les Juifs, s'abstiennent du sel Saxon, à cause du sang de bœuf qu'on y fait entrer, comme on vient de le dire. Au reste il est facile de s'en passer, si l'on a soin, comme on fait pour les sucres, d'y jeter quelques douzaines d'œufs, & & de bien écumer la graisse & les impuretés qui viennent sur la surface. Le sel de Reichenhall n'est pas si pur ni si blanc que celui de Saltzbourg & de Hall en Suabe, mais il est très fort & à bon marché. Il y a eu anciennement une convention entre les Etats de Saltzbourg & de Baviere, par laquelle ils doivent se fournir mutuellement à un prix réglé, le premier du sel, & l'autre du bled. Sans cela Saltzbourg seroit assez embarrassé pour débiter son sel, dont on pourroit empêcher d'un côté l'exportation en Autriche, & de l'autre en Baviere, dont l'Electeur fait de très grands profits en revendant ce même sel, qu'il envoie en France, en Boheme, & par le Rhin, jusqu'en Suisse & en Italie. La ville de Ratisbonne est le lieu d'étape

de cette marchandiſe , qu'on tranſ
porte par une petite riviere à Amberg
dans le haut Palatinat , & par le
Danube dans d'autres pays. Ratisbonne
gagne par ce commerce vingt mille
Gulders.

HISTOIRE NATURELLE DE LA LOUISIANE.

Par M. le Page du Pratz.

LES principales qualités d'un Histo-
rien font la fidélité & l'exactitude.
Un écrit qui ne fe foutient que par
les agréments du ftyle, eft bientôt con-
damné à un éternel oubli par ceux
qui cherchent à s'inftruire, & dont les
jugements donnent enfin le ton dans
le monde ; mais lorfque la vérité s'y
trouve, cette vérité lui fert de bou-
clier contre les traits de la critique,
& lui conferve toujours un certain prix.
C'eft parlà qu'entiérement dénué des fecours de l'éloquence, j'ofe efpérer qu'on
lira avec quelque plaifir le détail que je
ferai des productions de la Louifiane
& des animaux qu'elle nourrit. Dans
le féjour que j'ai fait en ce pays où

j'avois une concession, & où j'ai demeuré dix-sept ans, j'ai eu le loisir
d'étu lier cette matiere, & j'y avois
fait affez de progrès pour avoir envoyé
en France à la compagnie des Indes
trois cents plantes dignes d'attention,
encaissées & dans leur terre.

On ne doit pas cependant s'attendre que je donne ici la description de
tout ce que la Louisiane produit dans le
regne végétal. Sa fertilité prodigieuse
ne me permet point d'entreprendre un
pareil ouvrage, & d'ailleurs j'ai beaucoup d'autres chofes à dire. Il fuffira
que je parle de ce qu'il y a de plus
utile aux habitants, foit par rapport à
leur propre fubfiftance & à leur con-
fervation, foit par rapport au commerce qu'ils en peuvent faire ; & fans
me tourmenter à chercher des tranfi-
tions fouvent faftidieufes, & toujours
difficiles, je le décrirai fimplement
article par article.

Le Mahis, ou bled de Turquie, eft
le grain propre du pays, puifqu'on
l'a trouvé cultivé par les naturels. Il
croît fur une tige de fix, fept, & huit
pieds de hauteur ; il pouffe des épis
gros environ de deux pouces de dia-

metre , fur lefquels on a compté fept cents grains & plus ; & chaque pied porte quelquefois fix & fept épis , felon la qualité du terrein. Celui qui lui convient le mieux eft le noir & léger ; la terre forte lui eft moins favorable.

Ce grain , comme on fait , eft très fain pour les hommes & pour les animaux , fur-tout par la volaille. Les naturels l'accommodent de plufieurs façons pour varier leurs mets ; la meilleure eft celle d'en faire de la farine froide. Comme il n'eft perfonne qui même fans appetit, n'en mange avec plaifir, j'en donnerai le procédé, afin que nos provinces de France qui recueillent de ce grain, en puiffent retirer la même utilité.

On fait cuire d'abord à moitié ce bled dans de l'eau , puis on le fait égoutter & bien fécher. Lorfqu'il eft bien fec on le fait grôler ou rouffir dans un plat fait exprès , en le mêlant avec des cendres pour empêcher qu'il ne brûle , & on le remue fans ceffe afin qu'il ne prenne que la couleur rouffe qui lui convient. Après qu'il a pris cette couleur , on paffe

toute la cendre, on la frotte bien, &
on la met dans un mortier avec de la
cendre de plante de favioles féchée &
un peu d'eau. Enfuite on pile douce-
ment, ce qui fait crever la peau du
grain & le met tout entier en gruau.
On concaffe ce gruau & on le fait
fécher au foleil. C'eft la derniere opération, après laquelle cette farine peut
fe tranfporter par-tout & fe garder fix
mois, en obfervant cependant de l'expofer quelquefois au foleil. Pour la
manger on en met dans un vaiffeau
le tiers de ce qu'il peut contenir ; on
le remplit prefque entiérement d'eau,
& en quelques minutes la farine fe
gonfle, & eft bonne à manger. Elle
eft très nourriffante, & eft une excellente provifion pour les voyageurs &
ceux qui vont en traite, c'eft-à-dire,
faire quelque négoce.

Cette même farine froide mêlée avec
du lait & peu de fucre peut être fer-
vie fur les meilleures tables ; dans le
chocolat au lait elle foutient très long-
temps.

La Louifiane produit encore une
autre efpece de mahis que l'on nomme le *petit-bled*, parce qu'en effet il

est plus petit que l'autre de tige, d'épi & de grain. Il est d'un grand secours pour ceux qui n'ont pas une bonne provision de vivres ; car on en peut faire deux recoltes dans le même champ & dans la même année, & qu'il est plus tard venu.

On tire de l'eau de vie du mahis, & on fait avec ce grain une bierre forte & agréable ; tout le pays, & sur-tout les côteaux fournissant du houblon en abondance.

LES FEVES. On a trouvé dans ce pays des favioles rouges, noires & d'autr s couleurs, que l'on a nommées feves de quarante jours, parce qu'il ne leur faut que ce peu de temps pour croître, mûrir & être bonnes à cueillr.

LE RIS. *Le ris* que l'on cultive en ce pays a été tiré de la Caroline il réussit à merveille, & l'expérience y fait voir, contre le préjugé commun, qu'il ne veut pas avoir toujours le pied dans l'eau. On en a semé dans le pays plat sans l'inonder, & on l'a recueilli bien nourri & d'un goût très délicat Cette finesse de goût ne doit point surprendre, elle est le partage de toutes les plantes qui croissent loin des lieux

aquatiques & fans le fecours des arro-
femens. J'ignore fi depuis que je fuis
revenu de la Louifiane on a effayé d'en
fémer fur les côteaux.

Ces feves font ainfi nommées, parce qu'on les a reçues d'une nation
des naturels qui porte ce nom. Ils les
tenoient, felon toute apparence, des
Anglois de la Caroline où elles avoient
été apportées de Guinée. Leurs tiges
rampent par terre de quatre à cinq
pieds au moins de longueur ; leurs
feuilles font unies & à peu près de la
même forme que celles du lierre qui
s'attache aux murs ; mais elles font
molles & graffes ; elles font femblables aux favioles, quoique beaucoup
plus petites, de couleur de chair baza-
née, ayant une tache noire autour
de l'endroit par où elles tiennent à la
gouffe, qui eft de fix pouces de longueur, fouvent de fept & huit, & où
elles font au nombre pour le moins
de huit, & quelquefois de quinze,
Ces feves font tendres à cuire & très
délicates, mais douces & un peu fades.

Les Patates font des racines plus communément longues que groffes ; leur forme eft inégale, & leur peau fine & fem-

FEVES
APALA-
CHES.

LES PATA-
TES.

blable à celle des Topinambours. Elles ont la chair & un goût sucré de bons marons. Pour en faire venir on éleve la terre en buttes ou en fillons élevés & larges d'un pied & demi, afin qu'elle foit moins humide & que le fruit ait meilleur goût : aufli choifit-on la terre la plus maigre, comme celle des côteaux : on coupe enfuite par tranches les patates les plus menus, en obfervant qu'il y ait un œil à chaque tranche ; car c'eft de cet œil que fort la plante & fon fruit. On en met quatre à cinq tranches dans la tête de la butte ; en peu de temps elles pouflent des tiges qui rampent fur terre, & qui ont jufqu'à quatre pieds & plus de longueur. On coupe ces tiges à la mi-Aout à fept & huit pouces près de terre & on les plante couchées en croix double dans la tête d'autres butes que l'on a préparées. Ces dernieres font les plus eftimées tant à caufe de l'excellence de leur goût, que parce qu'elles fe confervent mieux pendant l'hyver. Pour les garder dans cette faifon ; on les fait fécher au foleil auffitôt qu'elles font arrachées, on les ferre en un lieu bien fec & bien clos, &

on

on les couvre de cendre, sur laquelle on répand de la terre bien seche. On les fait cuire comme les marrons dans la braise, au four, ou dans l'eau; mais la braise & le four leur donnent un meilleur goût. Elles se mangent seches ou coupées par tranches dans du lait sans sucre, parce qu'elles le portent avec elles. Quelques François en ont tiré de l'eau de vie.

Les *Giromons* sont des especes de potirons. Il en est de deux especes; les uns sont ronds, & les autres en forme de cor de chasse; ces derniers sont les meilleurs, ayant la chair plus ferme, d'un sucre moins fade, contenant moins de graines, & se conservant beaucoup plus que les autres; ce sont aussi ceux dont on fait des confitures seches. Pour cet effet on les taille en forme de poire ou de quelqu'autre fruit, & on les confit ainsi à sec avec fort peu de sucre, parce qu'ils sont naturellement sucrés. Ceux qui ne les connoissent pas sont surpris de voir des fruits entiers confits, sans trouver au dedans aucun pepin On ne mange pas seulement les giromons confits, on les met encore dans la soupe,

on les fricaſſe , on les fait cuire au
four & ſous la braiſe , & de toutes
façons ils ſont bons & agréables. On
en fait auſſi des beignets.

Froment , ſeigle , orge & avoine. Tous
ces grains viennent admirablement bien
dans la Louiſiane ; mais je dois avertir
d'une précaution qu'il eſt néceſſaire
de prendre à l'égard du froment. Lorſqu'on le ſeme ſeul , & comme on fait
en France , il croît d'abord à merveille ; mais lorſqu'il eſt en fleur on
voit au bas de la tige quantité de
gouttes d'eau rouſſe qui s'y amaſſent
pendant la nuit à la hauteur de ſix
pouces , & diſparoiſſent au lever du
ſoleil. Cette eau eſt ſi âcre qu'en peu
de temps elle ronge la paille , & l'épi
tombe avant que le grain ſe ſoit formé.
Pour prévenir ce malheur, qui ne vient
que de la trop grande force du terrein , il faut mêler le froment , que
l'on veut ſemer , de ſeigle & de terre
ſeche. Le froment ainſi ſemé clair eſt
à l'abri de tout accident. C'eſt la méthode que j'ai ſuivie , & j'ai eu la ſa-
tisfaction d'envoyer à la nouvelle Orléans une gerbe de froment pour déſa-
buſer ceux qui publioient qu'on ne

FROMENT,
SEIGLE ,
&c.

pouvoit en recueillir dans ce pays. Ainſi je ſuis perſuadé que lorſque par une culture aſſidue cette terre aura été un peu dégraiſſée , on y pourra ſans crainte ſemer le froment comme on fait en France.

Tous les légumes que l'on a portés d'Europe y réuſſiſſent mieux qu'en France, en les mettant toutefois dans un terrein qui leur convienne ; car il y auroit de la ſimplicité, pour ne rien dire de plus , de croire que les oignons & les autres plantes bulbeuſes y viendroient dans un terrein mol & aquatique , lorſque par-tout ailleurs il leur faut une terre ſeche & légere.

Toutes ſortes de melons croiſſent à merveille dans la Louiſiane ; ceux d'Eſpagne , de France , & les melons Anglois, que l'on nomme melons blancs, y ſont infiniment meilleurs que dans les pays dont ils portent le nom : mais les plus excellents de tous ſont les *melons d'eau*. Comme ils ſont peu connus en France , où l'on n'en voit guere que dans la Provence , encore ſont-ils de la petite eſpece , je crois que l'on ne trouvera pas mauvais que j'en donne la deſcription.

MELONS
D'EAU.

O 2

La tige de ce melon rampe comme celle des nôtres, & s'étend juſqu'à dix pieds de l'endroit d'où elle ſort de terre. Elle eſt ſi délicate, que lorſqu'on l'écraſe en marchant deſſus, le fruit meurt, & que pour peu qu'on la froiſſe, il s'échaude. Les feuilles ſont découpées, d'un verd qui tire ſur le verd de mer, & larges comme la main quand elles ſont ouvertes. Le fruit eſt ou rond comme les potirons, ou long : il ſe trouve de bons melons de cette derniere eſpece ; mais ceux de la premiere ſont plus eſtimés & méritent de l'être. Le poids des plus gros paſſe rarement trente livres ; mais celui des plus petits eſt toujours au-deſſus de dix livres. Leur côte eſt d'un verd pâle, mêlé de grandes tâches blanches, & la chair qui touche à cette côte eſt blanche, crue & d'une verdeur déſagréable ; auſſi ne la mange-t-on jamais. L'intérieur eſt rempli par une ſubſtance éclatante & blanche comme la neige, avec cette différence néanmoins qu'elle a une légere teinture de couleur de roſe : elle fond dans la bouche comme feroit la neige même, & laiſſe un goût pareil à celui de cette eau que l'on prépare pour les malades avec de la gelée de groseille. Ce fruit ne peut donc être que très rafraîchissant, & il est si sain que de quelque maladie, dont on soit attaqué, on en peut satisfaire son appetit sans crainte d'en être incommodé. Les melons d'eau d'Afrique ne sont point à beaucoup près si délicieux que ceux de la Louisiane.

MELONS D'EAU.

La graine de melon d'eau est placée comme celle du melon de France : sa figure est d'un ovale large, plate, aussi épaisse à ses extrémités que vers son centre, & a environ six lignes de long sur quatre de large : les unes l'ont noire & les autres rouge ; mais la noire est la meilleure, & c'est celle qu'il convient de semer pour être assuré d'avoir de bons fruits, pourvu qu'on ne la mette pas dans des terres fortes, où elle dégénéreroit & deviendroit rouge.

La culture de ce melon est assez simple. On choisit une terre légere comme celle d'un côteau bien exposé : on fait des trous en terre de deux pieds & demi ou trois pieds de diametre, distants les uns des autres de quinze pieds en tous fens, dans chacun defquels on met cinq ou fix graines. Lorfqu'elles ont germé, & que les tiges naiffantes ont pouffé cinq ou fix feuilles, on choifit les quatre plus belles plantes & on arrache les autres, de peur qu'elles ne s'affament réciproquement, étant en trop grand nombre. Ce n'eft que jufqu'à ce temps que l'on eft chargé du foin de les arrofer, la nature toute feule fait le refte, & les conduit à leur maturité, dont le véritable point eft quand la côte verte commence à jaunir. Il n'eft pas befoin de les tailler. Les autres efpeces de melons dont j'ai parlé fe cultivent de même que ceux-ci, à l'exception qu'on ne met entre les trous qu'une diftance de cinq à fix pieds.

VIGNE.　　La *vigne*, eft fi commune dans la Louifiane, que de quelque côté que l'on aille, depuis la côte jufqu'à cinq cents lieues vers le nord. on ne peut faire cent pas fans en rencontrer; mais à moins qu'il ne s'en trouve quelque fep heureufement expofé à découvert, on ne doit point s'attendre que fon fruit ait la maturité requife. Les arbres auxquels elle s'attache font fi hauts,

d'un feuillage si épais , & leurs intervalles sont , comme j'ai déjà dit , si
remplis de cannes que le soleil ne peut
échauffer la terre ni mûrir le bois de
cette plante. Je n'entreprendrai point
de décrire toutes les especes de raisin
que ce pays produit , je deviendrois
trop long , & même il n'est pas encore
possible de les connoître toutes , ce
pays n'étant pas assez peuplé ; je ne
parlerai seulement que de trois ou
quatre.

Le premier raisin dont je ferai mention n'en mérite peut-être pas le nom ,
quoique son bois & sa feuille soient
assez semblables à la vigne ; car il ne
vient point par grappes , & on n'en voit
jamais tout au plus que deux grains ensemble. Il a la forme à peu près , la
couleur & la chair de la prune de
damas violet , & son pepin , qui est toujours unique , ressemble fort à un noyau.
Quoique son goût n'ait rien de gra-
cieux , il n'est pas cependant de l'âcreté
désagréable du raisin que l'on trouve
aux environs de la nouvelle Orléans.

Sur le bord des prairies on trouve
une vigne dont le sarment ressemble à
celui du raisin pineau de Bourgogne,

On tire de son fruit un vin assez pasable, lorsqu'on a l'attention de l'expoer au soleil en été, & au froid en hyer ; c'est une expérience que j'ai faite, & je dois ajouter que je n'ai jamais pu en faire du vinaigre.

Il est un autre raisin que je ne ferai point de difficulté de ranger dans la classe des raisins de Corinthe. Il en a le bois, la feuille, la grosseur & le sucre. La verdeur qu'il conserve ne vient que du défaut de maturité qu'il ne peut acquérir dans l'ombre épaisse des grands arbres auxquels cette vigne s'attache. S'il étoit planté & cultivé en plein champ, je ne doute point qu'il n'égalât le raisin de Corinthe auquel je l'associe.

On a rencontré sur des côteaux bien exposés, à la hauteur de trente degrés de latitude, des raisins muscats de couleur ambrée, de très bonne qualité & fort sucrés : toutes les apparences sont qu'on en feroit de très bon vin, comme on ne peut douter que ce pays n'en produisît d'excellent, puisque dans le terrein humide de la nouvelle Orléans les plans que quelques habitants de cette Ville ont apportés de France, ont fort bien réuffi, & leur ont donné de bon vin.

Je ne puis m'empêcher à ce fujet de rapporter ce qui arriva dans cette Capitale à un de mes amis, par où l'on pourra connoître quelle eft la fertilité de la Louifiane. Il avoit planté dans fon jardin une treille de ce mufcat, dans le deffein d'en faire par la fuite un berceau. Un de fes enfants entra avec un petit negre dans le jardin, qui fe trouva ouvert par hazard. C'étoit au mois de Juin, temps où le raifin eft déjà mûr en ce pays. Ces deux enfants attaquerent une grappe de mufcat, & n'efpérant pas avoir le temps de la manger fur le lieu, ils réunirent leurs efforts pour l'arracher & l'emporter. Ils en vinrent à bout, en caffant & déchirant le bois d'où pendoit la grappe. Le pere furvint, & après le bruit ordinaire en pareille occafion, il coupa & tailla ce farment déchiré. Comme on avoit encore plufieurs mois de belle faifon, le fep pouffa de nouveaux bois, & donna encore du fruit qui mûrit, & fut auffi bon que le premier.

Le *Placminier* a la feuille & le bois affez femblable à notre neflier : fa

fleur, large comme une piece de vingt-
quatre fols, eſt blanche, & compoſée
de cinq pétales. Son fruit eſt gros
comme un gros œuf de poule ; il a
la forme de nos neſles. mais ſa chair
eſt plus délicate & très ſucrée. Ce fruit
eſt aſtringent. Lorſqu'il eſt bien mûr,
les naturels du pays en font du pain,
qui ſe conſerve d'une année à l'autre,
& la vertu de ce pain, plus grande
que celle du fruit, eſt telle qu'il n'eſt
cours de-ventre ni diſſenterie qu'il n'arrête ; auſſi n'en doit-on uſer qu'avec
prudence & après s'être purgé. Pour
faire ce pain, les naturels écraſent le
fruit dans des tamis fort clairs pour
ſéparer la chair de la peau & des pepins. De cette chair, qui eſt comme
une bouillie épaiſſe, & de la pâte,
ils font des pains longs d'un pied &
demi, large d'un pied, & épais d'un
doigt, qu'ils mettent ſécher au feu ſur
un gril, ou bien au ſoleil. De cette
derniere façon le pain conſerve plus de
goût. C'eſt une des marchandiſes qu'ils
vendent aux François.

Pruniers. Les *Pruniers* ſont de deux eſpeces :
la meilleure eſt celle qui donne des
prunes violettes qui ne ſont point dé-

sagréables, & qui certainement seroient bonnes si elles ne croissoient point au milieu des bois. Cette sorte de pruniers est en tout semblable aux nôtres. L'autre espece porte des prunes de couleur de cerise vive ; le fruit en est si aigre, qu'on ne peut en manger ; mais je pense qu'on pourroit en faire des confitures comme des groseilles.

Les *merisiers* ne sont point rares ; leur bois est très beau, & leurs feuilles ne different en rien de celles du cerisier.

Les *Assiminiers* ne viennent que fort avant dans la haute Louisiane : il semble que ces arbres n'aiment point la chaleur. Ils ne sont point si hauts que les pruniers ; leur bois est extrêmement dur & liant ; car les branches basses sont quelquefois si chargées de fruits, qu'elles pendent perpendiculairement contre terre, & si on les décharge le soir des fruits qu'elles portent, le lendemain matin on les trouve redressées. Le fruit ressemble à un concombre de moyenne grosseur ; la chair en est très agréable & très saine ; mais la peau qui se leve aisément laisse aux doigts un acide si vif, que si sans les laver aussi-tôt on les porte aux yeux, l'inflammation s'y met

MERI-
SIERS.

ASSIMI-
NIERS.

avec une démangeaifon infupportable ; mais ce mal ne dure qu'un jour, & n'a point d'autres fuites.

OLIVIERS.

Les *Oliviers* dans la Louifiane font d'une beauté furprenante : la tige juf-qu'aux branches a quelquefois trente pieds de hauteur & un pied & demi de diametre. Les provençaux qui font établis dans la colonie affurent qu'avec ces olives on feroit d'auffi bonne huile que dans leur pays.

NOYERS.

Les *Noyers* font en grand nombre & de plufieurs efpeces ; leur feuille eft femblable à celle des nôtres, & pro-portionnée à la groffeur du fruit qu'ils portent. Il en eft de très gros, dont le bois eft prefque auffi noir que l'ébe-ne ; mais il a fes pores très ouverts. Leur fruit dans fon bois eft de la groffeur d'un œuf de poule ; la coque en eft très raboteufe, fans cezures & fi dur, qu'il faut un marteau pour la caffer. La chair tient fi fortement au bois, que quoiqu'elle foit d'un très bon goût, la difficulté de la tirer en fait perdre l'envie : cependant les na-turels en font du pain. Comme ils venoient en ramaffer fur ma conceffion où j'en avois un bois de haute futaye

d'environ cent-cinquante arpents, je fus
curieux de voir par quelle induſtrie,
ils parvenoient à détacher cette chair
de ſon bois. Je les vis, après avoir
caſſé & pilé les noix, les mettre dans
de grands vaiſſeaux, où ils jetterent
beaucoup d'eau ; ils frotterent enſuite
cette eſpece de farine, & la manierent
long-temps entre leurs mains, de ſorte
que le bois & l'huile de la noix, qui eſt
très abondante dans ce fruit, vinrent au-
deſſus de l'eau, & la chair dégraiſſée
tomba au fond par ſon propre poids.
Il eſt à préſumer qu'en entant cet arbre
franc ſur franc, ou ſur des noyers portés de France, on parviendroit à le
rendre plus utile.

D'autres noyers ont le bois très blanc
& très liant. C'eſt de ce bois dont les
naturels font leurs pioches courbes pour
ſarcler les champs. La noix en eſt plus
petite que les nôtres, & la coque
plus tendre ; mais la chair en eſt ſi
amere, que les perroquets ſeuls s'en
peuvent accommoder ; elle eſt pour eux le
mets le plus friand, ce qu'ils témoignent
par leurs cris continuels, lorſqu'ils
ſont perchés ſur quelques-uns de ces
arbres.

PACCANES — Les *Paccanes* font une fort petite efpece de noix qu'on prendroit au coup d'œil pour des noifettes, parce qu'elles en ont la forme, la couleur & la coque auffi tendre ; mais en dedans elles font figurées comme les noix : elles font plus délicates que les nôtres, moins huileufes & d'un goût fi fin, que les François en font des pralines auffi bonnes que celles d'amandes.

NOISET-TES. — La Louifiane produit des *noifettes* ; mais en petite quantité, cet arbre demandant une terre maigre & graveleufe, qui ne fe trouve que dans le voifinage de la mer. C'eft auffi là que BLEUETS. l'on voit les *bleuets*, arbuftes qui excedent de peu nos plus grands grofeillers, que l'on laifferoit croître fans les arrêter. Leurs fruits font bleus, de la forme de la grofeille, mais détachés les uns des autres & non par grappes. Ces grains ont un goût de grofeille fucrée, & l'on en fait une liqueur très agréable, même fans fucre. On lui attribue plufieurs vertus dont je ne voudrois pas répondre.

MARRON-NIERS. — On ne rencontre de *marronniers* qu'à cent lieues de la mer, loin des rivieres au fond des bois, entre les pays des

Tchacas & celui des *Tchicachas* , auſſi n'en a-t on qu'avec peine : leur fruit eſt auſſi gros & auſſi bon que nos marrons de Lyon.

Les *chataigniers* ne viennent que ſur les côteaux les plus élevés , c'eſt-à-dire , dans les terres les plus maigres. Leur fruit eſt ſemblable aux chataignes qui ſe trouvent dans nos bois. Il eſt encore une autre eſpece de chataigniers que l'on nomme *chataignier-gland* , parce que ſon fruit vient de la forme & dans une coupe pareille à celle du gland ; mais il a la couleur & le goût de la chataigne. En le voyant j'ai penſé qu'il étoit peut-être ce gland dont on dit que vivoient nos premiers peres.

On ne manque point dans la Louiſiane de *pommiers* ſauvages ſemblables aux nôtres , & je puis aſſurer , ſans craindre de me tromper , que l'on y éleveroit facilement toutes ſortes de pommiers & de poiriers ſi l'on y en portoit de France qui fuſſent propres à produire des greffes. On voit déjà dans la baſſe Louiſiane des arbres fruitiers qui réuſſiſſent aſſez bien , quoique le pays aquatique ne leur ſoit point du tout favorable.

PECHERS ET FIGUIERS.

Les naturels avoient sans doute tiré de la Colonie Angloise de la Caroline les *pêchers* & les *figuiers* qu'ils avoient. Les pêches font grosses comme le poing, ne quittent pas le noyau, & ont une eau si abondante, que l'on en fait une espece de vin. Les figues sont violettes, grosses & d'un assez bon goût.

ORANGERS ET CITRONNIERS.

Les *orangers* & *citronniers* que l'on a portés du Cap François ont fort bien réussi ; cependant j'ai vu un hyver si rude, que les jeunes plants moururent tout à fait, & que les plus gros arbres furent gêlés jusqu'au tronc. On coupa ceux-ci à rase-terre, & ils repousserent des tiges plus belles qu'auparavant. Si ces arbres ont réussi dans le terrein plat & humide de la nouvelle Orléans, que n'en devroit-on pas espérer dans une terre meilleure & sur des côteaux bien exposés.

CHENE.

Le *Chêne* abonde dans la Louisiane : on en a du rouge, du blanc & du verd. Un constructeur Malouin m'a assuré que le rouge étoit aussi bon que le verd, dont on fait tant de cas en France. Le chêne verd est plus commun vers le bord de la mer qu'ailleurs. En un lieu nommé *Barataria*, entre

la

la mer & les lacs , on en voit une
lifiere d'un quart de lieue de largeur
& longue d'une lieue. Comme ces chê-
nes fe trouvent par-tout , & principalement fur le bord des rivieres , il
eft facile de les tranfporter où l'on
veut , & ce fera , quand on le ju-
gera à propos , une grande reffource
pour la marine de France. J'oubliois
de parler d'une quatrieme efpece de
chêne que l'on nomme chêne noir ,
à caufe de la couleur de fon écorce :
fon bois eft très dur & d'un rouge
foncé. Il vient fur les côteaux & dans
les prairies. J'en avois fait abattre un qui
avoit un chancre ; l'ayant été examiner
après une pluie qui étoit tombée , je
vis qu'il en fortoit une eau rouge comme du fang, ce qui me fit juger qu'il
pourroit être bon à la teinture.

Le *Frêne* eft très commun , plus encore fur les côtes de la mer que dans les
terres : cependant celui qui vient fur
les côteaux eft d'une meilleure qualité que l'autre , & moins fendant.
Comme on le trouve plus facilement,
& qu'il eft plus dur que l'Orme , les
charrons s'en fervent pour faire des
roues qu'il n'eft pas néceffaire de ferrer

FRÊNE.

Tome IV.   P

dans un pays où il n'y a ni pierres ni graviers.

ORMES, HÊTRES ET TILLEULS. On trouve aussi des *Ormes*, des *Hêtres* & des *Tilleuls* s:mblables à ceux que nous avons en France.

ERABLE. L'*Erable* croît sur les côteaux dans les climats plus froids que ceux où j'ai voyagé. On en tire par térébration un sirop sucré, dont on m'a fait boire, & que l'on assure être un excellent stomachique.

CHARME ET HOUX. Le *Charme* est assez commun. Le *Houx* y vient d'une hauteur & d'une grosseur surprenante. J'en ai vu de plus d'un pied & demi de diametre, & d'environ trente pieds de tige sans aucunes branches.

MURIER. La Louisiane ne produit point de *mûrier* noir ; mais depuis le bord de la mer jusqu'aux *Arkansas*, où l'on compte deux cents lieues de navigation par le fleuve, on en trouve très communément trois especes de blanc : l'une a son fruit noir tirant sur le rouge, la seconde le porte absolument blanc, & la troisieme blanc & sucré. La premiere de ces especes est très commune, & les deux dernieres sont plus rares ; mais il seroit très facile de multiplier celles-ci, en faifant des plantations, fi on vouloit y cultiver la foie, qui y viendroit plus fine & plus plus forte qu'en Provence, felon que Madame Hubert, Provençale, m'a dit l'avoir reconnu par les épreuves qu'elle en avoit faites. Je ne doute point que l'on ne s'applique férieufement à cette culture, qui n'eft au fond qu'un ouvrage de femmes & d'enfants, furtout depuis que les pays voifins de la France, où elle fe fourniffoit de foie, en ont rendu la fortie difficile.

Les bois blancs, comme le tremble, l'aulne, le faule, &c. & l'*agatis*, font à la Louifiane les mêmes qu'en France, & tout auffi communs. Le *pin* qui aime les terres maigres, fe trouve en quantité fur le bord de la mer, où il croît très haut & d'une grande beauté. Les Ifles qui bordent la côte n'étant formées que d'un fable criftallin, ne portent point d'autres arbres, dont il paroît que l'on pourroit faire d'auffi beaux mâts que des fapins de Suede.

Après avoir rapporté jufqu'ici les arbres que la Louifiane produit, ainfi que la France, je dois parler de ceux

P 2

qu'elle a l'avantage de porter, & que nous ne connoiſſons point dans notre pays.

CEDRES. Les *Cedres* blancs & rouges ſont très communs ſur la côte ; ce bois, comme on ſait, eſt incorruptible, tendre & facile à travailler, léger & par conſéquent aiſé à tranſporter, & d'une odeur agréable, mais ſi forte, qu'elle fait fuir tous les inſectes. Toutes ces propriétés l'avoient fait employer préférablement aux autres bois par les premiers François qui ſe ſont établis en ce pays, ſoit en terre ferme, ſoit dans l'iſle Dauphine, & dont les maiſons n'étoient formées que de pieux où d'une charpente peu élevée.

CIPRE. Le *Cipre* eſt après le Cedre le bois le plus précieux ; quelques-uns le diſent incorruptible ; s'il ne l'eſt pas, il faut du moins une longue ſuite d'années pour le pourrir. Il s'éleve extrêmement droit & haut, & acquiert une groſſeur proportionnée. On en a fait communément d'un ſeul tronc des pirogues & canots d'un pouce & plus d'épaiſſeur, qui portoient des deux & trois milliers, & il s'en eſt vu un près du baſtion rouge qui avoit douze braſſes

de tour, & une hauteur tout à fait extraordinaire : il a peu de branches : ſes   Cipre.
feuilles ſont très longues & menues,
& l'on voit ſortir de ſon pied des
côtes qui lui ſervent de contre forts,
& qui ſont ſaillantes quelquefois d'un
pied & demi. Son bois eſt d'une belle
couleur; léger, tendre, doux, uni; le fil
en eſt droit, & les pores en ſont fins. Il ne
ſe fend point de lui-même; mais ſeulement & ſans peine ſous l'outil de l'ou-
vrier, & quoiqu'employé preſque verd,
il ne travaille jamais : enfin c'eſt un
bois qui ſe prête à tout ce que l'on
demande de lui. Au reſte cet arbre ſe
renouvelle d'une façon particuliere. On
voit ſortir de ſes racines un jet de la
forme d'un pain de ſucre, qui a toujours de groſſeur le quart de la hauteur. Il s'éleve ainſi ſans pouſſer aucunes branches, quelquefois juſqu'au
delà de dix pieds, & c'eſt par la tête
qu'il ſe développe ſans pouſſer ni feuilles ni branches.

Le Cipre étoit fort commun à la
Louiſiane ; mais on l'a ſi peu ménagé,
qu'il eſt devenu un peu rare. On l'a-
battoit dans le temps de ſa ſeve pour
en avoir l'écorce, dont on couvroit

les maisons par piece de six pieds de longueur, & l'on scioit le bois en planches, que l'on portoit vendre hors du pays, de côté & d'autre. Dans le commencement une planche d'un pied de large, de dix pieds de long, & d'un pouce & demi d'épaisseur, se donnoit pour dix sols; on m'assure aujourd'hui qu'elles valent trente sols prises sur le lieu.

LAURIER À TULIPE.   Entre les différentes sortes de lauriers que l'on voit dans la Louisiane, je ne ferai mention que du *Laurier à Tulipe* que je crois inconnu en Europe. Cet arbre est de la hauteur & grosseur de nos noyers ordinaires : sa tête est naturellement très ronde & si garnie, que la pluie ni le soleil ne la peuvent pénétrer ; ses feuilles sont longues au moins de quatre pouces, larges presque de trois & fort épaisses, du plus beau verd celadon en dessus, & d'un velouté blanc en dessous : son écorce est grise & assez unie, & son bois est blanc, tendre & liant, ses fils étant entrelacés. On lui a donné le nom qu'il porte, à cause de la forme de ses grandes fleurs blanches, larges au moins de deux pouces, qui font au printemps, au milieu de sa verdure toujours lustrée, le plus bel effet du monde. Après que ses fleurs sont tombées, on voit paroître ses fruits semblables aux pommes de pin, & dès que les premiers froids sont venus, sa graine paroît d'une couleur rouge très vive. Son amande est fort amere, les perroquets en sont très friands ; on prétend qu'elle est un fébrifuge spécifique.

Le *Cotonnier* est un gros arbre qui ne mérite point le nom qu'il porte, si on ne le lui a pas donné à cause de quelques barbes qu'il jette ; sa feuille est découpée en cinq pointes comme une étoile ; son fruit qui renferme sa graine est gros comme une noix & n'est d'aucun usage ; son bois est jaune, uni, un peu dur, sans fils, & très propre à la menuiserie. Son écorce fine est fort unie, & est un remede souverain pour les coupures.

COTON-NIER.

Le *Copalm* réunit deux grandes qualités, d'être extrêmement commun & de donner un baume, dont les vertus sont infinies ; son écorce est rude & noire, & son bois tendre & si souple, qu'en l'abattant il sort de son cœur des baguettes de cinq à six pieds de longueur. On ne le peut employer à

COPALM.

 aucuns ouvrages , à caufe qu'il travaille fans ceffe , & fe tourmente de telle forte , qu'il fe met dans des figures furprenantes que l'on ne voit dans aucuns bois du monde. On n'ofe même le brûler , parce que fon odeur eft trop forte , quoiqu'elle foit agréable lorfque l'on n'en brûle qu'une petite quantité ; auffi les miffionnaires le coupentils en petits morceaux lorfqu'il eft fec pour leur tenir lieu d'encens.

Je n'entreprendrai point de détailler toutes les vertus du baume de Copalm, ne les ayant point toutes apprifes des médecins des naturels de la Louifiane, qui feroient auffi étonnés de voir qu'il ne nous fert que pour faire des vernis , qu'ils l'étoient lorfqu'ils voyoient nos Chirurgiens faigner leurs malades. Je dirai donc feulement ce qu'ils m'en ont découvert.

Ce baume eft un très excellent fébrifuge : on en prend à jeun & avant fes repas dix ou douze gouttes dans du bouillon : quand même on en mettroit davantage , on ne doit pas craindre qu'il faffe aucun mal, il eft trop ami de la nature. Les médecins naturels obfervent de purger le malade avant de le donner. Il guérit les bleſſures en deux jours ſans aucunes mauvaiſes ſuites ; il eſt également ſouverain pour toutes ſortes d'ulceres ; après y avoir appliqué pendant quelques jours un emplâtre de lierre terreſtre pilé. Il guérit la pulmonie , il leve les obſtructions , il délivre de la colique & de toutes les maladies internes , il réjouit le cœur ; enfin , il renferme tant de vertus, que j'apprends avec plaiſir que tous les jours on lui en découvre de nouvelles.

Le *Saſſafras* eſt ſi connu dans la médecine par ſa vertu ſudorifique , que je me diſpenſerai d'en parler. Je dirai ſeulement qu'il eſt peu propre à brûler quand il eſt tout ſeul au feu , & que même lorſqu'il eſt mêlé avec d'autres bois , il s'éteint comme ſi on l'avoit trempé dans l'eau auſſi-tôt qu'il ceſſe de toucher aux tiſons allumés.

SASSA-
FRAS.

Le *Manglier* eſt très commun dans toute l'Amérique ; il croît à la Louiſiane dans le voiſinage de la mer ſur le bord des eaux mortes , & eſt plus nuiſible qu'utile , en ce qu'il veut de la bonne terre , qu'il en occupe beau-

MAN-
GLIER.

coup, & que les racines qui s'étendent en l'air empêchent l'abordage à ceux qui naviguent, & donnent une retraite sûre aux poiſſons contre les pêcheurs.

BOIS D'A-MOURET-TE.

Le *bois d'amourette* ne croît point au-delà de dix ou douze pieds, & ſa groſſeur eſt très médiocre. Il eſt tout garni d'épines groſſes & longues & faciles à arracher. On diſtingue en lui deux écorces, l'extérieure qui eſt noire, & l'intérieure qui eſt d'un rouge blanc. C'eſt celle-ci ſeulement qui rend cet arbre recommandable : cette écorce tient au bois, & a la vertu de guérir le mal de dents. Pour cet effet on en prend gros comme une feve que l'on met ſur la dent malade, & on la mâche juſqu'à ce que la douleur ceſſe. Les matelots & autres gens ſemblables la pulveriſent & en uſent en guiſe de poivre.

ARBRE CIRIER.

L'arbre *Cirier* eſt un des plus grands biens dont la nature ait enrichi la Louiſiane, où les abeilles s'établiſſent en terre pour mettre leurs tréſors à couvert des ravages des ours qui en ſont très friands & qui craignent peu leurs piquures. Au premier coup

d'œil, tant par son écorce que par sa
hauteur, on le prendroit pour l'espece
de laurier que les cuisiniers emploient.
Il vient en touffe dès le pied. Sa feuille
a la forme de celle du laurier ; mais
elle est moins épaisse & d'une couleur
moins vive. Son fruit vient par bou-
quets, & jette une quantité de queues
qui sortent du même endroit, longues d'environ deux pouces, au bout
de chacune desquelles est une espece
de petit pois composé d'une amande
renfermée dans un noyau tout couvert
de cire. Ces fruits se trouvent sur
l'arbre en très grande quantité, & sont
d'autant plus aisés à cueillir, que ce
bois est extrêmement souple. Il vient
à l'ombre des autres arbres aussi bien
qu'au soleil, dans les lieux aquatiques
comme dans les terreins secs, & dans les
pays chauds comme dans les froids. Car
quoiqu'il croisse en abondance aux
environs de la nouvelle Orléans qui est
par trente degrés de latitude, il vient
également bien fort avant vers le nord,
& l'on m'a assuré qu'il y en avoit
dans le Canada, pays aussi froid que
la Flandre.

La cire que cet arbre produit est

de deux efpeces ; l'une eft d'un jaune blanchâtre & l'autre verte. On a été long-temps fans pouvoir les féparer , & on les confondoit enfemble félon la premiere méthode qne l'on a fuivie pour les extraire. En effet , on jettoit les graines avec leurs queues dans une grande chaudiere d'eau bouillante, la cire fe détachoit, & alors on écumoit les graines & les queues. On laiffoit enfuite refroidir l'eau , la cire fe figeoit, & on la mettoit en pain qui étoit d'un verd pâle. Cette cire cependant blanchiffoit en moins de temps que la cire des abeilles. Un hazard , comme il eft affez ordinaire , a appris depuis peu la façon de féparer les deux cires. Sur les graines & leurs queues que l'on met dans un vaiffeau , on jette de l'eau bouillante en affez grande quantité pour qu'elles en foient furmontées. Peu après , c'eft-à dire , environ un *miferere* , on verfe cette eau dans un autre vaiffeau froid ; en fe refroidiffant la cire fe fige , & celle-là eft la cire jaune blanchâtre qui acheve de blanchir tout-à-fait , étant expofée au ferein pendant fix ou fept jours. On rejette enfuite l'eau fur les graines &

les queues , & on les fait bouillir à
diſcrétion juſqu'à ce que l'on juge que
toute la cire en eſt détachée. L'une &
l'autre ſe tranſporte aux Iſles , où la
premiere ſe vent cent ſols la livre , &
la ſeconde quarante ſols.

L'eau qui a ſervi à cette opération
n'eſt rien moins qu'inutile : elle a reçu
de ce fruit une vertu ſi aſtringente ,
qu'elle durcit le ſuif que l'on y fait
fondre au point que la chandelle que
l'on en fait eſt auſſi ferme & dure que
la bougie de France. Cette même vertu
la rend un ſpécifique admirable pour
le cours de ventre & la diſſenterie ,
& ſes effets ſont plus certains que ceux
de l'Hypæcacuana , après néanmoins
que l'on a préparé le malade ſuivant
la coutume.

On croira ſans peine , après ce que
je viens de dire de l'arbre cirier , que
les François de la Louiſiane le cultivent avec ſoin & en font des plantations.

Le *Bois-ayac* eſt un arbre ordinairement petit , & qui ne vient pas
plus gros que la jambe , peut être parce
qu'il eſt trop ſouvent coupé , car les
naturels en font un grand uſage. Sa

Bois-
AYAC.

feuille eſt d'un verd jaunâtre, ovale, longue d'environ trois pouces, large de la moitié & luiſante, ce qui la fait reſſembler à celle du laurier amande ; mais on les diſting e facilement en les broyant l'une & l'autre dans la main par l'odeur qu'elles jettent, celle du laurier étant aſſez agréable, & celle du bois-ayac étant diſgracieuſe. Le bois eſt jaune, & rend une eau de pareille couleur lorſqu'on le coupe dans ſa ſeve, l'une & l'autre d'auſſi mauvaiſe odeur que la feuille. Les naturels s'en ſervent pour leurs teintures. Ils le coupent par petits morceaux, le concaſſent, puis le font bouillir dans l'eau, paſſent cette eau & y mettent tremper les plumes & le poil qu'ils ont coutume de teindre en jaune avant de les teindre en rouge. Ils obſervent pour cette opération de couper le bois en hyver ; mais lorſqu'ils veulent ſeulement donner une légere couleur à leurs peaux, car ils n'aiment guere le jaune, il ne font aucune attention à la ſaiſon, & coupent le bois en tout temps. Je penſe que ce bois eſt onctueux & réſineux & qu'il viendroit, comme j'ai dit, plus gros & plus haut ſi on lui donnoit le temps de croître.

Le *Latanier* eſt aſſez gros & aſſez haut pour avoir rang parmi les autres arbres. Ses feuilles ſont faites en éventail ouvert, & découpées à l'extrêmité de chacun de leurs plis : ſon écorce eſt plus noueuſe & plus raboteuſe que celle du palmier. Quoique plus petit que celui des Indes Orientales, il peut ſervir aux mêmes uſages. Son bois n'eſt pas plus dur que la tige d'un chou, & ſon tronc eſt ſi mol, que le moindre vent ſuffit pour le coucher par terre ; auſſi n'en ai-je point vu qui ne rampaſſent. Il eſt fort commun dans la baſſe Louiſiane où il n'y a ni bœufs ſauvages ni chevreuils ; car ces animaux qui en ſont très friands, & que cette nourriture engraiſſe extrêmement, le mangent par-tout où ils le rencontrent. Comme les bœufs que l'on a tranſportés de France en ce pays ont le même goût pour cet arbre, il eſt à craindre que les troupeaux en ſe multipliant n'en détruiſent l'eſpece, ce qui ſeroit une véritable perte ; car puiſque les Eſpagnols en font des chapeaux qui ne peſent qu'une once, des capots pour les femmes, des nattes, des tapiſſeries,

& toute forte de jolis ouvrages, il n'eft point douteux que l'induftrie françoife ne les égale, lorfqu'elle voudra mettre en œuvre une matiere fi fouple & fufceptible de tant de formes.

Je ne doute point que la Louifiane ne produife dans fes vaftes forêts une grande quantité d'autres arbres qui mériteroient que l'on en fît mention ; mais je n'en connois point, ni même n'en ai point entendu parler ; parce que les voyageurs, de qui feuls on pourroit l'apprendre, s'attachent plutôt à chercher le gibier dont ils ont befoin pour leur fubfiftance, qu'à obferver les productions de la nature dans le regne végétal. J'ajouterai feulement à ce que j'ai dit fur les arbres ce que je fais par moi-même de deux excroiffances.

AGARIC OU CHAMPIGNON. L'une eft une efpece d'*Agaric ou de champignon* qui vient au pied du noyer, fur-tout lorfqu'il eft abattu. Les naturels qui ont une grande attention pour le choix de leurs aliments, les ramaffent avec foin, les font bouillir dans l'eau, & les mangent avec leur gruau. J'ai eu la curiofité d'en goûter, & les ai trouvés fort délicats,

délicats, mais un peu fades, ce que l'on pourroit aisément corriger par quelque assaisonnement.

L'autre excroissance se trouve communément aux arbres sur les bords des rivieres, des bayoucs ou eaux mortes & des lacs : on la nomme, je ne sais par quélle raison, *barbe Espagnole.* Cette barbe Espagnole est une espece de chevelure qui pend des grosses branches des arbres, & que l'on prendroit facilement pour autant de vieilles perruques, sur-tout lorsqu'elles voltigent au gré du vent. Comme on ne bâtissoit au commencement à la Louisiane qu'en torchis & en bousillage, on s'en servoit beaucoup pour faire les bâtiments meilleurs. La couleur de la barbe Espagnole est grise ; mais lorsqu'elle est séchée son écorce tombe, & découvre des filaments noirs, plus longs & plus forts que les crins de la queue d'un cheval. Dans les premiers temps que je m'établis dans ce pays, au défaut de paille dont on manquoit absolument, j'imaginai de faire un sommier avec ces excroissances. J'en fis donc ramasser une grande quantité, & les fis mettre en un tas, afin que leurs écorces pourriſſent. Au bout de huit ou dix jours on les étendit au ſoleil qui les ſécha promptement , puis on les battit. Cette opération acheva de les dépouiller de leur écorce , & en même temps de leurs petites branches qui reſſemblent à autant de petits crochets , & ce qui me reſta fut abſolument comme du crin qui ne ſeroit point friſé. Alors j'en fis l'uſage que je m'étois propoſé. Quelques-uns aſſurent que la barbe Eſpagnole eſt incorruptible ; tout ce que je puis dire à ce ſujet , c'eſt que j'en ai trouvé ſous de vieux arbres pourris qui s'étoit parfaitement conſervée , & dans toute ſa force.

La grande fertilité de la Louiſiane y rend extrêmement communes les lianes ou plantes rampantes , qui à l'exception du lierre , ſont toutes différentes de celles que nous avons en France. Je ne parlerai que des plus remarquables , afin de ne me point engager dans un détail qui deviendroit ennuyeux.

LIANE BARBUE.

La *Liane barbue* eſt ainſi nommée à cauſe des barbes longues d'un pouce , crochues par le bout, & plus groſſes qu'un crin de cheval, dont fa tige eft couverte. Il n'eft point d'arbre auquel elle aime à s'attacher autant qu'au Copalm, & la fympathie, (que l'on me paffe ce mot pour abréger) qui la porte à la chercher, eft telle que fi elle croit entre un Copalm & tout autre arbre, elle tourne uniquement vers le Copalm, quand même il feroit le plus éloigné. C'eft auffi l'arbre fur lequel elle profite le plus : elle a comme fon baume la vertu de guérir la fievre, & j'en parle après un nombre infini d'épreuves que j'en ai faites, dont aucune ne m'a trompé, comme elles ont toutes également réuffi à M. Prat l'ainé, médecin du Roi à la nouvelle Orléans, à qui j'en envoyai fur la lettre qu'il m'en écrivit.

Les Médecins des naturels fe fervent de ce fimple contre la fievre en cette maniere. Ils prennent un morceau de la Liane barbue long comme le doigt ; ils le fendent en plus de parties qu'il eft poffible, & le mettent dans environ une chopine d'eau mefure de Paris, ils font bouillir le tout jufqu'à ce qu'il foit diminué d'un tiers. Cette décoction eft enfuite paffée & tirée au

Liane
barbue.

Q 2

clair , & le remede est préparé. Alors ils purgent le malade , & le lendemain lorsque l'accès de fievre commence, ils lui donnent à boire le tiers de l'eau de Liane. Il est assez communément guéri du premier coup ; mais si la fievre revient , on le purge de nouveau , & le lendemain on lui fait boire un autre tiers de l'eau médicinale qui ne manque que bien rarement de faire son effet à cette seconde prise. Ce n'est que pour une plus grande sûreté que l'on acheve de prendre la troisieme partie de la décoction. Ce remede à la verité est amer ; mais il fortifie l'estomac , avantage précieux qu'il a sur le quinquina, que l'on accuse de produire un effet contraire.

Il est une autre Liane assez semblable à la salsepareille , excepté que ses feuilles viennent trois à trois ; elle porte un fruit uni d'un côté comme une noisette , & de l'autre aussi raboteux que ces petits coquillages , qui servent de monnoie dans la Guinée. Je ne dirai rien de ses propriétés, elles ne sont que trop connues par les femmes de la Louisiane , & par les filles sur-tout , qui très souvent y ont recours.

Une autre Liane eſt nommée par les Médecins des naturels, *la mélecine aux fleches empoiſonnées* : elle eſt groſſe & très belle ; ſes feuilles ſont aſſez longues , & les gouſſes qu'elle porte ſont minces , larges d'un pouce , & longues de huit à dix.

La *Salſepareille* croît naturellement à la Louiſiane d'auſſi bonne qualité que celle du Mexique. Elle eſt ſi connue qu'il eſt inutile d'en parler.

L'*Eſquine* tient de la Liane & de la Ronce. Elle eſt garnie de piquants comme les épines , & ſes feuilles ſont oblongues comme celles des Lianes. Elle monte le long des cannes ; ſes tiges ſont droites , longues , luiſantes & dures ; ſa racine eſt ſpongieuſe & groſſe quelquefois comme la tête , mais plus longue que ronde , de ſorte que ſa figure approche de celle des Topinambous. Outre la vertu ſudorifique que l'eſquine poſſede comme la ſalſepareille , elle a celle de faire croître les cheveux , & les femmes des naturels s'en ſervent dans ce deſſein avec ſuccès. Pour cet effet elles prennent de la racine , la coupent par petits morceaux , la font bouillir & ſe lavent la

SALSEPA-REILLE.

ESQUINE.

tête de cette eau. J'en ai vu plusieurs à qui les cheveux paſſoient les jarrets, & une entr'autres à qui ils deſcendoient juſqu'à la cheville du pied.

CAPIL-
LAIRE.

Le *Capillaire* croît à la Louiſiane plus beau & pour le moins auſſi bon que celui du Canada qui a tant de réputation. Il vient dans les ravines des coteaux dans des endroits abſolument impénetrables aux rayons du ſoleil les plus ardents. Sa hauteur ordinaire eſt d'un pied , & il porte une tête bien fourrée. Quelques vertus que nous connoiſſions en France au capillaire , les médecins des naturels lui en connoiſ-ſent encore davantage.

CANNES.

Les *Cannes* ou roſeaux dont j'ai déjà parlé ſi ſouvent , peuvent être conſidérées de deux eſpeces. Les unes viennent dans des lieux humides , hautes de dix-huit à vingt pieds , & groſſes comme le poignet. Les naturels en font des nattes , des tamis , des petits coffres & pluſieurs autres ouvrages. Les autres qui viennent dans des terreins ſecs ne ſont ni ſi hautes, ni ſi groſſes , mais elles ſont ſi dures que ces peuples ſe ſervoient des cliſſes de ces cannes, qu'ils nomment *Conchac*, pour couper leur viande avant que les François leur euſſent apporté des couteaux. Au bout d'un certain nombre d'années les grandes cannes portent du grain en abondance, ce grain aſſez ſemblable à l'avoine, ſi ce n'eſt qu'il eſt trois fois plus gros & plus long, eſt ſoigneuſement ramaſſé par les naturels qui en font du pain ou de la bouillie. Cette farine foiſonne autant que celle de froment. Lorſque les cannes ont rapporté leur graine, elles meurent, & de long-temps il n'en revient dans la même place, ſurtout ſi l'on y met feu.

La plante du *plat de bois* eſt ainſi nommée à cauſe de ſa racine qui eſt de bois mince & plat, aſſez ſouvent découpé & même percé ; ſon épaiſſeur eſt inégale : quelquefois elle n'a que celle d'un écu de ſix francs, quelquefois de deux, & ſa largeur eſt aſſez communément d'un pied & demi. De cette groſſe racine pendent par deſſous pluſieurs autres petites racines droites qui tirent le ſuc de la terre. cette plante qui ne croît que dans les prairies d'une médiocre qualité, pouſſe des tiges droites & dures comme du

PLAT DE BOIS.

Q 4

bois de la hauteur d'environ dix-huit pouces, à la fommité defquelles font fes fleurs petites, purpurines & par leur figure affez femblables à celles de la bruyere ; fa graine menue eft en-fermée dans une efpece de coupe de calice fermé, & en quelque façon cou-ronné : fes feuilles font larges d'un pouce, & longues au moins de deux, fans découpures, d'un verd fombre & prefque canelées. Sa vertu fudori-fique eft fi puiffante, que les médecins naturels n'emploient qu'elle, quoi-qu'ils connoiffent parfaitement bien le falfafras, la falfepareille, l'efquine & autres.

HERBE A SERPENT SONNET-TE.

L'herbe à *Serpent fonnette*, en langue des naturels *Oudla Coudlogouille*, ce qui fignifie, médecine du ferpent à fonnette, a pour racine un oignon femblable à celui de la tubereufe, mais une fois plus gros : fes feuilles font comme les fiennes, même forme, mê-me couleur, ayant contre terre des mouches couleur de feu, mais le dou-ble plus larges & plus longues, & armées vers leurs bords de piquants très fins & d'une forte pointe à leur cime. Sa tige s'éleve de trois pieds ou environ : à sa tête sont cinq ou six brins écartés les uns des autres, qui portent chacun une fleur purpurine de cinq petales, larges d'un pouce, mais toujours formées en coupe. La fleur en tombant laisse voir, quand elle est seche, une tête grosse comme une petite noix, mais approchante de la tête du pavot. Cette tête est partagée en quatre par une espece de moulure ou de goudron, & dans chaque séparation on trouve quatre graines noires, plattes comme des pastilles, également épaisses par-tout, & de la largeur d'une bonne lentille. Lorsque cette tête est mûre & qu'on la secoue, elle rend le même son que la queue du serpent sonnette, & semble indiquer par là qu'elle est la propriété de la plante ; car elle est le remede spécifique contre les piquures de ce dangereux reptile. Celui qui en a été piqué doit prendre un oignon, en mordre une partie assez grosse, la mâcher, & l'appliquer sur la plaie où il convient de l'attacher : en quatre ou cinq heures de temps elle tire tout le venin sans que l'on en ait à appréhender aucunes mauvaises suites.

L'*Achetchy* est une plante très basse qui ne s'éleve pas plus de six à sept pouces. Elle ne vient qu'à l'ombre des futaies : on n'en trouve point dans les prairies découvertes : sa tige est menue, & ses feuilles n'ont qu'environ trois lignes de longueur : sa racine est bien fournie de brins d'une ligne de diametre, pleines d'un suc rouge comme un beau sang de poulet. Ayant trouvé cette plante, qui pousse la premiere au printemps, étouffée, à ce qu'il me parut, par les herbes qui l'entouroient ; je crus devoir la cultiver, & j'en transplantai dans mon jardin, où je la mis dans une terre légere & bien préparée. J'espérois qu'elle y profiteroit considérablement ; mais tout ce que je gagnai par mes soins fut d'en voir la tête plus touffue & les racines mieux nourries & plus abondantes ; du reste elle n'avoit pas excédé d'un pouce sa hauteur naturelle.

C'est avec le suc de cette plante que les naturels font leurs teintures rouges. Après avoir teint en jaune & d'une belle couleur de citron avec le *bois-ayat*, comme j'ai dit ci-devant, ils font bouillir dans de l'eau les racines de l'*Achetchy* & les expriment de toutes leurs forces : ensuite ils trempent dans cette eau bouillante ce qu'ils veulent teindre. Ce qui étoit blanc de sa nature avant d'être teint en jaune, prend une belle couleur de ponceau, & ce qui étoit brun comme la laine de bœuf qui est couleur de marron, devient d'un rouge brun.

Je ne parlerai point des *fraises* qui viennent d'un goût excellent, & en si grande abondance, que dès le commencement d'Avril on en voit des prairies toutes rouges, ni du *tabac* que l'on y a planté. Mais je ne dois point passer sous silence qu'il croît naturellement du *chanvre* dans les terres voisines des lacs qui sont à l'ouest du fleuve saint Louis. Un esclave que j'avois de la nation des *Tcheliomattchas* m'en fit apporter un brin ; il étoit gros comme le pouce & long d'environ six pieds. Je le trouvai entiérement semblable au nôtre, tant pour le bois que pour la feuille & l'écorce. Le *lin* que l'on a semé dans ce pays est venu haut de trois pieds.

Je n'ai point eu connoissance que dans la Louisiane la terre produit des mousserons ni des truffes ; mais les morilles y abondent dans leur saison, & les champignons dans l'automne.

La douceur de ce climat me persuade que toutes nos fleurs y viendroient à merveille : le pays a les siennes propres ; mais je ne me suis point assez attaché à les connoître pour être en état sur cet article de contenter les curieux. J'y ai vu des *roses* simples & petites, ayant peu d'odeur, & une autre espece de rose ayant quatre pétales blanches, dont le pistil, les étamines & l'odeur ne different en rien de nos roses muscades. La fleur qui m'a le plus frappé, parce qu'elle est très commune & dure long-temps, est celle que l'on nomme de *gueule de Lion.* Elle vient sur une tige d'environ quinze pouces de haut, & de deux lignes de grosseur. Les deux tiers de la hauteur font garnis de fleurs, à très peu de chose près, de la forme des capucines. La sommité de la fleur est d'un très bel incarnat, le milieu dans sa longueur est d'un verd nuancé avec le rouge, & la pointe est noire également nuancée du côté du verd. Comme ces fleurs ne font pas trop paflageres, celles du fommet de la tige ont le temps de s'épanouir avant que les inférieures foient paflées, de forte qu'une tige fait elle feule un bouquet très agréable.

Avant de parler des animaux que l'on a trouvés dans la Louifiane, il me femble que je dois dire que tous ceux que l'on y a portés de France ou tirés du nouveau Mexique & de la Caroline, comme chevaux, bœufs, moutons, chevres, chiens, chats & autres, ont parfaitement réuffi, & fe font multipliés fans peine. Cependant on doit faire attention que dans la bafle Louifiane où le terrein eft humide & couvert, ils ne peuvent être ni fi bons ni fi beaux que dans la haute, dont le terroir eft plus fec, où l'on trouve de vaftes prairies, & où le foleil échauffe davantage la terre.

Le *bœuf fauvage* eft de la taille de nos plus gros bœufs, quoiqu'il paroifle la furpafler à caufe que fon poil eft une efpece de laine longue très frifée, ce qui le fait paroître à l'œil beaucoup plus gros qu'il n'eft en effet. Cette laine eft très fine & très épaifle,

& de la couleur foncée de marron, ainfi que les crins qui font pareillement frifés & fi longs que le plus fouvent le toupet du front de cet animal tombe jufques fur fes yeux, & l'empêche de voir ce qui eft devant lui ; mais il a l'ouïe & l'odorat fi fins que l'un fupplée à l'autre. Il a une boffe affez confidérable dans l'endroit où le col fe joint aux épaules : fes cornes font groffes, courtes & noires : il a de même les Sabots noirs.

Ce bœuf eft la viande principale des naturels, & a fait long-temps auffi celle des François. Le meilleur morceau, extrêmement delicat, eft cette boffe dont je viens de parler. On va à la chaffe de cet animal dans l'hyver, & on l'écarte de la baffe Louifiane & du fleuve faint Louis, parce qu'il ne peut y pénétrer à caufe de l'épaiffeur des bois, & que d'ailleurs il aime la grande herbe qui ne fe trouve que dans les prairies du pays haut. Pour l'approcher & le tirer on va contre le vent, & on vife au défaut de l'épaule afin de l'abattre du premier coup ; car s'il n'eft que bleffé il court fur l'homme. Dans cette chaffe les naturels ne tuent guere que des vaches : ayant éprouvé que la chair des mâles fent le bouquin, inconvénient dont il feroit facile de la préferver s'ils favoient, auffi-tôt que la bête eft morte, lui couper les fuites comme on fait aux cerfs & aux fangliers. Ce ne feroit pas même le feul avantage que l'on y trouveroit ; comme ces bœufs font extrêmement gras, ils en tireroient une grande quantité de fuif : j'en ai vu un dont on en tira cent cinquante livres, d'ailleurs les peaux feroient meilleures & plus grandes.

Ces peaux font un objet de confidération. Les naturels les préparent avec leur laine fi bien, qu'ils les rendent plus fouples que nos bufles. Ils les teignent en différentes couleurs, & s'en habillent : elles tiennent lieu aux François des meilleures couvertures, étant tout à la fois très chaudes & très légeres.

L'*Ours* paroît l'hyver dans la Louifiane venant des terres Septentrionales d'où les neiges le chaffent. Cet animal n'eft point carnacier, comme plufieurs perfonnes fe l'imaginent : il vit de fruits, de glands & de racines, &

 les mets les plus délicats font le miel & le lait ; lorfqu'il en rencontre il fe laifferoit plutôt tuer que de quitter prife. On s'eft donné le plaifir de mettre en même-temps deux Ourfons auprès d'une gamelle de lait que l'on avoit enfoncée en terre prefque de toute fa profondeur. Ce fut à qui des deux empêcheroit l'autre de goûter du lait, & ils remuerent tant le terrein, effayant avec leurs pattes de tirer la gamelle à eux, qu'ils répandirent tout ce qui étoit dedans.

Les Ours arrivent ordinairement très maigres ; ils ne font gras qu'après qu'ils ont fait quelque féjour dans le pays : c'eft alors qu'il eft très utile d'aller à cette chaffe, afin d'avoir outre la chair qui eft très bonne & très faine, la peau, & la graiffe dont on tire l'huile. Voici comment cette opération fe fait.

On fait fondre la graiffe dans une chaudiere au grand air, & l'on y met une poignée de feuilles de laurier : enfuite lorfqu'elle eft très chaude on y jette par afperfion de l'eau, dans laquelle on a fait fondre beaucoup de fel. Il fe fait une grande détonation,

&

& il s'en éleve une fumée épaisse qui emporte avec elle le peu de mauvaise odeur que la graisse peut avoir. La fumée étant passée, & la graisse encore plus que tiede, on la transvase dans un pot où on la laisse reposer huit ou dix jours. Au bout de ce temps on voit nager dessus une huile claire, que l'on leve bien soigneusement avec une cuiller bien nette : cette huile est aussi bonne que la meilleure huile d'olive, & sert aux mêmes usages. Au-dessous on trouve un sain-doux aussi blanc, mais un peu plus mol que le sain-doux de porc : il sert à tous les besoins de la cuisine, même aux sauces blanches, sans qu'il lui reste aucun goût désagréable, ni aucune mauvaise odeur. Il est en même-temps un souverain remede pour toutes les douleurs, & il m'a guéri moi-même d'un rhumatisme à l'épaule.

Le *cerf* est entiérement semblable à ceux de France, si ce n'est qu'il est plus gros. On n'en trouve que dans la haute Louisiane, où les bois sont plus clairs que dans la basse, & où la chataigne, que le cerf aime beaucoup, est commune.

CERF.

Tome IV. R

CHE-
VREUIL.

Le *chevreuil* est aussi très fréquent, malgré le grand nombre que les naturels en tuent. Les chasseurs prétendent qu'il tient du cerf, du dain & du chevreuil. Pour moi m'en tenant à ce que j'ai vu, je dirai qu'il est haut de quatre pieds, que son bois est grand, recourbé sur le devant, & chargé de plusieurs andouillettes épanouies en haut, & que sa chair est seche comme celle du nôtre, & a, quand il est gras, le goût du mouton. Il va par troupes, & n'est en quelque façon point farouche. Les naturels en passent fort bien la peau en blanc qu'ils peignent après : celles que l'on apporte en France prennent à Niort le nom de peaux de dain.

LAPIN.

Le *lapin* est extrêmement commun dans toute la Louisiane : il a cela de particulier que son poil est celui du lievre, & qu'il ne se terre point; sa chair est blanche, sans fumet, mais délicate, & a le goût ordinaire.

TIGRE.

Le *tigre* n'est haut que d'un pied & demi & long à proportion : son poil tire sur la couleur bay-ardent, & il est alerte comme tout tigre doit l'être. On en voit peu. Sa chair étant cuite reſſemble à celle du veau, avec cette ſeule différence qu'elle eſt moins fade.

Le *loup* n'a que quinze pouces de hauteur & une longueur proportion-née ; ſon poil n'eſt pas ſi brun que celui des nôtres, & il eſt moins fa-rouche & moins dangereux ; auſſi reſ-ſemble-t-il plutôt à un chien qu'à un loup, & ſur-tout au chien des natu-rels, qui ne differe de lui que parce qu'il abboye. Le loup eſt très commun dans les pays de chaſſe, & lorſque le chaſſeur ſe cabanne le ſoir ſur le bord d'une riviere, s'il en apperçoit; il peut s'aſſurer que les bœufs ne ſont pas loin. On diroit que cet animal qui ne peut attaquer le bœuf, vient avertir qu'on le tue afin d'en avoir la curée. Il parut de mon temps dans le pays deux loups très grands & noirs ; les plus anciens habitants & les voyageurs aſſuroient n'en avoir jamais vu de ſemblables, & par cette raiſon on ju-gea que c'étoit des loups étrangers qui s'étoient écartés. On les tua fort heu-reuſement ; car l'un de ces deux étoit une louve qu'on trouva pleine.

Le *Pichon* eſt une eſpece de chat

LOUP.

PICHON.

R 2

pitois auſſi haut que le tigre , mais moins gros , dont la peau eſt aſſez belle. C'eſt un grand deſtructeur de volaille ; mais par bonheur il n'eſt pas commun.

RENARDS.

Les *renards* ſont en ſi grand nombre, que ſur les côteaux boiſés on ne voit autre choſe que leurs tannieres. Comme ils trouvent dans les bois du gibier en abondance , ils n'inquietent point la volaille , que l'on laiſſe toujours courir en liberté. Ces renards ſont faits comme les nôtres; mais leur peau eſt beaucoup plus belle. Le poil eſt fin & épais ; la couleur en eſt d'un brun foncé , & par deſſus ce poil on en voit flotter un long & argenté , ce qui produit un très bel effet.

CHAT SAUVAGE.

Le *chat ſauvage* a été mal à propos ainſi nommé par les premiers François qui ont été à la Louiſiane ; car il ne tient du chat que la ſoupleſſe, & reſſemble plutôt à la marmote. Il n'a pas plus de huit ou dix pouces de haut, & environ huit de long : ſa tête approche de celle du renard ; ſes pates ont des doigts allongés & de petites griffes peu propres à ſaiſir le gibier : auſſi ne vit-il que de fruits, de pain

& autres chofes femblables. Son poil eft d'une couleur plus claire que celui du renard ; cependant on doit faire une diftinction de celui qui eft privé & du fauvage ; (car cet animal fe familiarife, devient très badin, & fait beaucoup de fingeries.) Le privé a le poil gris & le fauvage a le fien roux ; mais de l'un & de l'autre la peau n'eft point fi belle que celle du renard. Il devient très gros : fa chair eft bonne à manger. Je ne parlerai point du chat ordinaire quoique fauvage, parce qu'il eft entiérement femblable aux nôtres.

Le *rat de bois* a la tête & la queue d'un rat, il eft de la groffeur & longueur d'un chat ordinaire ; fes jambes font plus courtes, fes pates longues, & fes doigts armés de griffes ; fa queue eft faite pour s'accrocher ; car en le prenant par cet endroit, elle s'entortille auffi tôt autour du doigt : fon poil eft gris, & quoique fin n'eft jamais liffe. Les femmes des naturels le filent, & en font des jarretieres qu'elles teignent enfuite en rouge. Il chaffe la nuit, & fait la guerre aux volailles, dont il fuce le fang fans jamais les manger ; je n'ai jamais vu

RAT DE
BOIS.

R 3

d'animal marcher si lentement, en ayant souvent pris à mon pas ordinaire. Lorsqu'il se voit sur le point d'être attrapé, son instinct le porte à contrefaire le mort, & il le fait si constamment, que soit qu'on le tue sur la place, soit qu'on le fasse griller, il ne lui échappe aucun mouvement & il ne donne nul signe de vie. Ce n'est que lorsqu'on est très éloigné de lui, ou allez bien caché pour qu'il ne vous apperçoive point, qu'il se remet en marche pour se fourrer au plus vîte dans quelque coin ou dans quelques broussailles.

J'ai toujours été surpris du grand nombre de ces animaux que l'on rencontre par-tout lorsque tout semble concourir à leur destruction totale : car il est d'une lenteur extraordinaire sans aucune défense, & quoiqu'il grimpe bien il fait ses petits à terre. Il faut, sans doute, que nul autre animal ne lui fasse la guerre.

Quand la femelle veut mettre bas, elle choisit un endroit dans de fortes broussailles au pied d'un arbre. Elle va ensuite avec le mâle arracher de l'herbe fine & seche, & cette provision étant prête, elle se couche sur le dos, le mâle lui charge le fourrage entre ses pates & la traîne par la queue jusqu'à leur loge. Lorsqu'elle fait ses petits, elle ne les quitte pas d'un seul moment, mais les emporte par-tout avec elle. La nature pour cet effet l'a fournie d'une poche ou double peau sous le ventre, qui s'étend depuis l'estomac jusqu'aux cuisses. Cette peau couvre ses tetines & est fendue dans sa longueur ; mais les deux parties se joignent si bien, qu'il seroit impossible de découvrir cette fente si l'on n'en étoit pas prévenu ; on ne peut même l'ouvrir qu'en la déchirant, tant la peau est fine & serrée. C'est dans cette poche que la rate renferme ses petits lorsqu'elle sort de sa loge, & elle les transporte sans danger dans cette voiture douce & chaude, où ils peuvent dormir & teter à leur aise.

La chair de cet animal est d'un très bon goût, & approche fort de celui du cochon de lait, lorsqu'elle est grillée & mise ensuite à la broche : on prétend que la graisse en est propre pour appaiser les douleurs de rhumatismes, sciatiques & autres.

R 4

BETE
PUANTE.

La *bête puante* est aussi petite qu'un chat de huit mois : le mâle est d'un très beau noir , & la femelle aussi noire est bardellée de blanc. Son œil est très vif, elle a l'oreille & la pate de la souris : je crois qu'elle ne vit que de fruits & de graines. Elle est à juste titre nommée puante ; car son odeur infecte, & on la suit à la piste presque vingt-quatre heures encore après qu'elle a passé dans un endroit. Comme elle va lentement , lorsqu'elle se sent poursuivie, elle se tourne du côté du chasseur , & darde haut & loin une urine si puante , qu'il n'est homme ni animal qui ose en approcher. Un jour j'en tuai une ; mon chien se jetta dessus, & revint à moi en la secouant. Une goutte de son sang , & sans doute aussi de son urine tomba sur mon habit, & m'empesta si fort, que je fus contraint de retourner chez moi au plus vite changer de vêtement & me laver de la tête aux pieds. Pour l'habit il fallut lui faire une lessive exprès , & l'exposer quelques jours à la rosée pour lui faire perdre entiérement sa détestable odeur.

ÉCU-
REUILS.

Les *écureuils* à la Louisiane sont de

différentes especes selon les différents climats : ceux que j'ai vus font, à l'exception de l'écureuil volant, femblables en tout à ceux de France, fi ce n'eft qu'ils ont le poil plus beau. Pour l'écureuil ·volant, ainfi nommé parce qu'il faute d'un arbre à l'autre à la diftance de vingt-cinq à trente pieds ; il n'eft pas plus gros qu'une forte fouris : fes pates de derriere tiennent à celles de devant par deux membranes qui fe foutiennent en l'air lorfqu'il faute, de forte qu'il paroît voler ; mais il va toujours en baiffant : fa queue qui eft plate lui fert de gouvernail dans fa route : fes yeux font gros, & fon poil brun eft affez joli. Cet animal eft très facile à apprivoifer ; cependant lorfqu'on en veut garder chez foi, il eft bon de les attacher avec une petite chaîne. Au refte les écureuils font fi communs & fi familiers, qu'ils viennent des bois voifins dans les maifons & fous vos yeux, pourvu que vous ne faffiez aucun mouvement, manger les graines qu'ils rencontrent.

Le *porc-épic* eft gros & beau dans fon espece ; mais comme il ne vit

que de fruit & qu'il aime le froid ;
il n'est commun que vers la province
des Illinois, dont le climat plus froid
abonde en fruits. Les naturels font un
grand usage de la peau de ses piquants qui est blanche & brune. Quand
ils ont pelé les épics, ils teignent une
partie du blanc en jaune & en rouge,
& le brun en noir, de sorte qu'avec
ces quatre couleurs, blanc, jaune,
rouge & noir, ils font de très jolis
ouvrages : car ils ont l'adresse de re-
fendre ces peaux très finement ; ils en
bordent des peaux de chevreuils ou
des boëtes d'écorce fine & unie, &
les emploient de plusieurs autres façons. On a apporté en France quelques-uns de ces ouvrages qui on paru
très curieux.

CASTOR.

Je ne parlerai point du *castor* que
tout le monde connoît par le grand
nombre de descriptions qui en ont été
faites, ni des *loutres* semblables à celles
de France, ni des *tortues*, qui font
assez communes dans tout le pays, &
sur-tout vers le haut de la riviere des
Alkanfas, où l'on m'a assuré qu'elles
font en prodigieuse quantité.

LOUTRES.
TORTUES.

Mais je ne puis me dispenser de

parler du *crocodile*, qui eft très commun dans le fleuve faint Louis, quoique cet amphybie ne foit pas moins connu que ceux que je viens de citer. Sans m'arrêter à faire fa defcription que l'on trouve par-tout, je dirai qu'il fuit les bords du fleuve fréquentés par les hommes. Il fait fes œufs au mois de Mai, lorfque le foleil eft déjà chaud dans ce pays, & les dépofe dans le lieu le plus caché qu'il peut trouver, & parmi des herbes expofées aux ardeurs du midi. Ces œufs font communément auffi gros que ceux d'une oie, mais à proportion plus longs : quand on les caffe on n'y trouve prefque que du blanc, & le jaune n'eft pas plus gros que celui de l'œuf d'une jeune poulette : je n'en ai jamais vu de nouvellement éclos ; le plus petit qui fe foit trouvé fous mes yeux, que je jugeai avoir trois mois, étoit de la longueur d'une anguille, & avoit un pouce & demi de diametre ; j'en ai tué un de dix-neuf pieds de long, & trois pieds & demi dans fa plus grande largeur, un de mes amis en a tué un de vingt-deux pieds de long. Le petit crocodile dont j'ai parlé n'avoit pas les pates plus grosses que celles d'une grenouille de trois mois ; il les remuoit avec peine, & il m'a paru que les gros ne s'en servoient pas beaucoup mieux ; mais tous dans l'eau sont extrêmement agiles.

Cet animal a toujours le corps couvert de limon, comme il arrive à tous les poissons des eaux vaseuses, & lorsqu'il vient à terre, il couvre son chemin de ce limon, parce que son ventre traîne à terre, ce qui rend en cet endroit le terrein très glissant, & pour retourner à l'eau il y repasse. Il ne chasse point le poisson dont il fait sa nourriture ; mais il se met en embuscade & l'attrape au passage. Pour cet effet du côté du fleuve où le courant est plus fort, il creuse avec ses griffes un trou fort au-dessous de la surface de l'eau, & il a soin de le faire étroit à l'embouchure & assez large au fond pour pouvoir s'y retourner.

C'est-là qu'il se met à l'affut pour attendre le poisson, qui battu du grand courant du fleuve, cherche une eau plus tranquille pour se reposer. Le poisson qui vient du jour ne peut pas voir le crocodile dans l'obscurité de son trou, s'y retire sans crainte, & son ennemi qui a l'avantage de voir facilement des ténèbres dans la lumiere, en fait aussi-tôt sa proie.

Je ne démentirai point la vénérable antiquité sur ce qu'elle nous apprend des crocodiles du Nil qui se jettent sur les hommes & les dévorent, qui traversent les chemins, & font une frayée de limon jusqu'à l'eau pour faire tomber les passants & les faire glisser dans le fleuve, & qui contrefont la voix d'un enfant pour les attirer dans leurs piéges : je ne m'éléverai point non plus contre les voyageurs, qui sur des ouï-dire ont confirmé ces histoires ; mais comme je fais profession de ne rien avancer dont je ne sois bien certain par moi-même, je ne puis dire autre chose, sinon que les crocodiles de la Louisiane sont sans doute d'une autre espece que ceux des autres régions. En effet, je n'en ai jamais entendu imiter les cris d'un enfant, ils ont la voix aussi forte que celle d'un taureau, & il n'y a pas d'apparence qu'ils la puissent contrefaire comme on le rapporte. Ils attaquent à la vérité les hommes dans l'eau, mais jamais à terre, où ils ne font nullement redoutables. J'en donnerai un exemple convainquant.

Dans les premiers temps que je fus à la Louïfiane, je m'étois établi près du fleuve faint Louis, & j'avois acheté une jeune naturelle, qui ayant été prife dans quelque guerre, avoit été réduite en efclavage. Cette fille avoit allumé du feu dehors à quelque diftance de ma cabane, & nous nous trouvions l'un & l'autre peu éloignés de ce feu, lorfqu'elle me fit figne, car nous ne nous entendions pas encore, & me montra un crocodile près du feu. Cet animal étoit immobile, & regardoit ce feu fi fixement, que les mouvements que nous fîmes mon efclave & moi ne furent point capables de détourner fes regards. Auffitôt que je l'eus apperçu, je courus à ma cabane chercher mon fufil ; mais mon efclave, qui crut que la crainte me faifoit fuir, prit un gros morceau de bois & affomma l'animal, que je trouvai mort quand je revins avec mes armes. Ce crocodile n'avoit que cinq pieds ; cependant je m'étonnois qu'une fille de dix-huit ans eût ofé l'attaquer

& l'eût tué en si peu de temps ; mais elle me fit entendre par des signes que ces animaux n'éto'ent point du tout à craindre. Que l'on juge à présent de la vérité de ce que l'on nous débite à leur sujet. Depuis ce temps-là j'en ai tué autant que j'en ai rencontré. Le sentier glissant qu'ils font pour faire tomber les voyageurs est de la même force que le reste de leur histoire ; ce n'est autre chose que le terrein sur lequel ils passent en sortant de l'eau & lorsqu'ils y retournent ; j'en ai parlé plus haut.

Le plus gros de tous les reptiles de la Louisiane est le *serpent à sonnette* ; on en a vu de la grosseur d'un grand homme : il est ainsi nommé à cause qu'il a à la queue plusieurs nœuds creux aussi minces & aussi secs que du clinquant : ces nœuds sont emboëtés les uns dans les autres de telle sorte, qu'on ne peut les séparer sans les casser ; cependant ils ne sont point adhérents entr'eux ; le premier seulement tient à la peau. On dit que le nombre de ces nœuds marque l'âge du serpent & je suis très porté à le croire ; car comme j'en ai tué un grand nom-

SERPENT A SONNET-TE.

bre, j'ai remarqué que plus ils étoient vieux, plus ils avoient de nœuds. Sa peau est presque noire, & le dessous de son ventre est rayé de noir & de blanc.

Aussi-tôt qu'il voit un homme ou qu'il l'entend, il remue sa queue, qui fait alors un cliquetis assez fort pour être entendu à quelques pas de distance, & par là le voyageur est averti de se mettre en défense : il n'est point à craindre lorsqu'il est roulé en ligne spirale ; mais autrement il s'élance sur l'homme. Au-reste il fuit les lieux habités, & par un effet de la Providence, par-tout où il se retire, on trouve le simple qui guérit de sa morsure & dont j'ai parlé.

On voit aussi plusieurs autres especes de serpents, dont les uns se ressemblent, & cherchent à se glisser dans les poulailliers pour manger les œufs & les poulets nouvellement éclos ; & les autres sont verds & se tiennent dans les prés, où on les voit courir sur les fourches des herbes, tant ils sont lestes & déliés.

Vɪᴘᴇʀᴇs. Il est peu de *viperes* dans la basse Louisiane, parce que ce reptile aime

les

les terreins pierreux ; elles y font telles que les nôtres.

Les *lézards* font très communs : il en eft une petite efpece que l'on nomme Caméléons, parce qu'ils changent de couleur fuivant celle des lieux où ils paffent.

Entre les *Araignées* du pays, il en eft une fort extraordinaire pour nous. Elle eft auffi groffe, mais plus longue qu'un œuf de pigeon, noire, avec des ornements dorés ; fes pates en font traverfées au-deffus des jointures. Elle ne porte point fes œufs comme les autres : elle les renferme dans un vafe en forme de coupe tiffue, & couvert de fa foie, qui eft lui-même enfermé dans une efpece de gros coton de la même foie fufpendu aux branches des arbres. La toile que tend cet infecte eft fi forte, que non feulement elle arrête les oifeaux, mais que les hommes ne peuvent la rompre fans un peu d'effort.

Les oifeaux font en fi grand nombre, que quand même on en connoîtroît toutes les efpeces, ce qu'on n'a pu faire jufqu'à ce jour, il faudroit un volume entier pour les décrire. Loin de me charger d'un pareil ouvrage,

LEZARDS.

ARAI-
GNE'ES.

je ne m'étendrai que sur les plus remarquables de ceux que j'ai vus & que l'on ne connoît point en France, paffant légérement fur ceux que l'on y connoît.

L'AIGLE. *L'Aigle*, le roi des oifeaux, eft plus petit que l'aigle des Alpes ; mais il eft bien plus beau, étant prefque tout blanc, & n'ayant que l'extrémité de fes plumes qui foit noire. Comme il eft affez rare, c'eft une feconde raifon pour le rendre eftimable aux peuples du pays qui en achetent chérement les plumes.

FAUCON. Le *Faucon* eft auffi beaucoup plus beau qu'en France : plufieurs tiennent que le *Carancro* eft notre vautour.

CARANCRO. Le *Carancro* eft de la forme & de la groffeur d'un dindon : fa tête eft garnie de chair rouge, & fon plumage eft noir ; il a le bec crochu ; mais fes pates ne font armées que de petites ferres, c'eft ce qui le rend peu propre à faifir le gibier vivant, qu'il n'attaque pas volontiers, fon peu de vivacité ne lui permettant pas d'ailleurs de fondre deffus avec la rapidité d'un oifeau de proie, auffi ne vit-il que de bêtes mortes qu'il trouve, & avec une femblable nourriture il eft fur-

prenant qu'il fente le mufc. Les Efpagnols défendent de le tuer fous peine
de punition corporelle , parce que ne
confommant pas en entier les bœufs
qu'ils tuent , ces oifeaux mangent ce
qu'ils en abandonnent, qui fans cela ,
difent-ils, infecteroient l'air en pour-
riffant fur la terre.

Le *Cormoran* eft affez femblable au
canard pour la forme , mais différent
pour le plumage qui eft beaucoup plus
beau. Cet oifeau fe tient fur les bords
de la mer & des lacs , & rarement fur
ceux des rivieres. Il vit ordinairement
de poiffon, & comme il eft très goulu,
il mange auffi de la chair morte ,
qu'un crochet qu'il a dans fon bec,
large comme celui du canard, lui fert
à déchirer.

CORMO-
RAN.

Je ne parlerai point des *corbeaux* &
des *corneilles* que l'on y trouve meilleurs à manger qu'en Europe , peut-
être parce qu'il eft rare qu'ils fe nourriffent d'autre chofe que de fruits, ni
des *Hiboux* qui font plus gros & plus
blancs qu'en France , & dont le cri
eft bien plus effrayant. Plufieurs le
mettent dans le pot , prétendant qu'il
fait de bonnes foupes.

COR-
BEAUX ET
CORNEIL-
LES.

HIBOUX.

CIGNES.
Les *cignes* de la Louisiane sont tels qu'en France , avec cette seule différence qu'ils sont plus gros ; cependant malgré leur grosseur & leur poids , ils s'élevent si haut en l'air , que souvent on ne les reconnoît qu'à leur cri aigu : leur chair est très bonne à manger , & leur graisse est spécifique pour les humeurs froides. Les naturels font un grand cas des plumes de *cigne* ; ils en font les diadêmes de leurs Souverains , & des chapeaux , & en tressent les petites plumes comme les perruquiers font les cheveux , pour servir de couvertures aux femmes nobles ; les jeunes gens de l'un & de l'autre sexe se font des palatines de la peau garnie de son duvet.

DINDON.
Le *dindon* sauvage est plus gros & plus beau qu'on ne le voit en France ; ses plumes font de gris de maure , bordées d'un filet doré ; les naturels en font plusieurs ouvrages , & les François même font de celles de la queue qui sont très longues , des éventails & des parasols. Sa chair est plus délicate , plus grasse & plus succulente que celle du nôtre. Il va par troupe , & pour aller à cette chasse il faut un chien ; car ils

fuient ſi vîte, que le meilleur coureur ne les peut joindre ; mais le chien les atteint, ce qui les porte à s'élever en l'air & à ſe percher ſur un arbre. Alors le chaſſeur peut tourner autour d'eux, les tirer & les tuer juſqu'au dernier, ſans qu'aucun d'eux ſonge à s'envoler. Je n'ai jamais pu avoir de leurs œufs pour en faire éclorre & connoître s'ils ſont auſſi difficiles à élever en ce pays qu'en France, puiſque le climat eſt preſque le même : mon eſclave m'a dit que dans ſa nation & dans ſon village on en avoit eu, & qu'on les avoit élevés ſans autres ſoins que ceux que l'on prend pour des jeunes poulets.

Le *Faiſan* eſt le plus bel oiſeau qu'on puiſſe peindre ; du reſte entiérement ſemblable à ceux d'Europe. Les *Perdrix* ſont toutes griſes, petites comme de jeunes tourterelles, ayant la chair blanche & délicate, mais ſans fumet : quoique griſes on les voit ſe percher. La *Becaſſe* eſt aſſez rare ; la *Becaſſine* eſt plus commune ; l'une & l'autre ont la chair blanche, & n'ont point le goût des nôtres. La *Tourterelle* eſt en tout ſemblable à celle d'Europe ; mais je ne puis rien dire de la *Caille* dont

FAISAN.

PERDRIX.

BECCASSE,
BECCAS-
SINE.

TOURTE-
RELLE.
CAILLE.

S 3

je n'ai qu'entendu parler, fans en avoir jamais vu ni mangé.

PIGEONS RAMIERS. Les *Pigeons ramiers* font en fi prodigieux nombre, que je ne crains point d'exagérer en affurant que quelquefois leur multitude dérobe la clarté du foleil. J'en vis un jour que j'étois fur le bord du fleuve faint Louis, qui fe fuivoient à la file le long du bois : cette file fut fi longue, qu'ayant tiré mon premier coup de fufil, j'eus le temps de le recharger trois fois ; mais la rapidité de leur vol étoit fi grande, que quoique je ne tire pas mal, de mes quatre coups je n'en pus abattre que deux.

CANARDS. CANARDS SAUVAGES. On a trois efpeces de *Canards* à la Louifiane. Les *Canards fauvages*, plus gras & plus délicats & de meilleur goût que ceux de France, mais au refte entiérement femblables : ils y font en fi grande quantité, que l'on en peut compter mille pour un des nôtres. Les CANARDS D'INDE. *Canards d'Inde*, ainfi nommés parce qu'ils font propres aux pays, font prefque tous blancs, & n'ont que quelques plumes grifes ; ils ont des deux côtés de la tête des chairs rouges plus vives que celles du dindon, & font plus gros que nos barboteux ; la chair des jeunes eſt délicate & de très bon goût ; mais celle des vieux, & ſur-tout des mâles, ſent le muſc : ils ont auſſi privés que ceux d'Europe. Les *Canards branchus* ſont un peu plus gros que nos cerceiles : leur plumage eſt tout à fait beau & ſi changeant, que la peinture ne le pourroit imiter ; ils ont ſur la tête une belle houppe des couleurs les plus vives, & leurs yeux rouges paroiſſent enflammés : les naturels ornent leurs chalumets ou pipes de la peau de leur col : leur chair eſt très bonne ; cependant quand ils ſont très gras elle ſent l'huile. Cette eſpece de canard n'eſt point paſſagere, on en trouve en toute ſaſon, & elle ſe perche, ce que ne font point les autres ; c'eſt de là qu'on les appelle branchus.

Les *Cercelles* ne ſont point non plus un oiſeau de paſſage ; elles ne different des nôtres que par leur goût exquis. Le *Plongeon* n'a rien de particulier. Le *Corbijeau* eſt de même ſemblable à celui que l'on voit en quelques Provinces de France : il ſe tient dans les lieux aquatiques, où il peut enfoncer ſon bec dans la terre ; ſa chair eſt un peu rouge & d'un très bon goût.

Canards
branchus

Cercel-
les.

Plongeon
Corbi-
jeau.

S 4

Bic scie.

Le *Bec-fcie* a fon bec en dedans den-
telé comme la lame d'une fcie ; on dit
qu'il ne vit que de chevrettes, dont il
caffe facilement les écailles tendres. Le
Pied-rouge , ou *bec de hache* , à caufe
qu'il eft formé comme le tranchant
d'une hache, a fon bec & fes pieds
d'un fort beau rouge : comme il ne vît
que de coquillages, il fe tient fur les
bords de la mer, & on ne le voit dans
les terres que lorfqu'il prévoit quelque
grand orage que fa retraite annonce,
& qui ne tarde pas à le fuivre.

Les *Grues* font affez communes ,
ainfi que les *Flamands*, qui n'ont point
de plumes fur la tête , mais feulement
quelques poils comme du duvet. Le
Grand-gofier tient le nom de fa groffe
tête , de fon gros bec, & fur-tout de
fa grande poche fans plumes ni duvet
qui lui pend au col.. Il remplit cette
poche de poiffon, qu'il dégorge enfuite
pour donner la nourriture à fes petits.
Les Matelots le tuent fur les bords de
la mer où il fe tient toujours, pour avoir
cette poche , dans laquelle ils mettent
un boulet de canon, & qu'ils fufpendent
enfuite pour lui faire prendre la forme
d'un fac, qui leur fert à mettre leur tabac.

PIED-
ROUGE.

GRUES.
FLA-
MANDS.

GRAND-
GOSIER.

La *Spatule* tire son nom de la forme
de son bec long de sept à huit pouces, Spatule.
large vers la tête d'un pouce seulement
& de deux & demi vers l'extrémité ;
il n'est pas tout à fait si gros qu'une
oie sauvage, & les cuisses & les jambes
de la hauteur de celles d'un dindon :
son plumage est couleur de rose, &
ses aîles plus exposées au soleil sont
d'une teinte plus vive que le reste de
son corps. Cet oiseau est du nombre
des aquatiques, & sa chair est fort
bonne. Il n'en est pas de même du
Héron, qui n'est ni autre, ni meilleur Héron.
en ce pays-là qu'en celui-ci.

Le *Bec-croche* a en effet le bec crochu, Bec-croche.
avec lequel il prend les écrevisses dont
il se nourrit ; aussi sa chair en a le goût
& est rouge ; son plumage est gris blanc,
& il est de la grosseur & de la hauteur
d'une volaille. La *Poule d'eau* ou le Poule d'eau.
Pied-vert sont les mêmes qu'en France. Pied-vert.

Le *Pêche-martin* n'a d'autre avantage Peche-martin.
sur le nôtre que la beauté du plumage
aussi varié que l'Iris. On sait que cet
oiseau va toujours contre le vent ; mais
peut-être ignore t-on qu'étant mort il
conserve la même propriété, & c'est
ce que j'ai reconnu. J'en avois un sus-

pendu à mon plancher par un fil de
foie qui tomboit directement au milieu
d'une rofe de bouffole : c'eft un fait
conftant que cet oifeau tout mort qu'il
étoit , tournoit toujours le bec du côté
du vent. Les Naturels qui venoient chez
moi , furpris d'un mouvement fi régulier , difoient qu'il falloit bien que fon
efprit gouvernât fon corps , puifqu'après
fa mort il faifoit encore ce qu'on lui
avoit vu faire pendant qu'il étoit en
vie.

PERRO-
QUET.
    Le *Perroquet* de la Louifiane n'eft
point auffi gros que ceux que l'on
apporte ordinairement en France. En
général fon plumage eft d'un beau verd
celadon , & fa tête eft coëffée de couleur aurore qui rougit vers le bec , &
fe fond par nuances avec le verd du
côté du corps. Il apprend difficilement
à parler , & quand il le fait il en fait
rarement ufage ; femblable en cela aux
Naturels qui parlent peu. C'eft fans
doute parce qu'un perroquet filentieux
ne feroit pas fortune auprès de nos
Dames , qu'on n'en voit point en
France.

CARDI-
NAL.
    Le *Cardinal* doit fon nom au rouge
éclatant de fon plumage , & à un petit

capuchon qu'il a fur le derriere de la tête, qui reſſemble aſſez à celui d'un camail. Il eſt gros comme un merle, mais moins allongé ; ſon bec eſt gros, fort & noir, ainſi que ſes pates : il ſiffle d'un ton net, mais haut & ſi perçant, qu'il romproit la tête dans nos maiſons, & qu'il n'eſt agréable qu'en pleine campagne & dans les bois. On l'entend fréquemment en été & l'hyver ſeulement ſur le bord des rivieres quand il a bu : car en cette ſaiſon il ne ſort point de ſon nid, où il garde continuellement la proviſion qu'il a faite pendant le beau temps. On y a trouvé en effet du grain amaſſé juſqu'à la quantité d'un boiſſeau de Paris. Ce grain eſt artiſtement couvert d'abord de feuilles, puis de petites branches ou buchettes, & il n'y a qu'une ſeule ouverture par où l'oiſeau puiſe dans ſon magaſin.

Les *Pies* ſont toutes noires. Les *Merles* n'ont rien de ſingulier. Les *Etourneaux* ſont de deux eſpeces, les uns gris, mouchetés, & les autres noirs ; tous ont le moignon de l'épaule d'un très beau rouge. Ils ſont oiſeaux de paſſage comme en France ; on n'en

PIES.
MERLES.
ETOUR-
NEAUX.

voit que l'hiver ; mais ils viennent en ſi grande foule qu'on en a pris d'un ſeul coup dans des filets juſqu'à 300 & plus.

PIC-BOIS. Le *Pic-bois*, tel en général qu'on le voit ici, eſt de deux eſpeces par rapport au plumage : les uns ſont gris, mouchetés de blanc ; les autres ont la tête & le col d'un rouge extrêmement vif, & le reſte comme les premiers, ce qui produit un effet charmant à la vue, & forme un très bel oiſeau.

L'OISEAU ROUGE ET NOIR. L'oiſeau *rouge & noir* déſigne ſon plumage par ſon nom. Il eſt gros comme un pinſon ; ſon ramage eſt aſſez doux, mais il ſe fait rarement entendre.

ROSSI-GNOL. Le *Roſſignol* ne differe point du nôtre pour la forme & le plumage ; mais il a cela de particulier qu'il chante toute l'année, quoique rarement, & qu'il eſt aſſez familier. Il eſt très facile de l'attirer ſous le pignon d'une maiſon où les chats ne puiſſent aller, en y mettant une petite latte & à manger, avec un morceau de calebace où il fait ſon nid : alors on peut s'aſſurer qu'il ne ſongera point à déménager.

HIRON-DELLES. Les *Hirondelles* ont jaune ce que les nôtres ont blanc, & elles habitent les bois. Par-tout ailleurs on en voit : on voit aussi des *Martinets* ; cependant je n'en ai vu aucun à la Louisiane.

L'*Evêque* est un oiseau plus petit que le serin ; son plumage est bleu tirant sur le violet, & ses aîles qui lui servent de chape sont tout à fait violettes. Son gosier est si doux, ses tons si flexibles, & son ramage si tendre, que lorsqu'une fois on l'a entendu, on devient beaucoup plus réservé sur l'éloge du rossignol. Son chant dure l'espace d'un *miserere*, & dans tout ce temps il ne paroît pas reprendre haleine : il se repose ensuite deux fois autant pour recommencer ensuite. Cette alternative de chant & de repos dure deux heures. Je prenois un si grand plaisir à entendre ce charmant oiseau, que je conservai toujours un chêne près de mon logis, sur lequel il en venoit un se percher, quoique je n'ignorasse point qu'un coup de vent pouvoit déraciner un arbre qui étoit isolé, & le renverser sur ma maison à mon grand dommage.

Le *Colibri* étant plumé n'est pas plus gros qu'un hanneton : la couleur de son plumage n'a rien de fixe, il change suivant son exposition au jour

& sur-tout au soleil ; alors il y paroît un émail sur un fond d'or qui charme les yeux. Les plumes les plus longues de ses aîles ne sont que de sept à huit lignes, son bec est de la même longueur & pointu comme une alêne ; sa langue est comme une aiguille à coudre, ses yeux sont rouges, vifs & brillants, & ses pieds ressemblent à ceux d'une grosse mouche. Son vol est si rapide, tout petit qu'il est, qu'on l'entend toujours avant que de le voir. Quoiqu'il ne vive, ainsi que l'abeille, que de suc de fleurs, cependant il ne se pose point dessus comme elle ; mais se soutenant en l'air sur ses aîles, il en suce la substance, & passe d'une fleur à l'autre avec la rapidité d'un éclair. Il est rare de prendre un colibri vivant : un de mes amis toutefois eut un jour le bonheur d'en attraper un qu'il avoit vu entrer dans la fleur d'une liane qui étoit trop grande pour que son petit bec pût de dehors atteindre jusqu'au fond. Mon ami s'approcha avec autant de légéreté que de vitesse, ferma la fleur, la coupa, & emporta le colibri prisonnier. On lui fit au plutôt une cage avec des cartes comme les enfants en font des coffres, & l'on découpa des barreaux : on eut grand foin de préfenter au colibri des fleurs fraîches, & de tout ce dont les oifeaux ont coutume de manger, mais on ne put jamais l'exciter à prendre aucune nourriture, il mourut au bout de quatre jours, de chagrin fans doute d'avoir perdu la liberté. Après fa mort il étoit laid en comparaifon de ce qu'il paroiffoit étant en vie.

Avant que de dire quelque chofe des poiffons, je rappellerai ici quelques infectes qui m'ont échappé plus haut.

Les *Papillons* ne font pas à la Louifiane à beaucoup près fi communs qu'en France ; ce qui dénote qu'il y a moins de chenilles ; mais ils y font d'une incomparable beauté.

PAPILLONS.

La *Sauterelle-cheval* eft de même forme que celle d'Europe ; elle eft plus groffe que le pouce & longue de trois : fon corps & fes grandes aîles font noirs ; fes petites aîles en dedans font du plus beau pourpre que l'on puiffe voir.

SAUTERELLECHEVAL.

Le *Lavert* eft un infecte large d'environ trois lignes, long de douze, & n'en ayant qu'une d'épaiffeur. Il paffe par les moindres fentes dans les mai-

LAVERT.

fons , & fe jette , principalement la nuit , fur les plats , même couverts ; ce qui le rend très incommode pour ceux dont les maifons ne font encore bâties qu'en bois ; mais les chats en font fi friands , qu'ils quittent tout pour fe jeter fur eux auffi-tôt qu'ils les apperçoivent. Dès qu'en défrichant on fe trouve un peu éloigné des bois , on en eft entiérement délivré.

ABEILLES. J'ai déjà dit que les *Abeilles* fe logent fous terre pour défendre leur miel du ravage des ours ; ainfi on n'en trouve dans les bois que dans les lieux aquatiques. La *Mouche luifante* , que tout le monde connoît , n'eft pas rare , & les MOUCHE LUISANTE MOUCHES-CANTARIDES. *Mouches - cantarides* qui vivent fur la feuille de frêne abondent par-tout où cet arbre eft commun. Elles font beaucoup plus cauftiques qu'en France , & pour peu qu'elles frifent la peau en paffant , il s'éleve auffi-tôt une ampoule affez groffe.

COUSINS , OU MARENGOUINS. Les *Coufins*, ou *Marengouins* fe font fait une grande réputation dans toute l'Amérique par leur multitude ; l'importunité de leur bourdonnement & le venin de leurs piquures , qui caufent une démangeaifon infupportable , & forment fouvent ſouvent autant de petits ulceres , ſi l'on n'a ſoin auſſi-tôt de paſſer de ſa ſalive ſur l'endroit piqué. On en eſt moins tourmenté dans des lieux bien décou-verts ; mais on l'eſt toujours , & l'on n'a communément d'autre préſervatif contre leurs attaques , que de faire le ſoir de la fumée dans la maiſon pour les chaſſer. J'ai été aſſez heureux pour trouver quelque choſe de plus efficace ; c'eſt de brûler un peu de ſoufre ſoir & matin , & l'on peut s'aſſurer que cette fumée fait mourir ſur le champ tous ceux qui s'y trouvent , & que l'o-deur qui ſe conſerve long-temps pour les inſectes , dont l'odorat eſt extrême-ment fin , les éloigne pour pluſieurs jours. Une heure ſuffit pour la diſſiper au point qu'elle n'incommode point les hommes.

Par le même moyen on ſe débarraſſe des *Mouches* & des *Mouſquites* , dont la piquure eſt très douloureuſe & très fréquente dans le peu de temps qu'ils courent ; car ils ne ſe levent qu'au ſoleil couchant , & ſe retirent à la nuit. Mais il n'en eſt pas de même des *Brulots* : ceux-ci , quoiqu'ils ne ſoient pas plus gros que la pointe d'une épin-

Mouches. Mous-
quites.

Brulots.

gle, font infupportables aux gens de travail dans la campagne. Ils volent dès le lever du foleil, & ne fe retirent qu'à fon coucher; les bleffures qu'ils font brûlent comme le feu.

Il eft une autre efpece de mouches qui ne paroiffent que tous les deux ans, & que les naturels ont la fuperftition de regarder comme le préfage d'une bonne récolte. C'eft dommage que les beftiaux en foient incommodés à ne pouvoir refter dans les champs ; car elles font d'une beauté parfaite. Une fois plus groffes que les abeilles, elles font du plus beau verd céladon, & leur dos reffemble à une cuiraffe d'or cifelé & bruni, dont le deffein confidéré au microfcope eft tout à fait admirable.

FOURMIS
BLANCHES

On voit à la Louifiane des *Fourmis blanches* qui paroiffent aimer le bois mort. Des perfonnes qui avoient été aux Indes orientales m'ont affuré qu'elles étoient toutes femblables à celles que dans ces régions l'on nomme *Cancarla*, & qu'elles perçoient le verre, expérience que je n'ai point voulu faire dans un pays où il n'y a point de verrerie.

FOURMIS
VOLANTES

Ce n'eft point des fourmis ordinaires que fortent les *Fourmis volantes* que

l'on voit fur-tout s'attacher à la fleur
des agacias, & qui difparoiffent auffi-
tôt que cette fleur eft tombée : car encore qu'elles foient de la forme des
fourmis, elles font & plus groffes &
plus longues que les autres qui fervent
à perpétuer l'efpece que nous connoif-
fons. Elles ont la tête quarrée ; leur
couleur eft rouge tirant fur le brun
bordé de noir, & leurs pates font
noires ; leurs aîles au nombre de quatre
font grifes & rouges, & elles volent
comme les mouches ; ce que ne font
pas les fourmis volantes, qui ne font
telles que par métamorphofe, & après
avoir paffé par l'état de crifalide, ayant
été précédemment fourmis rampantes.

Il ne me refte plus qu'à parler des
poiffons fur lefquels je ne dirai que peu
de chofes, quoiqu'ils foient en prodigieufe quantité, parce que de mon
temps on ne les connoiffoit pas encore
tous, & que l'on n'étoit pas affez exercé
à les prendre. En effet la plupart des
rivieres étant très profondes & le fleuve
faint Louis ayant trente-cinq braffes
d'eau, depuis fon embouchure jufqu'au
faut faint Antoine, on conçoit aifément
que les engins dont on fe fert en France

FOURMIS
VOLANTES

T 2

pour la pêche ne peuvent être à la Louïfiane d'aucune utilité , puifqu'il eft impoffible qu'ils aillent jufqu'au fond de
l'eau , ou qu'ils y plongent du moins
affez avant pour laiffer aux poiffons peu
de moyen d'échapper. On ne peut donc
faire ufage que de la ligne , & avec
elle on prend des *Barbues* longues depuis un pied & demi jufqu'à trois pieds ,
des *Carpes* prefque de même taille, des
Caffebargo , poiffon excellent ; de la
Raie bouclée que l'on trouve jufqu'à la
nouvelle Orléans ; des *Sardines* larges
de trois doigts & longues de fix à fept
pouces, & fort bonnes, & des *Ecreviffes*
en grand nombre.

BARBUES.

CARPES.

CASSE-
BARGO.

RAIE
BOUCLE'E.

SARDINES
ECRE-
VISSES.

On pêche encore dans ce fleuve le
Tehoupic poiffon truité , mais plus beau
que bon , fa chair étant mollaffe ; le
Spatule ainfi nommé à caufe d'une
fpatule qu'il porte au bout du mufeau :
il eft fans écailles , & fa chair eft ferme
& de très bon goût ; & de petits
Brochets : car les gros plongent trop
avant dans l'eau. Le *Poiffon armé* que
l'on y prend ne vaut rien à manger &
même fes œufs font très dangereux. Ce
poiffon a les dents longues & aiguës ;
fon écaille eft forte , épaiffe & dure

TEHOUPIC

SPATULE.

BROCHETS
POISSON
ARME'.

comme l'ivoire ; il en a deux rangées
de chaque coté du dos qui reſſemblent
à une hampe ou fer d'une lance : les
naturels en arment leurs fleches.

Voilà ce que l'Hiſtoire naturelle de
la Louiſiane préſente de plus intéreſ-
ſant Que l'on ne s'étonne point de ce
que je n'ai parlé d'aucune *Mine* ; il eſt
conſtant que dans la partie baſſe, formée,
ſelon toutes les apparences , par le
limon que le fleuve dépoſe dans ſes
débordements & par les vaſes de la
mer , il eſt impoſſible qu'il y en ait.
La partie haute n'eſt point aſſez connue
pour en parler dans un grand détail.
On ſait ſeulement qu'au haut de la riviere des *Alkanſas* , environ à cent cinquante lieues de ſon embouchure dans
le fleuve , on trouve du marbre rouge
jaſpé de blanc , de l'ardoiſe & du plâtre ;
que près des ruines du fort Prudhomme
il y a des mines de fer & de charbon
de terre ; que dans ce voiſinage , mais
de l'autre côté du fleuve à l'oueſt , il
coule une petite riviere appellée la
riviere aux mines à cauſe des mines
d'argent & de plomb qui s'y rencontrent, & que dans la riviere des Illinois
il en eſt encore une d'argent dite la

Mines.

T 3

MINES.

mine de la motte, & une autre de cuivre très abondante. Je ne doute point qu'avec le temps on n'en découvre plusieurs autres : mais ce ne sera que lorsque le pays sera plus peuplé, & que les arts s'y feront établis.

EXTRAIT

D'UNE

LETTRE PORTUGAISE,

Ecrite de Lisbonne aux Auteurs du Journal étranger.

Du 5 Juin 1754.

J'Ai à vous communiquer, Messieurs, deux phenomenes très singuliers auxquels je n'ai ajoûté foi que sur le rapport de mes yeux ; vous leur donnerez place dans votre Journal, si vous jugez qu'ils en méritent la peine.

Le premier est une petite fille que j'ai vue à Lisbonne, le 12 Mai de cette année, nommée Marie. Elle est née le premier Mai 1747 à Alcanede, bourg de la province d'Estramadure auprès de Santa-Cruz, de Manuel Ansunes, & de Marie da Sylva ses pere & mere. Cet enfant, qui n'a que sept ans, a déjà près de quatre pieds de hauteur,

PHENOMENES SINGULIERS.

une tête extrêmement groſſe, & des membres robuſtes & gigantesques; ſon viſage eſt tout couvert de grands poils de diverſes couleurs, & de différentes meſures; ſur le front, ils ont dix lignes de longueur, & ſont de la couleur du poil des ſinges communs; ceux des ſourcils ont un pouce & demi de long, & ſont ainſi que les cils des paupieres, d'un noir très foncé; ceux qui couvrent le reſte du viſage ſont d'un pouce de longueur, & fort blancs; ſur la levre ſupérieure, ils ſont plus courts & d'un chatain clair; ſur le reſte du corps ils ſont tous blancs & touffus; & ſur l'épine du dos, il y en a davantage, ils ſont blancs auſſi, & ont un peu plus d'un pouce de long. Ce qu'il y a de plus ſingulier, c'eſt que les cheveux de cette fille velue n'ont aucun rapport avec les autres poils; qu'ils ont la longueur & la fineſſe ordinaire aux cheveux; leur couleur eſt d'un brun obſcur.

L'autre phénomene eſt un petit garçon, âgé de huit à neuf ans, né à Angola d'un negre & d'une négreſſe. Je le vois tous les jours chez le Capitaine Antoine-Pierre de Andrade, dont il eſt eſclave ainſi que ſes pere & mere. Ce petit negre qui fe nomme François Xavier, a la peau extraordinairement blanche : cela étonne d'autant plus que la négreffe fa mere affure n'avoir jamais eu de commerce avec aucun blanc, & que fon maître & fon mari cautionnent l'affurance qu'elle en donne. Ce qu'il y a de très certain, c'eft que François Xavier pour le refte eft abfolument negre, ayant le nez écrafé, les levres groffes, & les cheveux quoique d'une blancheur à éblouir, frifés comme la laine noire des negres ordinaires. Ses cils & fourcils font auffi blancs que fes cheveux ; mais ce qu'il y a de plus remarquable en lui, c'eft l'imparfaite conformation de fes yeux, il les a toujours tremblotants, & fi on les expofe au grand jour, leur prunelle paroît, & brille comme une étoile, qui, d'un jaune couleur d'ocre, feroit entouré d'un cercle de couleur bleue très pâle : c'eft que la choroïde fe voit toute entiere à travers l'uvée qui eft tranfparente ; auffi ce jeune enfant a-t-il la vue fi tendre qu'il ne peut abfolument fupporter l'éclat de la lumiere ; il m'a affuré que de jour il ne voyoit point du tout ; mais que de nuit, ou dans

l'obfcurité pendant la journée il diftin-
guoit parfaitement toute forte d'objets :
du refte il a la peau des mains fort
rude & un peu chagrinée à la mode
des negres, quoique par-tout ailleurs il
l'ait douce & unie.

Il me femble que dans l'Hiftoire de
l'Académie des Sciences, année 1744,
page 12, il eft fait mention d'un enfant
à peu près femblable, dont un Académicien témoin oculaire avoit fait le
rapport à l'Académie.

Quelle explication raifonnable peut-
on donner de la caufe de ces jeux de la
nature ? Ce font des myfteres qu'il ne
nous eft point encore permis de dévoi-
ler ; il eft toujours bon cependant de
les rendre publics, cela occafionne fouvent des recherches & des réflexions,
dont les Philofophes peuvent tirer de
grands avantages ; c'eft dans ces vues,
Meffieurs, que je vous en fais part.

RÉFLEXIONS

DES AUTEURS

DU JOURNAL ETRANGER

SUR LA LETTRE PRE'CE'DENTE.

LA couleur du petit negre François Xavier n'étonneroit point tant en Portugal, fi on y étoit plus au fait de ce qui arrive aux négreffes dans nos colonies des Antilles. La blancheur de l'enfant ne doit point du tout faire foupçonner la vertu de la négreffe mere, quoique mariée à un negre : fi elle avoit eu commerce avec un blanc , & qu'elle en eût conçu , fon fruit auroit eu ce que l'on appelle dans nos colonies le fang mêlé & eût été mulâtre. Témoin un accouchement fingulier qui embarraffa fort nos Médecins Américains , il y a près de trente ans, lorfqu'au petit Gouave chef lieu de notre colonie de faint Domingue , une très

RF'FLEXIONS SUR LA LETTRE PRE'CEDENTE.

belle négreſſe qui partageoit ſa tendreſſe entre ſon amant negre & ſon maître blanc, détrompa ce dernier de ſa fidélité, & les naturaliſtes de l'impoſſibilité de la ſuperfétation, en mettant au monde ſur les quatre heures après midi un petit negre avec tous les traits de l'amant negre, & ſur les cinq heures immédiatement ſuivantes un petit mulâtre d'une parfaite reſſemblance avec le maître. Ces couches extraordinaires donnerent matiere aux diſſertations de tous les Savants créoles & aux réflexions ingénieuſes du Docteur *Haillot* habile médecin, qui avoit accompagné M. de Montholon, Intendant des iſles ſous le vent en qualité de médecin du Roi.

Il y a deux autres événements qui concourent à diſculper entiérement la mere du petit negre François Xavier; le premier eſt la naiſſance d'un negre blanc tout ſemblable à lui, qu'un homme très digne de foi nous a aſſuré avoir vu au fond de l'iſle à Vache un des principaux quartiers de ſaint Domingue, lequel étoit âgé de 5 à 6 ans en 1743, à qui il ne manquoit que la couleur noire, pour être entiérement negre, & dont la mere étoit une pauvre négreſſe

de jardin qui n'avoit eu nulle espece
de rapport avec aucun blanc. Le second
événement qui justifie la négresse d'Angola est l'accouchement curieux d'une
négresse, que sa couleur toujours blanche, depuis sa naissance avoit fait regarder pendant dix-huit ans comme une
espece de monstre semblable aux mu-
lets, à qui l'impossibilité de se repro-
duire devoit faire expier, disoit le public prévenu, l'irrégularité de sa naif-
sance. On veilla secrettement sur sa
conduite, sans qu'elle pût se douter
qu'on songeât à l'épier : elle eut indif-
féremment accointance avec des blancs
& avec des noirs ; & enfin elle devint
enceinte. Sa grossesse fut bientôt le sujet
des conversations & des réflexions du
quartier de Léogane, & sa délivrance
fut l'objet de la curiosité des principaux
habitants de cette magnifique plaine ;
la plupart voulurent y assister. Elle
accoucha en leur présence, & à leur
grand étonnement, d'un petit negre
qui est aujourd'hui noir comme geai.

C'est en 1744, que sont arrivées ces
couches si prodigieuses, & que l'on
n'oubliera jamais en Amérique. Le beau
champ pour nos doctes naturalistes !

Quelle mine abondante pour leurs précieuses recherches ! Ces contradictions bisarres dans les loix reçues de la génération ne doivent-elles pas leur paroître aussi dignes de leur examen, que les nouvelles vibrations de l'électricité ? Mais ne portons point un regard téméraire sur des mysteres, que les génies les plus pénétrants ne sondent qu'à tâtons & n'approfondissent jamais qu'à demi. Nous n'avons entrepris dans cet article que d'annoncer des faits : ils sont annoncés, & notre tâche est remplie.

REMARQUES

SUR

LES CICOGNES.

Extrait d'une Lettre d'un Voyageur.

L'Oiſeau Ibis , qui étoit autrefois très commun en Egypte, & dont chaque famille avoit ſoin de ſe pourvoir, y eſt aujourd'hui extrêmement rare ; mais cette perte eſt abondamment compenſée par les cicognes , qui dans ces mêmes temps y étoient peu connues. Notre vaiſſeau étant à l'ancre vers le milieu d'Avril au pied du mont Carmel, j'en vis paſſer trois troupes énormes , dont chacune tenant environ une demilieue de large , mettoit plus de trois heures de temps pour paſſer par deſſus notre tête. Ces oiſeaux quittoient alors l'Egypte, où les canaux & les lacs que le Nil laiſſe remplis d'eau en ſe retirant, étoient déjà deſſéchés, & les trois troupes prirent la route du Nord-eſt.

On remarque au sujet des cicognes, qu'environ quinze jours avant que de passer d'un pays dans l'autre, elles s'assemblent de tous les cantons voisins sur une grande plaine ; & comme depuis ce temps-là elles y forment toujours un grand cercle ; on prétend qu'elles y tiennent conseil sur le temps précis de leur départ, & sur les endroits qu'il convient de choisir pour leur retraite. Celles qui prennent la route de la Barbarie, s'assemblent & partent trois semaines plutôt que les troupes que nous vîmes passer, quoiqu'il y ait lieu de présumer qu'elles viennent pareillement d'Egypte, où elles retournent vers l'équinoxe de l'automne ; le Nil ayant alors achevé de se retirer dans son lit, ce pays offre à cette derniere troupe une abondante nourriture.

REMARQUES.

On a tout lieu de croire sur la foi de l'auteur de cette lettre que les cicognes qui quittent l'Egypte en Avril, faisant route au Nord-est, font celles-là même qui paroissent ensuite en Allemagne, & qui passent l'été dans les Pays-bas. La route qu'elles prennent

de

de l'Egypte au nord-eſt, les conduit le
long de la côte de la Judée vers la Natolie;
de là elles paſſent à l'eſt de la mer noire,
en voyant la terre devant elles tout le reſte
de leur voyage. Quand une fois elles ont
paſſé la mer noire, elles ſe diſtribuent dans
l'Europe & dans l'Aſie, & gagnent les
lieux qu'elles ont coutume d'habiter.

Je préſume que les cicognes ne font
point leur ponte en Egypte, d'autant
plus que les voyageurs n'en parlent
point. Je croirois plutôt que tous les
oiſeaux de paſſage vont au nord, pour
y perpétuer leur eſpece pendant l'été;
& qu'ils retournent vers l'hiver dans
les pays méridionaux. Au reſte ceci doit
s'entendre des oiſeaux qui demeurent
en deçà de la ligne équinoxiale; car ceux
qui ſont de l'autre côté de cette ligne
gagnent dans l'été de cet hémiſphere le
pole auſtral, & reviennent paſſer leur
hiver vers la ligne équinoxiale.

Je ne puis cependant m'empêcher de
croire, que la cicogne ne faſſe pas ſa
ponte dans certains pays qui ſont auſſi
méridionaux, mais en même temps à
cauſe de leur plus grande élévation,
un peu plus froids que l'Egypte. Car
nous liſons dans les voyages de *le Brun*,

qu'il a vu des nids de cicognes au haut des colonnes iſolées des ruines de Perſépolis, & qu'il y en avoit juſqu'à deux ſur la même colonne. Je crois que ces troupes de cicognes, qui vont de l'oueſt de l'Egypte vers la côte ſeptentrionale de la Barbarie, en uſent ainſi, parce que ſelon le rapport des voyageurs, elles y paſſent l'été.

Je penſe auſſi que celles qui fréquentent les parties ſeptentrionales de la Barbarie, ne paſſent jamais la Méditerranée pour ſéjourner en Eſpagne ou en France, puiſqu'on ne ſe ſouvient pas d'avoir vu en aucune ſaiſon de l'année des cicognes établies dans ces deux royaumes : l'atmoſphere de ces régions contient ſans doute quelque choſe qui leur eſt contraire.

La cicogne eſt ſelon moi, le plus gros oiſeau paſſager que nous connoiſſions en Europe. Il ſeroit à ſouhaiter que d'habiles naturaliſtes & voyageurs fiſſent de pareilles remarques ſur les routes des petites eſpeces d'oiſeaux de paſſage. Ces obſervations nous feroient connoître la nature des habitants de l'air, & nous ſaurions en tout temps de l'année l'endroit précis de leur retraite.

SUR LES TRUITES.

LA Truite est sans contredit un des
plus excellents poissons que nous con-
noissions ; elle fait les délices de nos
tables , & est un manger très sain. Je
crois donc rendre service au public en
lui communiquant sur ce bon poisson
certaines connoissances , qui jusqu'à
présent ne sont pas si communes qu'elles
méritent de l'être , & j'expliquerai ici
en peu de mots ,

1°. quel est le nom & le genre de
ce poisson.

2°. Dans quelle eau il se plaît le plus.

3°. Quelle est sa nourriture favorite.

4°. Ce qui contribue à sa prompte
multiplication, & ce qui lui est nuisible.

I.

Les noms latins de ce poisson sont
trutta , d'où vient le nom françois
truite, *tario, aurala & variolus*, à cause
des belles couleurs , & principalement
des taches ou étoiles rouges dont il
est marqueté.

La truite eſt un poiſſon de proie, & appartient au genre des ſaumons, ayant à peu près les mêmes marques caractériſtiques que ces derniers, ſavoir, des nageoires molles, le corps uni & des taches rouges. La peau des ouïes, appellées *branchioſtega* par le célebre Monſieur *Linneus*, renferme dix ou douze oſſelets ; & les mâcheoires ſont garnies de petites dents.

I I.

Ce poiſſon aime une eau claire, & qui tire ſa ſource d'un terrein ſablonneux. Le ruiſſeau ou la riviere doit couler rapidement, avec une pente ſuffiſante, & ſe nettoyer lui-même de toutes ſes immondices, c'eſt-à-dire, qu'il faut qu'il coule ſur un fond de ſable ou de rocher, & non pas ſur un terrein marécageux & couvert de vaſe.

Il eſt vrai qu'on trouve quelquefois auſſi dans les eaux troubles & croupiſſantes des truites d'une bonne groſſeur, & qui paroiſſent y avoir bien profité ; mais il ne faut pas s'imaginer qu'elles ſont nées dans ces endroits : elles y ont été certainement amenées d'ailleurs par quelque accident extraordinaire.

Elles peuvent être entraînées par les
débordements des ruiſſeaux gonflés par
de groſſes pluies, ou par les fontes des
neiges : en ce cas, ſi la truite ne remonte pas contre le courant de l'eau,
elle ſera infailliblement portée dans des
eaux contraires à ſa nature, où elle
traînera une vie languiſſante, à moins
qu'un pareil accident ne la ramene dans
ſes eaux natales.

Une truite priſe dans l'eau croupiſ-
ſante eſt beaucoup plus pâle, & étant
cuite, elle n'eſt jamais ſi ferme ni d'un
ſi bon goût que celles qu'on tire immédiatement des eaux vives d'un ruiſſeau,
ou d'une riviere bien rapide. Il en eſt
de même à l'égard de celles qu'on
éleve & nourrit dans les étangs, les
lacs, fontaines & autres eaux dorman-
tes, ou d'un cours inſenſible.

Pour élever de bonnes truites dans
un étang, il faut qu'il ait les qualités
ſuivantes.

1°. Qu'il ait un fond de ſable pur,
de gravier ou de rocher.

2°. Qu'il ne ſoit pas trop éloigné de
la ſource qui fournit l'eau, afin que le
ſoleil n'ait pas le temps d'échauffer
l'eau avant qu'elle ſe rende dans l'étang.

3°. Qu'il n'ait pas trop d'étendue, afin que le poisson puisse jouir continuellement d'une eau fraîche.

4°. Si l'on est obligé d'amener de loin l'eau de l'étang par des conduits ou des fossés, il faut les creuser profondément, ou les couvrir de planches & de terre.

5°. Il est très salutaire pour ces poissons de garnir les bords de leur étang de haies assez élevées, ou même d'arbres, afin qu'ils aient de l'ombre & de la fraîcheur.

I I I.

Quant à la nourriture des truites & au temps qu'elles la prennent, on peut dire qu'elles vont à la chasse nuit & jour ; mais principalement le matin quand le soleil levant donne sur l'eau, & vers le soir lorsqu'il est prêt de se coucher.

Elles se contentent de toutes sortes de nourritures, telles que la saison la donne. Chaque mois de printemps & d'été leur fournit une nourriture particuliere ; l'élément dans lequel elles vivent leur en amene au delà de leurs besoins ; & leur position contre le cou-

rant de l'eau jointe à une vue perçante
& à l'agilité de leurs corps, fait
qu'elles ne manquent presque jamais
leur proie.

Au commencement du printemps,
lorsque l'eau se trouble par les fontes
des neiges, elles se nourrissent de toutes
sortes d'insectes qui se tiennent sur le
bord de l'eau, & que son courant entraîne.

En Avril elles vivent des cousins
d'eau, & des escarbots ranimés alors
par la chaleur du soleil. Ces animaux
s'accrochent les soirs aux broussailles
qui sont sur le bord de l'eau : au lever
du soleil ils y tombent à moitié endor-
mis, & sont entraînés par le courant
jusqu'à ce que les poissons s'en saisissent.

Dans le mois de Mai, les truites
trouvent leurs délices à se nourrir des
sangsues qu'elles trouvent attachées aux
pierres & aux racines. Elles les avalent
vivantes, & les sangsues se vengent souvent sur elles en s'attachant à leurs intestins. Les pêcheurs disent alors que les
truites ont des sangsues, & qu'elles sont
malades. On croit que ces poissons se
guérissent & se débarrassent des ennemis
qui leur rongent les intestins, en ava-

lant beaucoup de fleurs d'arbres qui tombent dans ce mois, & que le vent leur amene en grande quantité.

Le mois de Juin est le temps où les truites sont dans toute leur graisse & du meilleur goût. Elles se nourrissent alors d'escarbots, de vers, de cousins, &c.

Le mois de Juillet leur procure des sauterelles, entre lesquelles les jaunes leur plaisent plus que les vertes.

Le vent leur amene ces animaux, ainsi que des papillons & d'autres insectes, aussi-tôt que l'on a fauché les prés.

Cette même nourriture continue pendant les mois d'Août & de Septembre, mais les truites aiment sur-tout les cousins & les escarbots.

Elles mangent très peu dans le mois d'Octobre, & bien moins encore en Novembre & en Décembre : elles se tiennent alors cachées, & ne sortent que peu de leur retraite.

Mais les truites ne se contentent pas toujours des insectes pour leur nourriture ; elles prennent aussi de petits poissons, sans épargner leur propre espece, & l'on trouve souvent de petites truites dans le ventre des grosses.

Elles attaquent leur proie par la tête, & l'avalent dans ce sens : ainsi le petit poisson ne pouvant agir pour sa défense avec ses ouïes comprimées est bientôt suffoqué. Si le poisson est trop gros pour que les truites puissent l'avaler sur le champ, il reste dans leur gueule jusqu'à ce qu'il se consomme peu à peu.

C'est ainsi que l'expérience nous a fait connoître les différentes nourritures des truites de mois en mois, quoique nous ne prétendions pas les fixer pour tel ou tel jour ; il suffit d'avoir fait voir qu'elle en a de toute espece, & qu'elle n'en manque dans aucun temps de l'année.

I V.

Pour ce qui est de sa multiplication, elle dépend principalement de deux points, savoir, d'un heureux accouplement & d'un frai non interrompu. L'accouplement précede le frai de quelques jours, & les poissons des deux sexes courent ensemble pour chercher un endroit propre à jeter le frai, & à le mettre à l'abri de tout accident.

La troupe des truites qui se joignent

souvent au nombre de vingt, trente ou quarante, selon que l'eau eſt plus ou moins peuplée, fait ſouvent un chemin de pluſieurs heures, ſur-tout quand les eaux ſont fortes : d'autres troupes ne marchent que pendant un quart d'heure ou une demi-heure ; quelques-unes ne font que paſſer d'un côté du ruiſſeau à l'autre.

L'accouplement étant fait, la femelle fraïe, c'eſt-à-dire, elle lâche ſes œufs, & les enterre dans un creux fait exprès ſous le ſable ou ſous une pierre.

Le temps du frai commence ordinairement vers la fin d'Octobre, & dure juſqu'au milieu de Novembre : ce temps néanmoins n'eſt pas fixe pour toutes les années, parce que la truite ſe regle ſur la ſaiſon, & qu'elle acheve de fraïer plutôt ou plus tard quelquefois de huit jours & davantage.

On a obſervé que les groſſes truites qui habitent les forts ruiſſeaux, fraïent les premieres, & enſuite les plus petites, & enfin celles qui ſe trouvent dans les forêts, & près de la ſource de l'eau.

Les pêcheurs font au printemps & en été toutes ſortes de remarques ſur les

mouvements & les démarches des truites : ils difent, par exemple, que lorfqu'il y en a beaucoup, les fruits de
la terre ne réuffiffent pas bien, felon
l'ancien proverbe, qui porte que toutes
les fois que l'eau eft riche, la terre
doit être pauvre : de même lorfque les
poiffons s'élancent fouvent hors de
l'eau, & qu'ils ne mordent pas à l'hameçon, ils annoncent de la pluie ou
de l'orage. Ils tirent auffi des préfages
du frai des truites pour l'hiver fuivant,
& croient que quand ces poiffons, au
lieu de fraïer fur le bord de l'eau,
cachent leur frai dans des creux pro-
fonds, il y aura beaucoup de neige &
un rude hiver ; qu'au contraire, lorfque la truite fraie lentement, & à plat
fans chercher de profondeur, l'hiver
fera doux & pluvieux. Mais laiffant à
part ces opinions populaires, je reviens
au frai de la truite & au temps où il
fe fait, afin d'expliquer en peu de mots
ce qui peut contribuer ou nuire à fa
multiplication.

On peut dire en général que l'on
favorife beaucoup la multiplication des
poiffons, lorfqu'on les épargne dans
le temps du frai. C'eft pourquoi les

propriétaires des eaux ne doivent jamais faire pêcher pendant ce temps, quoiqu'il soit alors infiniment plus aifé de prendre ce poiffon que dans d'autres temps ; car il eft à craindre qu'en prenant les vieux, on ne détruife en même temps les jeunes, & que par-là on ne fe caufe une perte que plufieurs années auront de la peine à réparer.

On ne fauroit déterminer exactement combien doit durer la défenfe de prendre des truites, à caufe de l'incertitude du temps de leur frai, & de fa durée : quoiqu'il en foit, il vaut toujours mieux leur laiffer plus de temps que moins, & s'abftenir de cette pêche depuis le commencement d'Octobre jufques vers la faint Martin, que de rifquer d'en détruire des milliers pour un petit nombre que l'on en pourroit prendre.

On doit ufer de la même précaution à l'égard des radeaux & autres bois que l'on jete à l'eau : l'on ne s'expoferoit pas tant à ruiner les eaux poiffonneufes, fi l'on avoit plus d'égard au temps propre pour faire flotter ces bois. Un feul morceau de bois qui traverfe un creux où la truite a fraïé, eft ca-

pable de détruire tout d'un coup des
milliers de petits poiſſons.

Le frai de la truite eſt extrêmement
délicat. Nous avons vu des exemples
du frai de brochet tranſporté bien loin
par des hérons, des canards ſauvages
& autres oiſeaux aquatiques, en des
étangs, peuplés par-là de ces dangereux
poiſſons à l'inſu & au grand préjudice
de leurs propriétaires ; mais le frai de
la truite ne réſiſte pas au moindre choc,
& la moindre choſe eſt capable de le
détruire.

Les propriétaires des eaux poiſſon-
neuſes trouveront ici beaucoup d'avantages en s'en tenant exactement à la
précaution de laiſſer dans les naſſes ou
paniers à poiſſons des ouvertures aſſez
grandes, & de tricoter les filets avec
des mailles aſſez larges, pour que les
petits poiſſons puiſſent y paſſer librement. Cette précaution conſerve beaucoup le poiſſon, & l'on ménage continuellement par ce moyen des jetées
de deux à trois années.

La truite n'eſt pas moins expoſée
que les autres poiſſons à la gourman-
diſe de la Loutre. Ce dangereux animal ſe ſert d'autant de ruſes pour

attraper fa proie, & eft auffi adroit à
prendre le poiffon que le plus habile
pêcheur. Il fe couche en peloton contre
le creux, la pierre, ou autre endroit
fréquenté par le poiffon, & y attend
fon gibier avec patience & fans faire
le moindre mouvement. Si le poiffon
le fait attendre trop long-temps, il
fonde les creux avec fa longue queue,
& s'il y fent un poiffon, il le cherche
tant, qu'il l'oblige de fortir, & ne
manque jamais de l'attraper en paffant.
On doit mettre tout en œuvre pour
congédier ce convive vorace, d'autant
plus qu'au lieu de fe contenter de petits poiffons, il choifit toujours les plus
gros & les meilleurs.

Comme il eft avantageux de contenir
par des levées les rivieres & les ruiffeaux
dans certaines bornes, de peur qu'elles
ne noient les terres qu'elles ne doivent
qu'arrofer; de même il convient pour
l'amélioration des eaux poiffonneufes,
de planter fur leurs bords des aunes ou
des faules, afin de donner de l'ombre
aux poiffons. On en tire un triple avantage; car on garantit le terrein contre
les ravages de l'eau; on procure une
retraite & de la fraîcheur aux poiffons;

& ce bois croiſſant très vîte, on peut le couper tous les ſix, huit ou dix ans.

Ce que je viens de dire ſuffit pour mettre tout œconome entendu ſur la voie de conſtruire chez lui des étangs, ou petits lacs à truites, ſi ſon terrein & la proximité des ſources lui permettent de le faire. Il ſera en état par là d'élever chez lui ce beau poiſſon, & ces amas d'eaux ſerviront de plus à arroſer en cas de beſoin les jardins ou les prairies voiſines.

OBSERVATIONS

SUR

LE SERPENT A SONNETTES.

OBSERVA-
TIONS SUR
LE SER-
PENT A
SONNET-
TES.

C'Est dans les pays les plus chauds de l'Amérique, qu'habite le plus communément le serpent à sonnettes. Son nom lui vient de certaines jointures qui se trouvent au bout de sa queue, & qui sont repliées l'une sur l'autre, comme celles de la queue des écrevisses, avec cette différence que les premieres font un cliquetis très considérable, lorsque cet animal secoue sa queue. Le nombre de ses jointures appellées sonnettes, n'est pas fixe. Quelques auteurs pensent qu'il est plus ou moins grand suivant l'âge du serpent à qui il en vient une nouvelle chaque année. Quoiqu'il en soit, elles excedent rarement le nombre de vingt. Si l'on en croit cependant ce qu'en a dit M. *Dudlex* dans les transactions philosophiques, on en a un jour tué un qui

avoit

avoit soixante & dix ou quatre-vingts sonnettes. Le Docteur *Derham* & plusieurs
autres auteurs ont observé, que la Pro
vidence a sagement accordé ces sonnettes à ce dangereux animal, afin
que ce bruit servît d'avertissement aux
hommes & aux bêtes pour s'en garantir.

Ces animaux ont communément depuis trois jusqu'à cinq pieds de long (a).
Le Docteur *Tyson* en a disséqué un de
quatre pieds cinq pouces, dont la plus
grande circonférence étoit au milieu du
corps de six pouces & demi ; celle
d'autour du col de trois pouces , &
celle d'autour de la queue de deux. Le
haut de la tête étoit plat comme celui
de la vipere. A son extrémité étoient
les narines auprès desquelles on voyoit
au-dessous des yeux deux orifices que
M. *Tyson* avoit pris d'abord pour des
oreilles , mais qui se trouverent ensuite
n'être qu'un conduit qui aboutissoit à
un os formant une grande cavité ,

(a) Il faut que les *Anacondos* soient d'une espece
bien monstrueuse , puisque dans le Journal étranger du mois de Septembre de l'année 1758 , on en
a décrit un qui avoit trente-trois pieds. Nous en
parlerons.

Tome IV. X

sans être perforé. Les yeux qui étoient ronds, avoient un quart de pouce de diametre, & étoient couverts d'une espece d'écaille qui tenoit lieu de prunelle. Les écailles de la tête étoient les plus petites ; celles du dos croissoient graduellement jusqu'au milieu du corps, & diminuoient ensuite jusqu'au milieu de la queue : elles ressembloient assez à la semence de panais. La couleur en étoit variée : celles de dessus la tête étoient comme la plume du verdier, tachetées de noir ; celles du dos étoient couleur de feuilles mortes, & en approchant de la queue, elles brunissoient jusqu'à devenir noires. Chaque côte étoit ajustée à une écaille, ce qui leur est d'un grand avantage pour le mouvement du reptile ; toutes ces écailles font autant de pieds, ce qui fait que sur le roc ils vont plus vîte que sur la terre ou dans la plaine. Leur couverture, qui fait une partie de leur défense, est si artistement imaginée, que quoiqu'elle couvre tout le corps, elle permet cependant à l'animal de faire tous ses mouvements.

Ses reins ne consistent qu'en un lobe dont la partie antérieure est formée

de beaucoup de petites bourses ou de
vésicules, & la partie postérieure est
une grande vessie. On observe que les
animaux chez qui la respiration n'est
pas si fréquente, ont ces grandes vessies
comme un réservoir pour conserver
l'air qui se dispense ensuite suivant que
le requiert l'œconomie animale. C'est
ce qu'on voit dans les tortues, viperes,
crapauds, &c. qui dorment une grande
partie de l'année, & qui prennent
provisoirement la dose nécessaire de
nourriture & d'air, autrement il ne
seroit pas probable que durant ce long
sommeil, il y eût dans ces parties le
mouvement nécessaire pour pomper le
nouvel air, ce qui paroît confirmé par
l'exemple d'une vipere qui demeura
quelques jours en vie, après que sa
peau & la plus grande partie de ses
entrailles avoient été arrachées. On ne
vit point pendant cet intervalle ses reins
s'élever ni retomber, comme ils doivent
le faire pour l'inspiration & l'expira-
tion. Ils paroissoient toujours également
remplis d'air, & ils ne se vuiderent,
que lorsque la vipere fut morte. Son
estomac étoit vuide, ainsi que celui
d'un serpent à sonnettes que le même

X 2

Docteur avoit difféqué, & qui n'avoit rien mangé pendant les quatre mois précédents.

Une autre remarque importante du Docteur *Tyson*, c'eft que l'œfophage qui ne fert ordinairement que pour tranfmettre la nourriture dans l'eftomac, a un ufage plus étendu dans ces animaux ; il leur fert lui-même d'eftomac, &, fuivant ce Docteur, il fait l'office que le jabot fait dans les oifeaux & le fanon dans les quadrupedes. On ajoûte même qu'en cas de danger, ils mettent leurs petits à l'abri dans ces réceptacles. Leur tête eft petite, & leur gueule fort large ; leur langue eft comme celle de la vipere, compofée de deux parties jointes enfemble dès la racine, & pendant les deux tiers de leur longueur. Ils la dardent & la retirent avec beaucoup d'agilité. La partie qui fort eft noire, celle qui eft dans la gaine eft rouge. Pour en faciliter la fortie, les mâchoires d'en-bas ne font pas jointes ni garnies de dents comme dans les autres animaux, parce que, fi cela étoit, ces dernieres nuiroient à la langue & en rendroient l'ufage incommode. Sous cette langue, on voit

le larinx qui n'eft pas formé par cette
variété de cartilages ordinaire dans les
autres animaux. Il y a une fente pour
recevoir & expulfer l'air ; & comme il
n'y a point d'autre organe pour le mo-
duler, de-là vient le fiflement commun
à tous les ferpents.

Ils ont de deux fortes de dents ;
favoir, vingt petites dans la mâchoire
inférieure, & feize dans celle d'en-haut :
elles ne fervent toutes qu'à prendre, rete-
nir & brifer la nourriture. Les autres font
les dents venimeufes qui ne font d'aucun ufage pour la nourriture de l'animal ; leur unique emploi eft de tuer
l'ennemi, & elles font prefque toutes
canines. Ces armes fatales font placées
dans la mâchoire d'en-haut, & ne
tiennent point comme les autres à la
machoire. On ne les voit pas d'abord
à l'ouverture de la gueule : elles font
cachées fous une efpece de gaine, d'où
elles ne fortent que fuivant le befoin.
Elles font entiérement creufes jufqu'à
la racine, & le poifon qui en découle,
eft d'une couleur jaunâtre.

On ne fuivra pas le Docteur *Tyfon*
dans les autres détails de fa diffec-
tion ; on fe contente d'avoir profité

X 3

OBSERVA-
TIONS SUR
LE SER-
PENT A
SONNET-
TES.

de ſes remarques les plus utiles.

M. *Dudley* aſſure , qu'il y a trois eſpeces de ce ſerpent diſtinguées par leurs couleurs ; ſavoir, en verd jaunâtre , en couleur cendrée foncée , & en ſatin noir. Ce qui rend le ſerpent à ſonnettes plus dangereux que les autres , c'eſt qu'il ne ſe détourne jamais de ſon chemin ; au lieu que ſi la plupart des communs voient un homme , ils l'évitent. Il eſt vrai que comme le ſerpent à ſonnettes ſerre en rampant la terre , & qu'il marche fort lentement , on peut facilement s'écarter de ſon enceinte. il ne fait jamais que ſe développer , & il ne ſaute point comme tous les autres de toute la longueur de ſon corps ; il eſt toujours replié en lui-même , lorſqu'il repoſe ou qu'il dort , ce qui lui arrive très ſouvent.

On n'entend ſes ſonnettes que dans le beau temps , lorſque l'air eſt clair & ſerein ; on ne les entend point du tout dans les temps de pluie. Auſſi les Indiens craignent-ils de voyager dans les bois dans les journées pluvieuſes. Une autre circonſtance , c'eſt que ſi un ſerpent eſt ſurpris & qu'il remue ces ſonnettes , ceux qui ſont auprès de lui, prennent auffi-tôt l'alarme & font le même bruit.

Les crapauds, les grenouilles, les grillons & d'autres infectes font la nourriture ordinaire des ferpents qui font mangés eux-mêmes par les ours & par les pourceaux, fans que ni les uns ni les autres en foient incommodés. Ces animaux font vivipares & portent ordinairement jufqu'à douze petits. Un ami de M. *Dudley* en ouvrit un au premier moment où on les voyoit aborder. Il trouva dans fa matrice douze petits globes de la confiftance du marbre & couleur de jaune d'œuf. Trois ou quatre jours après il en ouvrit un autre & il apperçut une tache blanche dans le centre du globe. Quelques jours après il y découvrit la tête d'un ferpent, & enfin après un mois ayant tué un autre ferpent, il en retira des petits qui avoient fix pouces de long.

Ils fe dépouillent de leur peau chaque année & habitent généralement les rochers en grand nombre. Ils s'y retirent à l'approche de l'hiver, & en fortent au commencement du printemps. C'eft alors que les chaffeurs les guettent & les tuent par centaines dans les moments où ils se présentent au soleil.

Leur poison est un des plus subtils & des plus dangereux qu'il y ait. Le Capitaine *Hall* s'en est convaincu par des expériences très curieuses qu'il a faites dans la Caroline méridionale ; s'étant procuré un serpent vigoureux & sain, d'environ quatre pieds de long, il l'attacha sur le gason en présence d'un Chirurgien nommé M. *Kyduvell* & de quelques autres personnes. Il tint aussi avec une corde un chien qu'il approcha du serpent. Ce dernier s'élevant de la hauteur d'environ deux pieds, mordit le chien comme il sautoit. Les cris de l'animal avertirent qu'il étoit mordu. En un quart de minute ses yeux se fixerent, sa langue se serra entre les dents, & il mourut au même instant. On ne voyoit point où étoit la morsure, & il ne couloit point de sang. On ne la découvrit que par une petite piquure bleue tirant sur le verd, qu'on apperçut en jettant de l'eau chaude sur le poil. C'étoit sur le poitrail du chien entre les pates de devant. Une demi-heure après il fit mordre un second chien un peu plus petit à l'oreille. Il tomba presqu'aussi-tôt en convulsion, chancella , & se débattit violemment. On l'enferma dans un cabinet, où il mourut deux heures après.

Au bout d'une heure on reprit un troisieme chien qui fut mordu au ventre , d'où il sortit du sang. Comme pendant la premiere minute , il ne donna aucun signe de maladie, on le laissa aller ; mais le lendemain sa maîtresse vint se plaindre au Capitaine de ce qu'il avoit tué son chien.

Quatre jours après, deux boul-dogues qu'on fit mordre , moururent, l'un en une demi-minute , l'autre en quatre. Comme on ne crut pas que le serpent eût perdu son venin, on lui fit mordre une chatte : elle en fut d'abord fort malade, & s'étant échappée de l'endroit où on l'avoit enfermée , on la trouva morte le lendemain dans un jardin.

Un mois après ces expériences, le Capitaine se procura un serpent noir de deux pieds & demi de long, qui n'avoit rien de commun avec la vipere. On le mit vis-à-vis du serpent à sonnettes , & on les irrita l'un contre l'autre au point de les faire mordre réciproquement. Ils se tirerent mutuellement du sang ; le serpent noir en mourut en moins de huit minutes, & le serpent à sonnettes ne fut seulement pas malade de sa blessure.

La derniere expérience du Capitaine fut de tenter, si le poison de ce terrible meurtrier ne lui seroit pas dangereux à lui-même. Il le pendit à cet effet, de maniere qu'il n'avoit pas la moitié du corps par terre ; il le piqua dans cette situation avec deux épingles attachées au bout d'un bâton, de sorte que le serpent voulant prendre le bâton, se mordit enfin lui-même. Il ne survécut pas plus de huit ou dix minutes à sa morsure. On le coupa en cinq morceaux qu'on donna à manger à un pourceau, en commençant par la tête. Le Capitaine vit ce même pourceau dix à douze jours après en vie & plein de santé.

La mort suivant de si près cette terrible morsure, on conçoit qu'il est difficile de s'en garantir & d'y remédier. Les naturalistes modernes pensent que l'huile d'olive étant un remede spécifique pour la morsure de la vipere, c'en devroit être un aussi certain contre celle du serpent à sonnettes. Quoiqu'il en soit, la Providence ne s'est pas bornée à un seul remede pour un événement aussi commun dans ce climat. Le plus usité, entr'autres, est la racine rouge dont le jus est couleur de sang : il en croît en abondance dans les bois. La façon de s'en servir est de la peler & de l'appliquer sur la partie affectée, pour empêcher le venin de s'étendre davantage. On a soin en même temps de scarifier la partie, & de faire prendre au malade l'infusion de cette racine bouillie. Comme on ne meurt pas toujours de ces blessures dans le quart d'heure, & que les effets du poison sont plus ou moins lents, suivant la saison, la partie affectée & la constitution du blessé, il arrive quelquefois qu'il survit quelques jours. Lorsqu'il a tout ce temps à lui, la racine rouge peut s'employer avec efficacité. Les Américains ont d'ailleurs un autre spécifique pour les cas où le poison est le plus soudain ; c'est la *serpentaria*, dont il y a différentes especes ; savoir, celle de Virginie, celle du Brésil & celle du Canada. Les voyageurs & les chasseurs en portent toujours fur eux, pour la mâcher & l'avaler à l'inftant qu'il leur arrive d'être mordus. L'activité particuliere de cette plante prévient la ftagnation du fang. Le plus grand avantage de la *ferpentaria* eft non feulement de guérir de la morfure, mais encore d'écarter l'animal qui l'évite auffi-tôt qu'il la fent. C'eft pourquoi on la préfente au bout d'un bâton, pour chaffer le ferpent dès qu'il paroît.

Après tout, la méthode la plus fûre d'opérer la guérifon, eft toujours de couper d'abord la partie bleffée. C'eft le moyen d'empêcher qu'on n'en reffente jamais rien par la fuite.

TREMBLEMENTS
DE TERRE.

TREMBLE-
MENTS DE
TERRE.

LE 9 Juillet de l'année 1757, à onze heures quarante-cinq minutes de la nuit, on fentit dans les ifles Terceres ou Açores, une fecouffe affreufe, dont la durée peut avoir été de deux minutes. Tous les édifices de l'ifle d'Angra en furent ébranlés. L'impulfion du tremblement qui d'abord étoit verticale, devint tout de fuite horifontale , & fuivit la direction de l'oueft à l'eft. La terre fut fecouée pendant ces deux minutes avec tant de violence, que fi le tremblement eût duré quelques inftants de plus, il eft certain que tous les bâtiments auroient été engloutis.

Le 10, la terre trembla de nouveau vers les dix heures du matin, & encore à quatre heures après midi, chaque fois avec autant de rapidité que le jour précédent, mais avec moins de durée ; & jufqu'au 2 de Septembre la terre ne fut point tranquille.

Dans l'isle de saint George, éloignée de douze lieues d'Angra, la terre trembla le même jour & dans le même temps ; mais avec tant de fureur, qu'un grand nombre de personnes perdirent la vie sous les décombres des maisons. La frayeur de ces malheureux habitants redoubla le matin du 10, à la vue de dix-huit nouvelles isles qui s'élevèrent dans la mer, à la distance de cent brasses, & au nord de l'isle.

Dans les *Fajans-dos-vimes*, la secousse fut si violente, qu'on n'y reconnut bientôt plus ni les maisons, ni les temples, ni les rues. On ne voyoit que des monceaux de pierres, & de tristes ruines. La terre dans quelques endroits se détacha d'elle-même, & roula dans la mer. Mais ce qui causa une surprise & une frayeur extrêmes, ce fut de voir ces langues de terre éloignées du rivage, & entourées aujourd'hui des eaux de la mer, conserver tout ce qu'elles contenoient : dans une d'elles on voit une maison entourée d'arbres, & qui n'a reçu aucun dommage. On assure même que ceux qui y logeoient ne s'apperçurent que

le lendemain matin de leur changement de place.

Monte forinoso situé à l'est sud-est de
cette isle , s'est séparée en deux parties,
dont une a roulé dans la mer , & se
trouve éloignée aujourd'hui de l'autre
moitié de près de cent brasses.

Depuis la pointe de l'est de l'isle de
Topo , jusqu'au bord de la *Calheta* ,
à neuf lieues en allant vers le sud , on
ne voit que des décombres , & pas un
seul édifice n'a résisté. La terre même
s'est ouverte en plusieurs endroits , &
près d'un quart de lieue de terrein s'est
précipité dans la mer. Quelques montagnes ont changé de place , & d'autres se sont entiérement englouties , de
sorte que la communication entre quelques-unes de ces isles , impraticable
autrefois à cause de la roideur des
montagnes, se trouve libre aujourd'hui;
& l'on voit présentement une plaine
étendue à la place des rochers escarpés.

Une partie du village de *Nortegrande*
s'est séparée, & a été former à la distance de cent cinquante brasses une isle
nouvelle.

Les habitants de ces malheureuses
isles , consternés & pleins de frayeur ,

TREMBLE-
MENTS DE
TERRE.

ont vécu quelque temps dans les bois, où l'épouvante les fuivoit : car la terre tremblante leur préfentoit fans ceffe la mort. Des maffes énormes de pierre fe détachoient continuellement des rochers , & comme il s'étoit ouvert de toutes parts de profondes cavités , on voyoit prefque tous les jours des rochers entiers s'affaiffer , & s'anéantir.

L'ifle du *Pic* ne fentit que foiblement les fecouffes de la terre : mais cependant la partie de l'ifle correfpondante à celle de faint George , a beaucoup fouffert , & plufieurs perfonnes y ont péri.

Le jour du premier tremblement la mer fe fouleva avec fureur , & fes flots en courroux entrerent dans l'ifle de faint George en fuivant la direction de l'oueft à l'eft , dans l'ifle du *Pic* , de l'eft à l'oueft , & dans celle de *Gracioza* , du fud à l'oueft.

L'ifle du *Fayal* n'éprouva qu'une foible fecouffe , & le mouvement de la mer y fut prefqu'infenfible.

SUR

SUR LES CAUSES

DE LA GRÊLE,

Qui tombe pendant la nuit.

Par M. le Docteur MATERNUS, de Cilano, Professeur en Physique, Médecine & Antiquités Grecques & Romaines, au College d'Altona, Membre de l'Académie Impériale des Curieux de la nature, & de l'Académie Royale des Sciences de Dannemarck.

Qu'il tombe de la grêle pendant le jour, dans le printemps, l'été, l'automne, & quelquefois même en hiver; tout le monde en a l'expérience, & les causes en sont connues. Mais qu'il tombe aussi de la grêle pendant la nuit; ce fait quoiqu'incontestable, est rare. C'est pour cela que les physiciens qui ne l'ont pas observé assez exactement, ont douté de la possibilité de la grêle

CAUSES DE LA GRÈLE PENDANT LA NUIT.

nocturne, & que d'autres l'ont tout à fait niée. Les premiers se fondent sur ce que la grêle tombe ordinairement dans le jour, quand le soleil est encore sur l'horison ; & ils imaginent que cela ne peut pas arriver la nuit, parce que le soleil étant alors éloigné de nous, il n'y a plus, selon eux, de cause qui puisse produire cet effet.

Si pendant le jour le ciel est constamment serein, on n'a point de grêle à craindre. Mais si l'air est rempli de vapeurs épaisses & aqueuses, & qu'il souffle en même temps des vents différents, ou des vents dont la direction change à chaque instant, il est possible qu'il tombe de la grêle.

Le vent n'est autre chose qu'un cours d'air en mouvement, qui passe d'un endroit à l'autre d'un trait continu. Il y en a différentes causes. 1°. Ce sont les rayons du soleil qui échauffant l'air, augmentent la rapidité des vents. L'expansion que reçoit l'air, fait qu'il s'étend vers la région où il trouve le moins de résistance de la part de l'air qui la remplit. 2°. Les vapeurs qui montent rapidement en poussant l'air devant elles en haut, peuvent le ren-

dre plus chaud & plus léger, & alors
l'air voisin mis en mouvement, prend
la place de l'air poussé en haut par les
vapeurs. Enfin les vapeurs enlevées
dans l'air supérieur peuvent aussi tellement comprimer l'air inférieur, qu'il
est obligé de céder à cette pression, &
de se porter dans un autre endroit où
l'atmosphere est plus mince & où les
vapeurs montent encore actuellement.

Les loix perpétuelles du mouvement
suivant lesquelles les rayons du soleil,
la flamme du feu, l'air échauffé, &
les vapeurs ou exhalaisons chaudes sont
mues, font, que les particules du feu
se portent continuellement vers l'endroit le plus froid, ou vers un corps
froid d'une espece plus pesante, qu'elles
s'attachent à lui & qu'elles le pénetrent
rapidement. Tant que les vapeurs sont
mues, elles sont chaudes; mais dès
qu'elles perdent leur chaleur, elles se
conservent dans l'air d'une maniere
particuliere, qu'il n'est pas nécessaire
d'expliquer ici (*a*). Il arrive assez souvent

(*a*) Voyez la dissertation de M. *Hamberger*, *de
ascensûs vaporum causis*, 1743, & celle de M. *Krat-
zenstein*, sur le même sujet. Ces deux pieces ont
remporté le prix de l'Académie de Bordeaux.

Y 2

que l'air est mu dans le même temps & dans la même contrée, par plusieurs causes qui existent ensemble dans le cercle des vapeurs & qui sont si diversement modifiées, qu'on peut distinguer trois sortes de vents. Nous avons observé cela tous les ans, non seulement dans les nuages suspendus en l'air à différentes élévations qui se portent les uns vers les autres, mais encore dans les girouettes sur les maisons & les tours.

Les vapeurs sont des particules d'eau qui s'élevent des pores de la terre & de l'eau même.

Un amas visible de vapeurs qui sont suspendues dans l'air supérieur, ou qui sont mues par le vent, forme les nuages.

La grêle considérée en général, est par sa nature un phénomene aqueux. Elle consiste spécialement en vapeurs aqueuses consolidées par le froid. Ces vapeurs tombent pour l'ordinaire en petits globules qui renferment souvent une neige entourrée de glace, mais qui quelquefois représentent aussi simplement des globes de glace plus ou moins transparents.

Quoiqu'ordinairement la grêle soit ronde, elle tombe cependant sous diverses formes. Nous avons vu en 1750, tomber ici (*b*) de la grêle en tablettes oblongues. Cette observation n'est pas neuve : nous l'alléguons seulement pour prouver que ce phénomene arrive de temps en temps dans le nord. Nous parlerons plus bas des tablettes de glace qui tomberent autrefois à Nimegue. En Suisse on a plusieurs de ces observations décrites par M. *Scheuchzer* (*c*). La tour de Rhinfelden fut frappée un jour de terribles coups de foudre & d'éclairs, qui furent suivis d'une grêle de pierres en forme de disque. Cette étrange grêle renversoit tout à un demi mille au dessus de Zurich ; les pierres étoient de diverses figures. Il y en avoit de minces assez larges; quelques-unes étoient longues & dentelées. En 1683, la troisieme fête de la Pentecôte, il tomba à Englisau, à six heures du soir, une grêle digne d'admiration, qui dura pendant un quart d'heure. Elle étoit

(*b*) A Altona.
(*c*) Histor. natur. Helvet. tom. I. p. 230.

communément de la largeur d'un petit écu ; mais il y avoit des grêlons
d'un pouce de longueur, d'autres ronds
comme une noix, d'autres baroques,
c'est-à-dire avec beaucoup de dents &
de coins. En 1720, le premier Juillet,
il tomba en Bohême, à Reichstadt,
une grêle de tablettes de glace (*d*),
longues environ de deux pouces &
épaisses d'une demi-ligne, qui se bri-
soient dans l'air les unes contre les
autres.

On a observé dans la grêle des corps
légers qui s'y trouvoient renfermés. J'ai
observé moi-même, il y a vingt-huit
ans, dans le mois de Juin (*e*), après
un violent tourbillon qui m'obligea de
passer la nuit dans un village de l'Elec-
torat de Treves, qu'il y avoit dans
des morceaux de grêle qui venoient
de tomber, une espece de petites pailles
entourées de neige, & couvertes de
l'écorce de la glace. MM. *Scheuzher* (*f*)
& *Fromond* (*g*) ont observé la même

(*d*) Collection de Breslau , tome XIII. p. 206.
(*e*) 1732.
(*f*) Collection de Breslau , tome IX. p. 90.
(*g*) Meteorolog. liv. I. c. 8. p. 342.

chofe. ,, On trouve , dit le dernier ,
,, de temps en temps dans la grêle
,, de menues pailles & d'autres chofes
,, légeres que le vent a enlevées de
,, terre & a mélées avec les gouttes de
,, pluie. Moi-même , ajoute-t-il , j'ai
,, vu quelquefois tomber des morceaux
,, de grêle qui étoient enveloppés dans
,, de petits fibres de glace , & dont
,, les noyaux étoient blanchâtres &
,, fpongieux. ,,

L'épaiffeur d'un nuage (*altitudo nubis hypoftatica*) eft fon extenfion dans l'air, fuivant fon élévation & fa profondeur. Mais fon élévation (*altitudo elevationis*), eft fa diftance de la fuperficie de la terre. Si la grêle doit tomber le jour , il faut le concours de trois circonftances , favoir , la préfence du foleil ; un nuage épais , mais où l'on puiffe diftinguer la partie fupérieure, moyenne & inférieure ; & au deffous un air plus froid. L'élévation du nuage qui porte la grêle, ou fa diftance de la terre , n'eft pas fort grande , mais il a d'autant plus d'épaiffeur. Quelques phyficiens lui donnent cent pieds , mais elle en a davantage , comme nous le verrons plus bas.

Y 4

Tout le monde a l'expérience que la grêle est toujours précédée de vent. Or ce vent dissipant les particules de feu qui résident dans l'atmosphere, & les rayons du soleil étant interceptés par l'épaisseur du nuage, l'air alors perd sa chaleur, s'épaissit lui-même & entretient le vent. L'équilibre étant ainsi détruit dans l'air, il faut nécessairement que cet air soit plus froid sous le nuage, qui doit bientôt produire la grêle.

Quoique les rayons du soleil soient cachés par ce nuage, au point qu'on ne voit plus cet astre, & qu'il n'échauffe plus d'une maniere sensible les corps terrestres qui se trouvent situés perpendiculairement sous la nuée, ils agissent cependant avec d'autant plus de force au dessus, & ils font leur effet particuliérement sur la partie supérieure du nuage : car plus la ligne, suivant laquelle les rayons du soleil tombent sur les corps, est droite, plus l'action de leur chaleur est forte ; plus cette ligne au contraire est oblique, plus leur impression est foible.

Comme la force avec laquelle les rayons du soleil agissent dans la partie

J. Aveline.

explication de la figure représentant le mont vésuve vû du palais du roi

1 sommet méridional du vésuve par où sorte feu 2 sommet septentrional du vésuve vulgairement le mont de somme 3 enceinte tortueuse de rochers du côté du septentrion 4 vallée entre les deux sommets vulgairement le val d'atria 5 nouvelle ouverture du torrent de feu 6 première ouverture vulgairement le plan 7 route du torrent de feu nouvellement sorti 8 chapelle de saint janvier 9 colline où est le désert des camaldules 10 eglise de sainte marie de la pouille 11 retina 12 portici 13 leupetra 14 village de saint sebastien 15 massa village 16 trochlea village 17 borna village 18 terducio village 19 fort nouvellement bati pour la défense de la côte 20 tour de mali 21 embouchure du sebete avec son pont 22 extrémite du fauxbourg oriental 23 partie du bassin de naples 24 tour d'octave qu'on croit être à la place de l'herculanum ou tour d'hercule

supérieure du nuage à grêle, en l'é-
chauffant le raréfient , les vapeurs
échauffées se portent vers la moyenne
partie du nuage, qui n'a pu être échauffée par le soleil. Mais en passant par
cette partie , elles s'unissent avec les
vapeurs qui s'y trouvent , & tombent
en gouttes dans la partie inférieure. Or
comme cette partie doit naturellement
être beaucoup plus froide , ses intervalles se resserrent & les vapeurs qui
s'en expriment se congelent & se changent en neige. Voilà ce qui fait que
les vapeurs chaudes de la partie supérieure du nuage , qui tombent de son
centre , s'unissent avec les vapeurs qui
s'y trouvent , & distillent dans la partie inférieure. Ces gouttes trouvant dans
cette partie de la neige , s'y attachent ,
s'y incorporent & perdent bientôt leur
chaleur & leur fluidité. Ainsi se forment
ces globules incrustés de glace qui ont
en dedans un véritable noyau de neige.
Ils tombent à cause de leur pesanteur ,
& avec d'autant moins d'ordre , que
l'orage qui précipite la grêle , est plus
impétueux. C'est pourquoi la plus petite grêle fait quelquefois bien du dommage. Quant aux grêlons d'un gros

volume, sans le secours du vent, leur seul poids suffit pour faire beaucoup de mal : car la pluie seule renversant les bleds, que ne feront pas de gros morceaux de grêle ? Toute grêle à laquelle une prodigieuse quantité de gouttes de pluie s'est attachée en tombant, & s'y est gelée, étant alors augmentée de poids, se précipite avec encore plus de célérité, parce qu'elle trouve un air toujours plus épais, à mesure qu'elle approche de la superficie de la terre ; ensorte que sa pesanteur augmentant en raison de la vîtesse de sa chûte, il n'est pas étonnant que cette grêle renverse, écrase tout ce qu'elle rencontre, & qu'elle blesse ou tue jusqu'aux animaux.

Un seul & même nuage, où l'on peut distinguer trois parties, peut se trouver en même temps dans des régions d'air de différents degrés de chaleur : car plus l'atmosphere est éloignée de la superficie de la terre, plus elle est froide ; les expériences & les principes de la physique le prouvent assez. Quiconque a jamais eu occasion de gravir en été les Alpes, & les monts Carpathes, sent sur leurs cimes un froid

très vif , se promene au milieu des
neiges , & souffre toutes les incom-
modités de l'hiver.

S'il doit tomber une grêle forte &
pesante, il faut qu'il y ait un nuage
bien épais, dont la partie supérieure
& la moyenne soient suspendues dans
un air fort froid ; tandis qu'au contraire la partie inférieure , & celle qui
est la plus proche de la terre doivent
se trouver dans un air tiede , échauffé
par les vapeurs qui montent.

Si par conséquent nous adoptons
l'opinion de ceux qui prétendent que
l'épaisseur ou l'élévation d'un nuage
est de cent pieds, la hauteur de chaque tiers du nuage épais est de trente-
trois pieds & un tiers. Or une différence de trente-trois pieds & un tiers
dans l'éloignement de la terre ne peut
pas causer dans l'atmosphere autant de
différence entre les degrés de chaud &
de froid , que la génération de la
grêle en exige. Mais si nous supposons
qu'un nuage a du moins cent quatre-
vingts pieds d'épaisseur , ce qui fait
soixante pieds pour chaque tiers, il est
possible que la partie inférieure de ce
nuage soit dans une région plus chaude

de l'air, & que les deux autres au contraire soient dans une région plus froide.

Il est bon de remarquer qu'un nuage épais, tel que ceux qui portent la neige & la grêle, est plus près de la terre, que ne le croiroient ceux qui ne savent pas ce qu'il faut pour former une grêle plus grosse. Un pareil nuage doit avoir une telle épaisseur, qu'on puisse y distinguer trois parties, & n'être placé ni trop haut, ni trop bas. Car s'il étoit placé trop haut, sa partie inférieure ne pourroit pas être échauffée par les vapeurs qui montent de la terre, vu que plus ces vapeurs s'élevent, plus elles perdent de leur chaleur, & plus l'air qui les environne, est froid. Si au contraire le nuage étoit placé trop près de la terre, sa partie inférieure & sa partie moyenne seroient échauffées par ces vapeurs, & deviendroient par conséquent inutiles pour la formation des grands morceaux de grêle. Ceux qui ont calculé la distance des nuages de la terre, ont entrevu ce phénomene. *Kepler* qui tient le premier rang parmi eux, s'exprime ainsi (*h*) : ,, Aucun nuage

______

(*h*) Epitom. Astronom. Copernic. liv. I. c. 70.

„ n'eft plus élevé que d'un quart de
„ mille , & la plupart ont encore été
„ trouvés beaucoup plus bas , par ceux
„ qui ont mefuré leurs diftances fur
„ les plus baffes côtes. „ Or fuivant
le calcul des plus célebres géometres ,
un mille d'Allemagne vaut vingt mille
pieds du Rhin, (*i*) & par conféquent
un nuage mince n'étant pas éloigné de
la terre de plus d'un quart de mille ,
c'eft-à-dire , de cinq mille pieds du
Rhin , il faut néceffairement que les
nuages épais & péfants foient plus proches de la terre. *Cardan* a trouvé l'élévation d'un nuage , ou fa diftance de
la terre de deux mille trois cents quatre-
vingts pieds du Rhin , & *Fromond* dans
fa météorologie, (*k*) dit, qu'un nuage
de pluie eft rarement placé plus haut
qu'à cinq cents pas, ou à deux mille
cinq cents pieds de la terre. Que l'on
fuive le calcul de *Cardan* ou celui de
Fromond , on ne pourra pas s'écarter
beaucoup du véritable éloignement des
nuages qui donnent la plus groffe grêle,

Causes de
la grêle
pendant
la nuit.

(*i*) Gafp. Schott. mathefis Cæfar. p. 2. prob, 93.
p. 286.
(*k*) Liv. 5. art. 2. p. 230.

parce que cet éloignement n'est pas toujours le même.

La distance où les nuages font de la terre, telle que l'ingénieux *Kepler* l'a fixée, peut aussi se déterminer par les observations que les anciens ont faites sur la cime des monts Athos & Olimpe. *Pomponius Mela* (*l*) dit que le mont Athos est si haut, qu'on le croit plus élevé que la région d'où tombe la pluie. Il ajoute que cette opinion est croyable, parce que les cendres des autels construits sur le sommet de ce mont, ne font pas emportées par les eaux, mais restent entassées. *Solin* (*m*) dit qu'*Homere* n'a pas fait sans raison l'éloge de l'Olimpe, & que son admirable cime s'élève à une si grande hauteur, qu'on la confond avec le ciel. Sur cette cime, continue-t-il, est un autel consacré à Jupiter, où quand il reste quelque chose des sacrifices, rien n'est emporté ni par les vents, ni par la pluie, & tout se retrouve l'année d'après, tel qu'on l'a laissé; ensorte

(*l*) De situ orbis, liv. II, c. 2.
(*m*) Cap. 9.

que ce qui a été facrifié au Dieu, eft à l'abri des injures de toutes les faifons. On y retrouve jufqu'aux caracteres qu'on a tracés fur les cendres. Si cette derniere circonftance eft vraie, il eft bien certain que la cime du mont eft élevée au deffus de la région des nuages. Car où il n'y a pas de mouvement de l'air, qui eft le corps le plus fluide & le plus mobile, il faut néceffairement qu'il ne puiffe être pénétré par celui de l'atmofphere que tant de caufes tiennent toujours dans un mouvement continuel.

On peut donc demander ici de quelle hauteur l'Olimpe peut être? Plutarque en a déterminé la hauteur dans le paffage fuivant (*n*). ,, Paul Emile, dit- ,, il, s'étant affis près de *Pythous*, fit ,, dire à fes foldats, de fe repofer. ,, C'eft là que l'Olimpe s'éleve à plus ,, de dix ftades, &c.

Quoique les géometres affurent que ni la hauteur des montagnes, ni la profondeur de la mer ne peut aller à dix ftades, il eft évident que Xenagore

______

(*n*) Vie de Paul Emile.

dont Plutarque cite en cet endroit six vers grecs, l'avoit mesurée non superficiellement, mais avec réflexion & avec des instruments.

Voici ce que disent ces vers : „ la „ hauteur perpendiculaire du temple „ d'Apollon Pythien, jusqu'à la plus „ haute cime du mont Olimpe, a dix „ stades & un plethron : il manque „ cependant à cette hauteur quatre „ pieds. Xenagore fils d'Eumeles en a „ pris la mesure, &c. ,, Une stade avoit, suivant Columelle (*o*) cent vingt-cinq pas, c'est-à-dire, six cents vingt-cinq pieds, mais il reste à examiner ce que c'est que le πλέθρων Τετράπλω λειπομένων. Chez les géométres πλέθρων revient à la verge, appellée *Arvipendium* ou *Arpendium*. La description du tombeau d'Alyattes Crœsus, semble déterminer cette mesure. Hérodote dit (*p*) que la circonférence de ce tombeau avoit six stades & deux verges (*Arpendia*), & sa largeur treize verges. Xenagore probablement n'a pas

(*o*) De re rust. liv. 5. c. 1.
(*p*) Lib. 1. cap. 93.

entendu

entendu parler ici de l'ancien plethron
d'Hérodote, mais d'une mesure encore
plus grande, que Suidas nous donne
au mot πλιθρον où il dit expressément
qu'un plethron a cent pieds. Cela
supposé, on peut trouver aisément la
véritable hauteur de l'Olimpe.

Dix stades font . . 6250 pieds rom.
Et un plethron moins
quatre pieds fait . . 96 pieds.
La somme fait par ———————————
conséquent . . . . . 6346 pieds rom.

ce qui est la hauteur de l'Olimpe.
Cette somme de 6346 pieds romains,
fait 6093 $\frac{21}{23}$ pieds du Rhin. Or
comme, suivant le calcul de *Kepler*,
les plus hauts nuages ne montent pas
au-delà de cinq mille pieds du
Rhin, la cime de l'Olimpe dépassoit
les nuages de mille quatre-vingt treize
pieds du Rhin, élévation où les causes
qui mettent l'air en mouvement, dis-
paroissent ; & c'est pourquoi les cendres y étoient à l'abri des pluies &
des vents.

Si donc il doit tomber pendant le
jour de la grêle d'une grosseur extraor-

Tome IV.   Z

dinaire, c'eſt par la réunion des cir-conſtances ſuivantes. Il faut 1°. que les rayons du ſoleil agiſſent dans la partie ſupérieure du nuage. 2°. Que la partie moyenne du nuage, dont la hauteur ou épaiſſeur doit être de ſoixante pieds, ſe trouve dans une région froide de l'air, où les vapeurs puiſſent ſe geler & ſe changer aiſément en neige. 3°. Que la partie inférieure de ce nuage ſoit ſuſpendue dans un air plus chaud.

Toutes ces circonſtances concourent enſemble, les vapeurs de la partie ſupérieure du nuage ſont d'abord atténuées & raréfiées par la force des rayons du ſoleil ; enſuite elles ſont portées vers la partie moyenne plus froide, ſur laquelle elles découlent abondamment, où elles s'uniſſent avec les particules de neige qui s'y trouvent, & forment par conſéquent de la grêle. La partie inférieure du nuage eſt en même temps ſuſpendue dans un air plus chaud, ainſi les vapeurs échauffées & raréfiées ſe portent en haut vers la partie moyenne plus froide, où elles s'attachent aux particules de neige qui ont déjà couvert

d'une écorce de glace les vapeurs qui
font tombées d'en-haut. C'est de cette
union rapide & très abondante des vapeurs qui fe réuniffent d'en-haut &
d'en-bas vers la partie moyenne du
nuage , que provient la grêle d'une
groffeur & d'une pefanteur extraordinaires; & plus le nuage eft épais , plus
elle renferme de vapeurs. Si deux de
ces parties fluides s'uniffent avec une
partie folide ou glacée , la grêle devient d'autant plus pefante , qu'il y a
plus de parties aqueufes , qui privées
rapidement de chaleur , en fe gelant ,
s'attachent à celles qui font déjà con-
verties en glace.

Puifque dans le fyftême phyfique ,
il faut qu'il s'éleve dans les airs des
vapeurs de notre globe aqueux & terreftre , ces alluvions vaporeufes doivent fe faire continuellement , mais
plus abondamment dans les contrées
tempérées , & dans les mois du printemps & de l'été , que dans des contrées
& des faifons plus froides. C'eft pour
cela qu'il tombe fouvent dans ces pays
& dans ces faifons des grêles d'une
groffeur extraordinaire , & qu'il en eft
tombé de tout temps.

Nicephore Califte (*q*) rapporte qu'a-près la prife de Rome par Alaric, il tomba dans plufieurs endroits des morceaux de grêle de la groffeur du poing, qui pefoient huit livres. En 824, il tomba près d'Autun en Bourgogne, parmi la grêle un morceau de glace long de feize pieds, large de fept & de l'épaiffeur de deux (*r*).

Le premier Mai 1723, il y eut près de Londres un violent orage, pendant lequel il tomba à un mille autour de cette ville des morceaux de grêle de l'épaiffeur de quatre pouces (*f*).

Le 22 Mai 1720, il tomba à cinq lieues de Ratifbonne, à *Munchshofen* & à *Ratschdorf*, une prodigieufe quantité de grêle groffe comme des œufs de pigeon (*t*).

Le 7 Juin 1722, pendant qu'on faifoit la proceffion à Vienne, il tonna & grêla fi violemment, qu'à peine on put fauver le faint Sacrement des in-

---

(*q*) Hift. Ecclef. lib. 13. c. 36. p. 701.
(*r*) Simon Majoli *Dier. canicul. colloq.* I. *de me-teoris.* p. 14.
(*f*) Collection de Breflau. part. 24. p. 485.
(*t*) *Ibid. part.* 12. p. 158.

fultes de la grêle dont les morceaux pefoient cinq quarterons.

En 1720, le 15 Juin, fuivant la relation de *Scheuchzer*, il tomba en Suiffe, & principalement dans les environs de *Trogenfvvald*, *Rechtobel*, *Speiher* & dans une partie du village de *Teuffen*, par un vent du fud, de la grêle groffe comme une noix, & qui étoit fi dure qu'elle rebondiffoit de terre à la hauteur d'un homme (*u*). Suivant la collection de *Breflau* (p. 12. pag. 654), le 22 Juin 1718, la grêle qui tomba dans le Comté de *Saarofch*, près de *Giralt* en Hongrie, coupa tout ce qu'il y avoit de bled fur neuf territoires; & cette grêle étoit de la groffeur d'un œuf de poule.

Le 22 Juin 1724, il y eut à *Leicefter* un violent orage où il tomba de la grêle dont le volume étoit de cinq pouces. Plus de vingt perfonnes en furent tuées (*x*).

Le premier Juillet 1717, il s'éleva à Hambourg à midi un orage accom-

CAUSES DE
LA GRELE
PENDANT
LA NUIT.

(*u*) Ephemerid. nat. cur. Ann. 5. obferv. 158.
(*x*, Collect. de Breff. p. 5. p. 1498.

pagné de grêle d'une grosseur extraordinaire (*y*). Il en tomba de même dans le Duché de Juliers de la grosseur d'un œuf de poule.

Le 25 Juillet 1723 , vers le soir, il y eut à Francfort sur le Mein , un grand orage qui fit tomber en plusieurs endroits des morceaux de glace si considérables & de la grêle aussi grosse que des œufs de poule.

Le 25 Juillet 1725 , la ville de Nimegue en Hollande , essuya un orage accompagné de tonnerre & mêlé de grêle. Il tomba des grêlons gros comme des œufs de pigeon , avec des morceaux de glace dont quelques-uns étoient épais de quatre pouces , & pesoient jusqu'à quatre onces. La plupart avoient des fourchons ou des aiguilles ; il y en avoit trois ou quatre dans le même morceau , & ces aiguilles avoient encore la longueur d'un pouce. Il est tombé à Monte-rotundo , à douze mille de Rome , une grêle dont quelques morceaux pesoient plus d'une livre.

Le 16 Août 1724 , il est tombé près

____

(*y*) *Ibid.* p. 28. p. 585.

de Cologne fur le Rhin des morceaux de grêle du volume des plus groffes noix.

Le 25 & le 26 Août 1722, on vit tomber à une demi-lieue de Neuftadt près de Vienne, des grêlons dont quelques-uns excédoient le diametre des plus gros œufs de poule.

A la fin d'Août 1720, il s'éleva près de Crême en Italie un orage très violent, pendant lequel il tomba des morceaux de grêle, qui pefoient jufqu'à fix livres, & qui tuerent beaucoup d'hommes & de beftiaux.

A Boulogne en Picardie, on effuya au mois d'Août 1722, un fi terrible orage, que les habitants crurent tous que la ville alloit périr. La plus petite grêle qui tomba parmi la foudre & les éclairs, pefoit plus d'une livre, & la plus forte fept.à huit. La même collection de Breflau, d'où font tirés tous ces faits, contient une obfervation particuliere qui prouve que même dans le mois d'Avril, où le temps eft quelquefois orageux, des nuages épais dont les vapeurs font gelées, jettent quelquefois de la grêle d'un volume extraordinaire.

Z 4

On voit donc comment il est possible que parmi la grêle il tombe des morceaux de glace aiguillés ou ayant des fourchons. Quand les vapeurs sont dissoutes dans la partie supérieure du nuage par la chaleur du soleil, elles découlent abondamment en forme de pluie sur sa partie moyenne. Or les vapeurs de la partie inférieure montant en même temps vers la partie moyenne, elles y forment des morceaux de glace d'une figure irréguliere. Celles-ci se heurtant souvent dans leur chûte, se brisent les unes contre les autres ; mais elles touchent en se cassant, d'autres morceaux de glace avec lesquels elles se congelent aussi-tôt. Ce phénomene arrivant dans la partie moyenne du nuage, & les morceaux de glace tombant par la partie inférieure, les vapeurs plus chaudes qui s'y trouvent, s'y attachent encore, & augmentent leur volume en se congelant.

Des observations anciennes & nouvelles prouvent qu'il tombe de la grêle pendant la nuit. Nous pouvons par conséquent aller de la certitude du phénomene à l'explication de ses causes, pourvu qu'auparavant nous ayons prouvé le premier. Il eſt vrai que ce phénomene ne paroît pas avoir été obſervé par les anciens. Ce n'eſt pas qu'il ne ſoit jamais anciennement tombé de grêle pendant la nuit, mais c'eſt que perſonne ne l'a conſigné par écrit, ou parce que les récits de ce genre ne ſont pas parvenus juſqu'à nous. On en trouve cependant quelque choſe dans ce fragment de *Pacuvius*.

Intereà prope jam occidente ſole , inhorreſcit mare ,
Tenebra condupliſcantur . . . .
Flamma inter nubes corruſcat , cœlum tonitru con-
    tremit ;
Grando mixta imbri largiſlue ſubita præcipitans cadit.

Mais pour qu'on ne prenne pas les grêles nocturnes pour un phénomene ſi nouveau, voici quelques obſervations d'ancienne date. *Scheuchzer* (z) raconte qu'en 1449, il fit à dix heures du ſoir à Bâle un temps extraordinaire mêlé d'éclairs, de tonnerre, d'orage & de grêle. Le jour de la ſaint Pierre & ſaint Paul au ſoir, il vint à Zurich par le mont Albis, un orage ſi affreux,

____

(z) Hiſt. nat. de Suiſſe. part. I. p. 30.

que perſonne ne ſe ſouvenoit d'avoir rien vu de ſemblable. La grêle écraſoit tout à une lieue de la ville. Le 21 Juin 1574 à minuit, il s'éleva deux orages, & le tonnerre tomba ſur pluſieurs arbres. Dans le vallon de *Wagenthal*, il tomba des grêlons gros comme des œufs de poule.

Le 20 Août de la même année, au commencement de la nuit, la grêle fit en pluſieurs endroits de la Valteline beaucoup de ravage. Le 18 Mai 1578 au ſoir, on vit un grand orage avec beaucoup de grêle.

Le jour de l'Aſcenſion en 1584, il fondit ſur la ville & ſur le pays de Zurich une grêle qui fit bien du dommage.

Le 4 Juin 1586, encore au ſoir, il vint une forte pluie mêlée d'une grande quantité de grêle groſſe comme des feves.

Le 14 Juillet 1597, à minuit, il y eut un tonnerre & des éclairs effroyables avec de la grêle qui ravagea tout dans pluſieurs endroits, principalement dans le Bailliage de *Rothenbourg*, canton de Lucerne, enſorte qu'il n'y eut pas de moiſſon.

Le 7 Juin 1623, à la nuit fermante, il s'éleva un temps orageux mêlé de giboulée, de tonnerre, d'éclairs & de grêle.

Le 16 Juillet 1686, à neuf heures du foir, il tomba une grêle extraordinaire dont la ville de Zurich effuya la plus grande partie.

Le 11 Juillet 1689, à dix heures du foir, il tomba de même à Vienne & dans les environs, une grande quantité de grêle très groffe qui reffembloit à des œufs d'Autruche . & qui écrafoit hommes, beftiaux & bleds. *Sturmius* l'a fait deffiner (&).

La collection de Breflau contient auffi quelques obfervations de ce fiecle, que nous ne pouvons paffer fous filence.

Le 4 Juillet 1719, il s'éleva à Triefte, entre onze heures du foir & minuit, un orage affreux avec des éclairs, un tonnerre & des morceaux de grêle d'un volume prodigieux. Avant que l'orage commençât, on vit courir dans l'air une grande quantité de feux,

---

(&) Dans fa Phyfique hypothétique, tome 2. p. 1236. fig. 88.

ou de flammes semblables à des feux follets. On a trouvé à trois mille de Cartinare trois énormes grêlons aussi gros que les plus grosses bombes, qui après être fondus en partie, pesoient encore chacun six livres.

Le 25 Juillet 1723, à neuf heures vingt-cinq minutes du soir, il s'éleva à Nuremberg un violent ouragan de nord-ouest. On entendit soudain dans l'air un grand fracas, & quelques moments après il survint une grêle rapide & monstrueuse.

La nuit du 29 au 30 Juillet 1723, on ressentit à Geneve un pareil orage accompagné d'une grêle qui étoit de la grosseur d'une noix & dont quelques grêlons étoient aussi gros que des œufs de poule.

La collection de Breslau, les éphémérides de l'Académie des curieux de la nature, & les mémoires du temps contiennent encore plusieurs autres exemples de grêles nocturnes très fortes & très grosses. Ainsi pour former la grêle, il n'est pas absolument nécessaire que le soleil soit sur l'horison ; il suffit que l'atmosphere y soit disposée par le concours des circonftances ci - devant déduites.

Lorfque le ciel eft conftamment & généralement ferein, il ne peut tomber de grêle ni pendant le jour, ni pendant la nuit. Il faut néceffairement qu'il y ait des vapeurs fufpendues en l'air comme un nuage épais ; mais la préfence du foleil, néceffaire pour la formation de la grêle du jour, ne l'eft pas pour celle de la nuit. En effet s'il doit tomber pendant la nuit de la grêle, il ne faut pour cela qu'un nuage épais, dans lequel on puiffe diftinguer une partie fupérieure & inférieure, dont chacune doit être au moins de quatre-vingt- dix pieds. Il faut que les vapeurs chaudes qui montent de la terre & de l'eau vers la partie inférieure de ce nuage, s'y uniffent & l'échauffent à un certain point. Ces vapeurs peuvent être portées par le vent vers le nuage en queftion, où le vent peut emporter ce nuage dans un endroit de l'atmofphere où il monte des vapeurs chaudes.

Lorfque les rayons du foleil, après fon coucher, ont difparu, les particules de feu, paffant rapidement dans un air plus froid, la partie fupérieure

CAUSES DE LA GRELE PENDANT LA NUIT.

se réfroidit d’autant plus vîte , que l’air qui l’avoisine est plus froid lui-même. La partie inférieure au contraire garde sa chaleur plus long-temps , & cette chaleur pendant la nuit est soutenue ou augmentée par les exhalaisons aqueuses & sulphureuses qui s’élevent encore de la terre que le soleil a échauffée pendant le jour. Cette partie inférieure s’échauffe & plus vîte & plus fort , lorsqu’il souffle en été des vents chauds qui amenent beaucoup de vapeurs , comme font ordinairement les vents de súd , de sud-est & de sud-ouest.

Ces vapeurs chaudes s’unissant avec le nuage inférieur , qui par lui-même est déjà chaud , l’échauffent encore davantage. En été , où la grêle de nuit tombe le plus abondamment , ces vapeurs sont communément sulphureuses, ce qui est suffisamment prouvé par la quantité des éclairs & par les météores ignés que l’on voit parmi la grêle. Les vapeurs terrestres qui sont aussi sulphureuses & d’une espece plus pesante que les vapeurs aqueuses , ne s’échauffent seulement pas plus fort, mais gardent encore plus long-temps

la chaleur ; ainſi ſe mêlant avec les
vapeurs de la partie inférieure , elles
montent vers la partie ſupérieure qui
eſt plus froide & remplie de neige.
Lorſque les vapeurs inférieures du
même nuage ſe portent rapidement &
abondamment vers cette partie ſupérieure , elles s'uniſſent en partie avec les
vapeurs , qui ne ſont pas encore changées en neige & qui tombent en forme
de pluie , & partie à la neige même.
Or celles-ci perdant leur chaleur , ſe
condenſent , changent la neige en
glace , & en augmentent la peſanteur,
à proportion de leur abondance ; ce
qui la fait néceſſairement tomber par
petites parcelles ſur la terre , & la
chûte de ces grains de glaces s'étend
dans toute l'épaiſſeur de la partie inférieure du nuage , qui eſt de quatre-
vingt-dix pieds. Les gouttes de pluie
qui tombent en meme temps , & les
vapeurs inférieures ne peuvent pas les
fondre , mais ſe réfroidiſſent plutôt
elles-mêmes par le ſeul contact , tellement qu'elles ſe gelent enſuite , &
qu'elles épaiſſiſſent d'autant plus la
grêle , que la pluie qui tombe d'en-
haut , eſt plus abondante , & qu'il y

a plus de vapeurs chaudes qui remplissent la partie inférieure du nuage. Tels font, à ce qu'il nous semble, les accidents des météores qui causent les grêles nocturnes.

Les opinions des anciens sur le phénomene de la grêle, ne valent presque pas la peine d'être rapportées. Aristote n'a rien laissé sur cela qui mérite quelque considération. Seneque dit que la grêle se forme d'un nuage tout à fait glacé (1). Les physiciens des temps modernes suivoient les dogmes de leurs anciens maîtres, & n'avoient de tout ceci que des idées foibles ou obscures. La plupart ou n'avoient pas observé la grêle de nuit, ou ne nous ont pas transmis leurs observations.. *Harcæus* (2) dit cependant que la grêle tombe plutôt le jour que la nuit. *Fromond* (3) écrit aussi que la grêle tombe communément le jour, mais plus rarement la nuit, & alors seulement par un orage qui passe bien vîte ; parce que la pré-

---

(1) Quæst. nat. liv. IV.
(2) Météorolog. p. 134.
(3) Météorolog. liv. V. c. 8. p. 343.

fence du foleil, ajoute-t il, rend pendant le jour l'antipériftafe de la chaleur dans l'air inférieur plus efficace. *François Piccolomini, Pierre Gaffendi, le Pere Kircher, M. Duhamel,* & plufieurs autres ont cherché à expliquer de la même maniere l'origine de la grêle. *M. Moneftier* croit qu'il faut, pour engendrer de la grêle, du fel & des tourbillons; il bâtit fur cela fon fyftême (4).

La grêle caufoit toujours beaucoup d'effroi aux anciens. Cette frayeur provenoit vraifemblablement du tort qu'elle faifoit à leurs moiffons & de la difette qui d'ordinaire s'enfuivoit naturellement. C'eft ce qui fait dire à Ariftote (5), que la grêle tombe communément au printemps, & encore plus fouvent en automne, ainfi que dans le temps où les bleds mûriffent; mais rarement en hiver, ou feulement quand il ne fait pas bien froid. La

---

(4) Differtation fur la nature & la formation de la grêle, qui a remporté le prix de l'Académie de Bordeaux en 1754.

(5) Météorolog. liv. I. c. 12.

grêle en général se forme dans les contrées plus tempérées, mais elle tombe aussi dans des contrées plus froides. Or la Grece & l'Italie étant comptées parmi les pays chauds de l'Europe, elles sont aussi remplies de vapeurs aqueuses & sulphureuses, parce qu'elles sont situées entre les mers, dont les évaporations augmentent beaucoup les vapeurs qui sont apportées par les vents du sud, & contribuent de cette façon à la formation de la grêle.

Les Grecs craignoient extrêmement la grêle. Cléon de Paphlagonie, Général des Athéniens, avoit avec lui des observateurs qui prétendoient prédire la grêle, pour la détourner. Clément d'Alexandrie (6) fait mention de cet homme superstitieux qu'il appelle μεθοδικων & ευρημωλη Il dit que les magiciens de Cléon, qui observoient les accidents des nuages d'où la grêle devoit tomber, se piquoient de la détourner par des chants & par des sacrifices, & que quand par hasard ils

____

(6) *Stromat.* liv. VI. p. 629.

manquoient de victimes, ils tiroient
du sang de leurs doigts. Plutarque a
parlé de ce Cléon qui avec toutes ses
superstitions étoit un assez méchant
homme; & Seneque s'exprime ainsi
sur les observations de la grêle. ,, Je
,, ne peux pas m'empêcher, dit il, de
,, faire mention de toutes nos folies.
,, On dit qu'il y a des spéculateurs de
,, nuages, qui prophétisent la grêle,
,, & qui ont acquis cette connoissance
,, en observant avec attention les cou-
,, leurs de ceux d'où il est toujours
,, tombé de la grêle Les prétendus
,, observateurs de Cléon étoient des
,, prophetes de ce genre. Dès que ces
,, gens-là avoient annoncé qu'il tom-
,, beroit de la grêle, tout le monde,
,, au lieu de courir chercher ses habits
,, de fatigue ou son manteau, comme
,, on se l'imagineroit, ne pensoit à
,, rien moins. L'un sacrifioit un agneau,
,, l'autre une poule; & dès que les
,, nuages menaçoient seulement un
,, peu, on se réfugioit aussi-tôt ailleurs.
,, Si ceci paroît ridicule, voici qui
,, qui l'est encore plus. Lorsqu'on n'a-
,, voit ni agneau, ni poule, pour sa-
,, crifier, on s'en prenoit à soi-même,

CAUSES DE
LA GRELE
PENDANT
LA NUIT.

A a 2

,, ce qui pouvoit encore se faire sans
,, danger. Car pour qu'on ne crût
,, pas que les nuages étoient sangui-
,, naires ou cruels, on n'avoit qu'à se
,, piquer le doigt avec une aiguille,
,, ce sang suffisoit pour l'expiation ;
,, la grêle se détournoit alors de celui
,, qui n'avoit donné qu'une goutte de
,, son sang , tout aussi-bien que du
,, champ d'un autre à qui il en coûtoit
,, des victimes.

Il y a dans les loix des douze tables
une défense de jeter aucun sort sur les
bleds d'autrui. Car les anciens croyoient
que la pluie pouvoit être appellée ou
repoussée par le chant.

Les Grecs & les Romains essayoient
toutes sortes de moyens pour détourner le dommage que la grêle pouvoit
faire dans leurs vignes & dans leurs
champs. Pausanias (7) dit avoir vu des
gens , qui détournoient la grêle par
des sacrifices & par des opérations ma-
giques. Mais puisque les anciens re-
gardoient le dommage causé par la
grêle ou par la pluie, comme une

______

(7) Liv. XI. c. 34.

punition des Dieux irrités contre les hommes (8), il n'est pas étonnant qu'ils cherchassent à les appaiser par des sacrifices.

Outre les sacrifices usités contre la grêle & la pluie, les anciens avoient encore d'autres moyens aussi foux. Philostrate (heroic. c. 11.) nous apprend un usage assez bisarre. ,, Dis-moi, ,, toi qui aimes la vigne, ce que tu ,, crains le plus? Que dois-je crain- ,, dre, que la grêle qui la détruit ,, entiérement! Mais nous allons atta- ,, cher un ruban autour d'un sep, & ,, la grêle alors épargnera toutes les autres. ,, Palladius (9) confirme encore cet usage superstitieux. ,, On croit, ,, dit-il, détourner la grêle d'un champ, ,, lorsqu'on porte de tous côtés dans ,, les environs de ce champ la peau ,, d'un crocodile, ou d'un veau ma- ,, rin, & lorsqu'on la pend dans le ,, moment du péril à la porte de sa ,, métairie; comme aussi lorsque te- ,, nant dans sa main à l'envers une ,, tortue d'eau, on parcourt ainsi son

(8) Aristoph. in nub. v. 1124.
(9) De re rust. liv. I. tit. 30.

A a 3

,, vignoble, & qu'au retour on la pose
,, dans la même situation, le dos contre
,, terre ; ou lorsqu'on met des mottes
,, de terre dans la cavité de l'écaille,
,, de façon que la tortue ne puisse se
,, tourner, mais reste couchée sur le dos.
,, On prétend qu'avec cette pratique,
,, les nuages dangereux se dissipent, sans
,, faire aucun tort à la contrée, à la-
,, quelle on a pourvu de cette maniere.

Quelques-uns, à l'approche d'un orage,
présentoient un miroir contre le nuage,
afin qu'il s'y réfléchît, ce qui l'obligeoit,
dit-on, de passer très vîte, ou parce qu'il
ne pouvoit souffrir son image, ou parce
qu'il vouloit faire place à un autre. On
prétendoit encore que la peau d'un veau
marin étendue dans le milieu d'un
vignoble sur un sep de vigne, garan-
tissoit tous les autres du danger. On
couvroit encore les moulins avec une
toile rouge, couleur de rose ; on menaçoit le ciel avec une coignée ensan-
glantée ; on environnoit son jardin
d'une haie de l'arbrisseau appellé par
les Latins *vitis alba* ; on clouoit un
hibou les aîles étendues sur sa porte,
& on enduisoit les ferremens d'agri-
culture de graisse d'ours, &c.

HISTOIRE
DU MONT VESUVE,
ET EXPOSITION
DE SES PHÉNOMENES.

Par le Pere Jean-Marie DELLA TORRE (de la Tour), Clerc régulier de l'Ordre des Somasques (a); Professeur de Physique du College Archiépiscopal de Naples, & Correspondant de l'Académie Royale des Sciences de Paris.

DEpuis l'époque fatale de la ruine de Lisbonne, il n'a été question pendant long-temps dans nos entretiens

(a) Congrégation de Religieux, instituée vers l'an 1528. Ces Clercs furent nommés *Somasques*, parce qu'ils établirent leur chef-d'ordre à *Somasque*, village situé entre Bergame & Milan. Le Pape *Pie V*, par un Bref du 6 Décembre 1568, les mit au nombre des Ordres Religieux sous la regle de *Saint Augustin*. Ils sont florissants en Italie.

A a 4

que de ces affreux tremblements de terre
dont le récit fait friſſonner les nations
mêmes qui ſont à l'abri de leurs ravages. Cette triſte conjoncture rendra les
lecteurs plus attentifs, & les intéreſſera
ſans doute davantage à *l'hiſtoire du
Mont Veſuve* ce monſtre redoutable,
(s'il m'eſt permis d'employer cette ex-
preſſion) dont on ne peut ni prévoir,
ni adoucir, ni détourner la fureur re-
naiſſante. Nous ſavons que cet objet a
déjà été préſenté dans le Journal étranger du mois d'Octobre 1754, p. 90,
& qu'on y a fait mention d'une *deſcription hiſtorique & philoſophique du
Mont Veſuve*, par M. l'Abbé *Joſeph-
Marie Mecatti*. *Protonotaire Apoſtolique.*
Mais comme l'écrit du Pere *della Torre*
eſt plus récent, qu'il eſt compoſé par
un Auteur plus célebre, qu'il contient
des particularités qui ne ſe trouvent
point dans le premier ouvrage ou du
moins dans l'extrait laconique de huit
pages qu'on en a donné, & que les
circonſtances nous inſpirent une curio-
ſité mêlée d'épouvante pour ces ſortes
de tableaux, nous avons cru pouvoir
expoſer celui-ci aux regards du public.

L'ouvrage du Pere *della Torre* eſt divifé en fix chapitres. Le premier traite *de l'état préfent du Véfuve* ; le fecond *de l'ancien* ; le troifieme eft rempli *de différentes citations des anciens auteurs dans lefquels il eft fait mention du Véfuve* ; le quatrieme préfente une *fuite chronologique des éruptions de cette montagne & des auteurs qui en ont parlé depuis 1631* ; dans le cinquieme il eft queftion *des différentes matieres que le Véfuve vomit* ; le fixieme enfin contient des *explications des phénomenes obfervés dans les éruptions du Véfuve.* Il nous feroit aifé de fuivre l'ordre que l'auteur a établi, mais nous renonçons à cette facilité pour procurer plus d'agrément à nos lecteurs, en ne leur offrant que ce qu'il y a d'effentiel dans ce livre.

Le mont *Véfuve*, fitué dans la terre de Labour au royaume de Naples, femble une partie détachée de cette chaîne de montagnes qui, fous le nom d'Apennin, divife toute l'Italie dans fa longueur. Sa pofition eft orientale relativement à Naples, dont il eft éloigné d'environ huit milles d'Italie (*a*). Il eft

HISTOIRE
DU MONT
VESUVE.

______

(*a*) La mefure dont l'auteur fe fert dans le cours de fon hiftoire, eft le pied de Paris. Le mille d'Italie contient 5706 pieds de Paris.

composé de trois monts différents; l'un est le *Vesuve* proprement dit ; les deux autres sont les monts de *Somma* & d'*Ottajane*. Ces deux derniers, placés plus occidentalement, forment une espece de demi-cercle autour du *Vesuve* avec lequel ils ont des racines communes.

Cette montagne étoit autrefois entourée de campagnes fertiles & couverte elle-même d'arbres & de verdure, excepté sa cime qui étoit plate & stérile, & où l'on voyoit plusieurs cavernes entr'ouvertes. Il étoit environné de quantité de rochers qui en rendoient l'accès difficile, & dont les pointes, qui étoient fort hautes, cachoient le vallon élevé qui se trouve entre le *Vesuve* & les monts de *Somma* & d'*Ottajano*. La cime du *Vesuve*, qui s'est abaissée depuis considérablement, se faisant alors beaucoup plus remarquer, il n'est pas étonnant que les anciens aient cru qu'il n'avoit qu'un sommet. On seroit encore tenté de le croire de nos jours, si on ne le regardoit que d'un certain point de vue.

La largeur du vallon est à son entrée de 2220 pieds de Paris : largeur qu'il

conferve dans prefque toute fa longueur, qui équivaut à peu près à fa
largeur. Ce vallon, pris dans fa tota-
lité, préfente une furface de 18428 pieds.
Comme il entoure la moitié du *Véfuve*,
le circuit de cette montagne, à la
hauteur du vallon, eft de 36856 pieds
ou de fix milles & demi d'Italie. Dans
le bas fa circonférence prife avec celle
des monts *Somma* & *Ottajano*, eft de
vingt-quatre milles environ.

Tout le vallon & tous les côtés du
Véfuve font remplis de fable brûlé &
de petites pierres ponces. Les rochers
qui s'étendent des monts *Somma* &
Ottajano offrent tout au plus quelques
brins d'herbes, tandis que ces monts
font extérieurement couverts d'arbres
& de verdure. Ces roches paroiffent
au premier coup d'œil des pierres brûlées; mais en les obfervant attentive-
ment, on voit qu'elles font, ainfi que
toutes les montagnes, formées de lits
de pierres naturelles, de terre couleur
de chataigne, de craie & de pierres
blanches qui ne paroiffent nullement
avoir été liquéfiées par le feu. Le fel
ammoniac dont le *Véfuve* & les monts
de *Somma* & d'*Ottajano* abondent,

conserve long-temps, dans leur état naturel, la grêle & la neige lorsqu'il y en tombe. L'auteur étant monté sur le *Vésuve* le 25 Février de l'année 1755, le trouva couvert de grêle tombée deux jours auparavant.

La superficie du vallon étant fablonneufe, s'imbibe facilement des eaux de pluie. Auffi n'y trouve-t-on de l'eau que bien rarement, quelque quantité qu'il en foit tombée. Le terrein paroît feulement alors un peu plus mol. Il y a grande apparence que ces eaux raffemblées à une certaine profondeur y forment un baffin, qui vraifemblablement entretient les petits ruiffeaux qui fortent en quelques endroits du pied du *Vésuve*. C'eft peut-être ce baffin qui fournit les puits que l'on fait entre le *Vésuve* & la mer. Ce qui favorife beaucoup cette opinion, c'eft que toutes les fois que l'on creufe un puits, l'eau commence à paroître du côté de la montagne, tandis que la terre eft feche du côté qui regarde la mer. C'eft encore à ces réfervoirs formés dans le vallon & dans l'intérieur du *Vésuve* qu'il faut attribuer ces torrents d'eaux imprévus, qui, dans certaines années, defcendent de la montagne, quelquefois même de sa cime, où la violence du feu les a élevés.

On voit tout autour du *Vésuve* les ouvertures qui s'y font faites en différents temps, auxquelles on donne le nom de *bouches*. C'est par-là que sortent les *laves*. On appelle ainsi ces torrents de matiere liquéfiée qui sortant des flancs entr'ouverts du *Vésuve*, tantôt courant sur la croupe de la montagne, tantôt se répandant dans les campagnes qui sont au pied, tantôt enfin allant jusqu'à la mer, s'endurcissent comme une pierre, lorsque la matiere vient à se refroidir. On s'en sert pour paver les rues de Naples, ou on les emploie encore dans la construction des édifices les plus solides. Une partie des *bouches* dont nous venons de parler, ont été fermées par le sable que les vents & la pluie y ont amoncelés.

Quand on est arrivé à la cime du *Vésuve*, au lieu d'y trouver un terrein plat, comme l'on s'y attend, on ne rencontre qu'une espece d'ourlet ou de rebord de quatre à cinq palmes (*a*) de large, qui

---

(*a*) La palme Napolitaine est d'environ huit pouces trois lignes & demie.

prolongé autour de la cime, décrit une circonférence de 5624 pieds de Paris. On peut marcher commodément sur ce rebord. Il est tout couvert d'un sable brûlé, qui est rouge en quelques endroits, & sous lequel on trouve des pierres, partie naturelles, partie calcinées. Ce rebord n'est point d'une égale hauteur dans son tour ; il est plus bas du côté de *Refina* que par tout ailleurs. Il est pareillement abaissé du côté d'*Ottojano*. L'endroit le plus élevé, est sur la gauche du chemin de *Refina*, & forme une pointe dont la cime se partage en deux parties inclinées sur le plan intérieur. On remarque dans ces deux sommités des lits de pierres naturelles arrangées comme dans toutes les montagnes : circonstance qui détruit le sentiment de ceux qui regardent le *Vefuve* comme une montagne qui s'est élevée peu à peu au dessus du plan du vallon. Il est plus naturel de croire qu'elle a toujours existé & que ce n'est point des matieres qu'a jeté le volcan, qu'elle s'est formée. Nous ne prétendons point combattre directement l'opinion de l'auteur, ni affirmer positivement que la formation des montagnes est postérieure à la création du monde. Il se peut faire que toutes les montagnes n'aient point été produites par des mouvements intestins de la terre. Mais ne peut-on point raisonnablement excepter de la généralité celles où il se trouve des volcans? Il y a grande apparence qu'elles ne sont que des portions de terre soulevées par l'effort des inflammations souterreines. La situation du *Vesuve*, qui est détaché de l'*Appennin* & isolé, sa forme arrondie comme celle d'une taupiniere, invitent à lui supposer une pareille origine.

On trouve deux chemins pour descendre du bord dans l'intérieur, & s'approcher du gouffre où fermente la matiere, & duquel il sort une fumée continuelle. Lorsque l'auteur descendit dans le plan intérieur, il le trouva couvert d'une croute épaisse d'un doigt, d'une substance dure & poreuse. Elle étoit jaune à la surface & blanche au dessous, raboteuse, crévée en plusieurs endroits, & si lisse en quelques-uns, que le pied ne pouvoit y tenir. L'auteur entre ici dans des détails où il seroit trop long de le suivre. Nous nous en dispensons avec d'autant plus de liberté, qu'il reconnoît lui-même que la forme du plan intérieur varie continuellement.

La profondeur du gouffre, où la matiere bouillonne, peut être de 543 pieds environ. Pour la hauteur absolue de la montagne, c'est-à-dire, la distance de la cime au niveau de la mer, elle est, selon notre auteur, de 1677 pieds qui font le tiers d'un mille d'Italie.

Cette hauteur a vraisemblablement été beaucoup plus considérable. Les éruptions qui ont changé la forme extérieure de la montagne en ont aussi diminué l'élévation par les parties qu'elles ont détachées du sommet, & qui ont roulé dans le gouffre.

Le premier incendie du *Vesuve*, dont les historiens nous aient conservé la mémoire, arriva l'an 79 de notre ere. *Pline l'ancien* y fut suffoqué par les flammes & la fumée, s'étant approché de trop près pour observer ce phéno-mene. Au rapport de *Pline le jeune* son neveu, qui nous en a laissé la description, dans la seizieme lettre de son sixieme livre adressée à *Tacite*, ce
fut

fut le 24 d'Août , fur les fept heures
du matin , que commença cette terrible éruption. Une fumée épaiffe qu'on
auroit pu prendre pour une nue , s'éleva
d'abord , en forme de pin , de la cime
du *Vefuve*. Tantôt cette fumée s'éclair-
ciffoit, tantôt elle devenoit plus obfcure,
felon qu'elle étoit chargée de cendre
ou de terre. On voit encore au deffus
d'*Herculanum* des lits de ces dernieres
matieres. La fumée venant à s'étendre,
répandoit de tous côtés une grande
quantité de cendre, que *Pline l'ancien*
qui étoit parti de *Misène* pour fe rendre à *Refina* , trouvoit plus chaude &
plus brûlante à mefure qu'il avançoit.
Le foleil , dont les rayons étoient interceptés , ne donnoit qu'une lumiere
pâle. Quelques jours auparavant on
avoit fenti un tremblement de terre
peu confidérable ; mais cette nuit &
la fuivante, il fut fi affreux qu'il fem-
bloit que tout dût s'abymer, & que la mer
même fût repouffée des côtés par l'agitation des terres. Pendant la nuit , on
vit fortir de vaftes flammes de plufieurs
endroits du *Vefuve*.

Pline le jeune ne fait aucune mention
de *laves* ou de matiere fortie du *Vefuve* ;

laquelle, après avoir coulé comme le feroit du cristal liquefié, se feroit endurcie comme une pierre, en venant à se refroidir. Cette omission de sa part & ce que l'on observe dans les fouilles d'*Herculanum* que cette éruption fit périr, donnent lieu de croire qu'il ne sortit point alors de cette matiere. A la vérité le théatre de cette ville est couvert d'une masse de quatre-vingt-quatre palmes Napolitaines de hauteur, & la ville est pareillement couverte, du côté de la mer, d'une masse de cent vingt palmes. Mais, si l'on examine la substance de ces masses, on trouvera qu'elles ne sont composées que d'une cendre très fine & de couleur grise, qui a fait corps avec l'eau, & que le marteau met aisément en poussiere. Cette masse, vue au microscope, présente une matiere saline, mêlée de parties noires & de parties resplendissantes, métalliques & minérales. *Pline le jeune* prétend que cette cendre tomba sur *Herculanum*; mais l'on a trouvé remplis tous les corridors du théâtre, dans lesquels leur forme circulaire ne lui eût point permis de pénétrer, si elle ne fût venue que d'en-haut. Il est bien plus vraisemblable qu'elle descendit de la montagne en forme de riviere, & que c'est là ce qu'on doit entendre par les vastes flammes qu'il dit être sorties du *Vesuve* pendant la nuit.

Dion Cassius, qui nous a aussi laissé la description de cet incendie, ajoute que le *Vesuve* lança de grosses pierres. Il distingue deux sortes de bruits qui se firent entendre. L'un étoit souterrein & semblable à celui du tonnerre entendu dans l'éloignement, l'autre plus sensible, & qui se faisoit entendre à coups redoublés, étoit extérieur, & venoit de la violence avec laquelle l'air se trouvoit écarté par la fumée.

Comme ce phénomene est presque toujours le même, quelque différence qu'il y ait dans les ravages qu'il cause, nous ne ferons qu'indiquer les autres éruptions du *Vesuve*. Les circonstances singulieres que quelques-unes pourront offrir, auront seules le droit de nous arrêter. Le second incendie arriva sous l'Empereur *Sévere*, l'an 203 ; le troisieme en 472, *Anthemius* étant Empereur d'Occident, & Léon I Empereur d'Orient. Dans celui qui fut le quatrieme & qui arriva en 512, sous

Théodoric , Roi d'Italie , non feulement
le *Vefuve* jetta des cendres, il en fortit
encore des torrents de fable enflammé
qui coururent dans la campagne où
ils s'éleverent à la hauteur des arbres.
Le cinquieme arriva en 685 , fous
Conftantin IV ; le fixieme en 993. Dans
le feptieme arrivé en 1036, des torrents
de feu liquide qui coururent jufqu'à la
mer , fortirent non feulement de la
cime, mais encore des flancs du *Vefuve*
qui s'entrouvrirent. Ce fut un torrent
de bitume que l'on vit fortir dans le
huitieme en 1049 , il roula de même
jufqu'à la mer , & fe pétrifia. Le neu-
vieme fut en 1138. Le dixieme en 1139.
Le onzieme en 1306. Le douzieme en
1500. Une pluie de cendre rouge fuivit l'éruption.

Pendant les deux années 1537 &
1538 la côte de *Pouzzol* fut agitée
par des tremblements de terre. Il y
en eut de violents le 27 & le 28 de
Septembre de 1538 , au point que la
mer s'éloigna de quelques pas du rivage. Enfin , la nuit du 29 vers les
deux heures, on vit tout le terrein qui eft
entre le lac d'*Averno* & le mont *Barbaro*,
fe foulever peu à peu & refter élevé de

quelques palmes au deſſus du reſte du
ſol. Cette élévation forma une nouvelle
montagne qui ſubſiſte encore, & qu'on
appelle *Monte-nuovo*. On expliquera
facilement ce phénomene pour peu que
l'on faſſe attention , que la matiere
qui compoſe les *laves* du *Veſuve* a deux
mouvements quand elle court. L'un eſt
un mouvement de progreſſion qui lui
fait ſuivre la pente ; l'autre eſt un
mouvement de fermentation , par lequel elle tend continuellement à ſe
ſoulever , & qui augmente à meſure
qu'elle perd de ſon mouvement progreſſif. Cette obſervation une fois faite , on voit que la matiere contenue
ſous ce terrein , après avoir long-temps
fermenté & être parvenue à ſon plus
haut degré d'efferveſcence , ne pouvant
avoir de mouvement progreſſif , aura
forcé , en ſe dilatant, la réſiſtance que
lui oppoſoit le poids de la terre. L'air
qu'elle aura rencontré augmentant ſon
reſſort , elle aura lancé les lits ſupé-
rieurs de terre & de ſable. Ces lits
retombant par leur propre poids , ſe
feront mêlés dans leur chûte & di-
viſant en partie la matiere bitumi-
neuſe auront formé le *Monte-nuovo*.

Bb 3

Histoire du Mont Vesuve.

De tous les incendies du *Vésuve*, le plus terrible & le plus mémorable, après celui de 79, fut le treizieme arrivé le 16 Décembre 1631. Le torrent de matiere qui sortit des flancs de la montagne, se partagea en sept branches. Celles-ci se diviserent en plusieurs autres qui se répandirent de différents cotés, & porterent le ravage & la désolation dans tous les lieux d'alentour. Il est ordinaire, lorsqu'il a plu beaucoup, de voir des torrents d'eau descendre à grand bruit du *Vésuve* ; mais ceux qui descendirent dans le temps de l'éruption dont il s'agit, firent un dommage plus considérable que de coutume. Leurs eaux se trouvant arrêtées au pied de la montagne par les éminences que des amas de cendre & de sable y avoient formées, cette espece de digue qui les rassembla ne servit qu'à augmenter leur force & à rendre leur chûte plus impétueuse. A ces *laves* d'eau se joignirent les secousses & les tremblements de terre continuels qui durerent jusqu'au milieu de Janvier 1632. Le 20 de Décembre précédent, sur-tout, le tremblement se fit sentir par cinq fois avec une violence dont il n'y avoit pas encore eu d'exemple ; plufieurs édifices de Naples même en fouffrirent. Ce ne fut qu'au 25 de Février que les habitants oferent fe rifquer à retourner dans leurs anciennes demeures.

La quatorzieme éruption fe fit en 1660 ; elle ne fut annoncée par aucun bruit , ni précédée d'aucune pluie de cendre. Les incendies arrivés en 1682 , 1694, 1701, 1704, 1712 , 1717 & 1730, n'offrent rien de particulier que la defcription des matieres que jetta le *Vefuve* , ou des directions différentes que fuivirent les *laves*.

Il y a quelque chofe d'effrayant dans la quantité de matiere que fit fortir le vingt-deuxieme incendie en 1737. Selon le calcul de *D. Francifco Serrao* , la fomme en fut de 319658161 pieds cubes de Paris , fans compter les petites branches qu'avoit formées le torrent. Il y a même quelque chofe de prodigieux dans le degré de chaleur que devoit avoir cette riviere enflammée. L'éruption fe fit le 20 de Mai , & la matiere fut brûlante extérieurement jufqu'au 25 , & intérieurement jufqu'au milieu de Juillet. Le *Vefuve*

HISTOIRE
DU MONT
VESUVE.

Bb 4

ne cessa pendant tout le temps de l'incendie & jusqu'au 23 de Mai, de jetter des cendres, des pierres & des especes de flêches que les paysans appellent *Farilli*.

Le vingt-troisieme incendie & le vingt-quatrieme sont arrivés, l'un en 1751, l'autre en 1754. L'auteur qui a été témoin de ces deux éruptions, s'étant rendu, quelques jours avant la premiere, au haut du *Vesuve*, vit sortir beaucoup de fumée de l'intérieur. Celle qui sortit du monticule qui couvroit le gouffre, étoit en plus grande abondance & faisoit un bruit semblable à celui que feroit du métal fondu qui tomberoit dans un canal humide. Le 22 d'Octobre une secousse assez forte se fit sentir du coté d'*Ottajano*, & le 29, le tremblement fut considérable à Naples & vers *Massa-di-somma*. Enfin le 25, vers les quatre heures du matin, la montagne s'entr'ouvrit un peu au dessus d'*Atrio del Cavallo*, & le feu divisa & mit en pieces une ancienne *lave* couverte de sable, qui s'opposoit à son passage.

La matiere courut quelque temps sur l'*Atrio del Cavallo*, tirant du côté de *Bosco tre Cafe*, jufqu'à ce qu'ayant trouvé une pente efcarpée, elle fe précipita dans le vallon, & prit vers *Mauro*. Sa courfe étoit fi rapide qu'en huit heures elle fit quatre milles. Sur les neuf heures, l'auteur alla à fa rencontre. Ce torrent qu'il trouva d'une largeur médiocre, mais affez profond, marchoit tout d'une piece, comme une matiere qui, quoique fluide, a de la confiftance.

La furface de la *lave* étoit toute couverte de pierres de diverfe grandeur. Les unes étoient naturelles de couleur blanche ou grife, d'autres étoient calcinées, d'autres cuites comme de la brique qui auroit été long-temps dans une fournaife, d'autres femblables à de l'écume de fer. Il falloit faire un effort affez confidérable pour enfoncer un bâton dans cette matiere. Dès qu'il y étoit entré, la flamme fortoit avec bruit. Le retiroit-on, on le trouvoit changé en charbon ; mais il cefloit auffi-tôt de brûler. Cela prouve évidemment que, tout combuftible qu'il eft, le bois, pour prendre feu de maniere à refter en combuftion, a befoin du concours de l'air avec la flamme,

La *lave*, avant que d'entrer dans le vallon, s'éleva à la hauteur des peupliers qui s'y trouvent. La matiere qui étoit deſſous ayant coulé la premiere en forme de pâte molle, ce torrent ne marcha plus tout d'une piece, & ſes parties diviſées rouloient par ondes élevées comme les flots de la mer.

Lorſque ce torrent eut rempli le vallon & qu'il ſe fut répandu ſur les territoires, la pente qu'il trouvoit devenant moins grande, on vit l'effet des deux mouvements de progreſſion & d'effervescence, dont nous avons parlé ci-deſſus. A meſure que ſa marche ſe rallentiſſoit, le principe qui le portoit à ſe gonfler, & qui ſe trouve dans tous les corps ſulphureux & bitumineux, prenoit de nouvelles forces. Les *laves* ſe forment ainſi un lit à elles-mêmes de leurs bords qui, en ſe refroidiſſant, ſe ſont élevés; elles roulent au milieu, & l'on voit quelquefois, à travers leur ſuperficie qui s'eſt endurcie, courir deſſous un feu vif & liquide.

Ce phénomene eſt commun à toutes les *laves*. Mais celle dont il s'agit, en offrit un ſingulier dans la nature de fa marche. Toutes les fois que la *lave* rencontroit quelque cabanne dans fon chemin, elle s'arrêtoit à la diftance d'une palme des murailles. Alors elle fe gonfloit fenfiblement ; fe détournant enfuite fur le côté, & pourfuivant fon cours, elle entouroit la maifon, mais fans y toucher. S'il fe trouvoit quelque porte à la muraille, & que les payfans l'euffent fermée, le bois échauffé par la chaleur de la matiere en devenoit noir & fe convertiffoit en charbon. Il prenoit enfuite feu, & une portion de la *lave* s'infinuant par cette porte, entroit de quelques palmes dans la chambre, & ne paffoit pas outre. L'auteur ne rend aucune raifon de cette fingularité, très difficile en effet à expliquer.

La *lave* qui ceffa de courir le 9 de Novembre 1751, conferva long-temps une chaleur interne. Le Pere *della Torre* qui la vifita dans toute fa longueur au mois de Mai 1752, ne lui en trouva point de fenfible en marchant deffus ; mais, dans plufieurs endroits où il s'étoit fait des ouvertures, la chaleur étoit infupportable, & il en fortoit une fumée invifible qui ôtoit la refpiration.

Cette fumée n'avoit qu'une légere odeur de soufre ; mais on la sentoit chargée de sel ammoniac, de nitre & de vitriol, mêlés ensemble, qui s'introduisoient avec rapidité dans la gorge & dans les narines.

L'incendie du 2 Décembre 1754, & qui a duré jusqu'au mois de Février de l'année 1755, n'a rien eu d'extraordinaire, excepté quelques flammeches jettées si haut de la cime du *Vesuve*, qu'elles mettoient huit minutes à retomber.

Le Pere *della Torre* finit cette histoire des incendies du *Vesuve*, par le récit de l'éruption du mont *Æthna*, appellé aussi le mont *Gibel* en Sicile, arrivée au mois de Mars de la même année 1755. Le dix de ce mois, il sortit du pied de la montagne un large torrent d'eau, qui inonda toutes les campagnes d'alentour. Il rouloit avec lui une quantité de sable si considérable, qu'elle remplit une plaine très étendue. Un paysan qui eut la curiosité de toucher ces eaux, tandis qu'elles couroient, les trouva si chaudes qu'elles lui brûlerent les doigts. Les pierres & le sable laissés dans la campagne, ne différoient en

rien des pierres & du fable qu'on
trouve dans la mer. Ce torrent d'eau
fut immédiatement fuivi d'un torrent
de matiere enflammée, qui fortit de
la même ouverture.

Le Pere *della Torre* faifit cette occafion de combattre le fentiment qui éta-
blit une communication entre les volcans & la mer, & entre un volcan &
un autre volcan. Il prétend que ces
torrents viennent des eaux de pluie
qui fe raffemblent dans des réfervoirs
intérieurs. Si ces torrents venoient
d'une communication du volcan avec
la mer, cette communication feroit
capable, felon lui, d'éteindre le volcan.
Il peut fe faire, comme le prétend le
Pere *della Torre*, que ces torrents viennent de quelque réfervoir formé dans
la montagne ou aux environs, mais
il n'en eft pas moins poffible qu'ils
viennent auffi de la mer. Quand le
terrein eft fecoué dans un moment de
tremblement, il eft vraifemblable qu'il
s'y ouvre des crevaffes. C'eft par-là que
l'eau de la mer s'introduit, & cette
communication peut avoir lieu, fans
que le feu du volcan en foit éteint.
Elle n'eft que paffagere, & il eft non

seulement facile, mais même naturel de suppoſer que ces crevaſſes formées par la commotion ſe referment preſqu'auſſi-tôt, lorſque le terrein ſoulevé retombe ſur lui-même.

L'auteur, dans un chapitre particulier, fait l'énumération des matieres qui ſortent du *Veſuve*. Ces matieres ſont du ſable, des pierres appellées *lapilli*, des corps ſpongieux, durs & ſalins, des pierres ponces, des pierres naturelles, des écumes, des pyrites à huit faces, couleur de pierre ſerpentine, du ſoufre, du ſel, du talc & des marcaſſites. Nous ne ſuivrons point l'auteur dans l'examen qu'il fait de chacune de ces matieres, & nous paſſons à l'explication qu'il donne des phénomenes obſervés dans les éruptions du *Veſuve*.

Ces principaux phénomenes ſont la liquéfaction, la coction & la calcination des corps contenus dans les entrailles du *Veſuve*, les flammes qui en ſortent, la cendre, le ſable & la fumée pouſſés en l'air avec impétuoſité par la violence du feu ſouterrein. Doit-on rapporter ces effets à un feu *actuel*, ou à un feu *potentiel*, c'eſt-à-dire, qui

consiste dans des matieres propres à
produire la chaleur & le feu par leur
mêlange & par la dissolution de leurs
parties. Le Pere *della Torre* qui se déclare pour le feu *potentiel*, attaque le
syftême de ceux qui admettent un feu
central. On trouve bien , dit-il, dans
les entrailles de la terre des eaux dor-
mantes, des rivieres , des fontaines ,
des exhalaisons peftiférées & des inflammations momentanées produites
par ces exhalaisons au premier contact
de l'air , mais on n'a jamais trouvé de
feu *actuel* dans les mines. On sait
d'ailleurs que cette sorte de feu ne
peut subsister sans le secours de l'air.
Je ne prétends point, continue-t-il,
dire que l'air serve d'aliment au feu.
Je prétends seulement que le feu eft
un fluide particulier, qui, par sa force
expansive, tend à se dilater également
& à se mettre en équilibre dans tous
les corps. Dès-lors , si l'air , par sa
résistance continuelle & son action
élaftique, ne l'attache pas à un corps
plutôt qu'à un autre, ce fluide , con-
formément à sa nature, se répand par-
tout & devient infensible. On trouve
dans les entrailles de la terre , conti-

nue l'auteur, des foufres, des huiles
& des bitumes. Toutes ces matieres
font inflammables, ou, pour s'expri-
mer avec plus de juftefle, elles ne font
autre chofe que le fluide même du feu
enchaîné dans quelques parties de terre
aride, capables de le contenir. Mais
ce feu ne peut devenir *actuel* fans
quelque caufe extérieure qui délivre
fes parties de la prifon où elles font
enfermées. L'effervefcence eft cette
caufe. L'union de plufieurs corps la
produit, & l'action de l'air extérieur,
qui quelquefois fert à fa production,
quelquefois y nuit, n'y eft pas toujours
néceffaire. De l'efprit-de-vin rectifié,
mêlé avec du vinaigre, ne bouillonne
point dans l'air ; dans le vuide au
contraire le bouillonnement eft confidérable. De cet exemple l'auteur paffe
à un autre, &, de principe en principe, il prouve la formation du feu
naturel par le moyen du feu *potentiel.*
Il ne lui eft pas enfuite difficile d'expliquer la formation des volcans au
moyen des foufres, des huiles, &c. répandus dans le fein de la terre, avec
le fecours de fa force *expanfive* & du
mouvement de fermentation, il rend

de

de même raison des tremblements, des
éruptions & des autres phénomenes.

Le Pere *della Torre* finit son ouvrage
par prouver qu'il n'est pas nécessaire que
le *Vesuve* communique avec aucun autre
volcan, pour avoir pu fournir la quantité de matieres qu'il a jettées. La preuve dont il se sert est un calcul des
laves sorties du *Vesuve*, & de la quantité qu'il en a pu fournir à raison de sa
dimension intérieure. La somme de la
quantité de matieres qui a pu sortir de
ses entrailles, est de 1510460879 pieds
cubes de Paris ; ce qui excede de beaucoup la somme de ce qu'il a jetté.

Nous aurions voulu pouvoir suivre
l'auteur dans tous les détails d'un ouvrage où les moindres choses ne sont
peut-être point à négliger, & où l'intelligence & l'exactitude de l'observa-
teur se font remarquer à chaque instant.
Le Pere *della Torre* est un homme de
beaucoup d'érudition, très considéré
dans son Ordre & dans la ville de
Naples. Il se fait un plaisir de conduire
au *Vesuve* tous les étrangers qui sont
curieux de visiter cette montagne redoutable.

Tome IV.   Cc

LETTRE

De M. DE BONS, Officier du Régiment de Jeuner, contenant la description d'une Chenille excellente fileuse & très peu connue.

CHENILLE EXCELLENTE FILEUSE.

LA description que j'ai lue dans les Journaux étrangers, d'une Chenille aquatique, me donne l'idée d'en faire connoître une autre dont on pourroit tirer un grand parti. Elle est d'une couleur bigarrée composée de rouge, de jaune & de noir : elle n'a que peu ou point de poil ; elle a un pouce de longueur & une ligne environ de diametre. Elle naît, travaille, vit & meurt sur le pin, arbre fort commun en France. On la trouve dans les environs de Geneve, & particuliérement près de Farges au pays de Gex. Elle fait des œufs autour de deux feuilles de pin, qu'elle lie ensemble, & qu'elle couvre d'une multitude de voiles ou drapeaux d'étoffe de soie blanche qui sont comme flottants,

& qui les garantiſſent de la pluie &
du vent, dans quelque ſens qu'ils
viennent. Quand ſes œufs ſont éclos,
on a de la peine à diſtinguer les petites chenilles : elles ne paroiſſent à
l'œil que comme la piquure d'une aiguille fine, ou comme un point noir
preſqu'imperceptible. Je ne puis entrer
dans le détail de tout ce qui les concerne, parce qu'étant preſque toujours
au Régiment, il ne m'a pas été poſſible de les ſuivre. Mais ce que je ſais
de certain, c'eſt qu'elles travaillent
pour des ingrats, qui les confondent
avec ces chenilles malfaiſantes qui mangent les feuilles des arbres & en gâtent
le fruit ; au lieu que celles-ci ne font
aucun mal, pas même à l'arbre qui
leur fournit la nourriture & la matiere
de leur belle ſoie. Il me paroît ſurpre-
nant que l'eſpece de chenilles que je
décris, ait échappé aux yeux des naturaliſtes, puiſqu'elle fait ſes cocons en
trochets au haut des pins, & qu'elle
ſemble dire : *voyez & admirez la blan-*
cheur & l'éclat du fil que j'ai tiſſu, qui
ne le cede en rien à celui des vers à ſoie.
Ses trochets ſont gros comme une bou-
teille ordinaire, & ſemblable à une

CHENILLE
EXCEL-
LENTE FI-
LEUSE.

quenouille apprêtée pour filer. Peut-être aussi que la raison pour laquelle elle n'est pas connue, c'est qu'on cherche tout ce qui est caché, & qu'on ne fait pas attention à ce qui se présente de soi-même. Il y a cependant de semblables chenilles à la Chine, dans la province de Canton ; voyez le Dictionnaire géographique de M. *Vogien.*

Les chenilles que j'ai dessein de faire connoître, commencent à faire leur soie dans le mois d'Août, & quelquefois même plus tard ; elles travaillent jusqu'à ce que le froid & la neige les engourdissent, & j'en ai vu travailler après les premieres neiges. Elles se réunissent plusieurs pour faire un cocon, ce qui fait que la soie a plusieurs bouts attachés à différentes feuilles, & qu'il paroît impossible de la dévider. N'y auroit-il pas moyen de séparer ces chenilles dans le temps qu'elles veulent commencer à filer, pour les obliger à faire chacune son ouvrage à part ? Il y a dans le milieu du trochet, un sac rempli de petits grains de gomme, ou d'une espece de boutons qui leur servent apparemment d'aliment, ou de matiere pour leur foie. Toutes les ouvrieres employées au même trochet, fe retirent chaque foir dans ce fac où elles font à l'abri de la pluie, qui ne fauroit pénétrer la couverture extérieure du cocon. La foie qu'on en tire, n'eft point venimeufe ; elle eft très bonne & très belle, puifqu'on en fait des bas d'un fort bon ufage. Plufieurs Dames à qui j'en ai fait voir, en ont admiré la blancheur, quoique cette foie eût été arrachée de l'arbre avec les mains, ce qui en avoit diminué la qualité, & terni l'éclat. Si on pouvoit trouver quelque expédient, outre celui que j'ai indiqué, pour la dévider, elle feroit préférable aux foies connues, tant par les qualités que je viens de dire, que par la facilité de nourrir ces chenilles qui ne demandent ni foins ni dépenfes, vivant fans aucun fecours étranger fur des arbres qui croiffent naturellement dans les plus mauvais terreins ; au lieu qu'il faut faire à grands frais des plantations de mûriers qui demandent du temps, ou des établiffements domeftiques, pour loger & foigner les vers à foie.

A Dorftein fur la Lippe, le 23 Septembre 1758.

L'ORINOQUE ILLUSTRÉ;

HISTOIRE NATURELLE, CIVILE ET géographique de ce grand Fleuve & des principales rivieres qui s'y jettent, du gouvernement, des ufages & coutumes des Indiens qui habitent fes bords ; avec de nouvelles & utiles inftructions fur les animaux, les arbres, les fruits, les huiles, les réfines, les herbes & racines médicinales, &c.

Ecrite par le Pere JOSEPH GUMILLA, de la Compagnie de JESUS, Miffionnaire & Supérieur des Miffions de l'Orinoque, Meta & Cafanare, Cenfeur & Définiteur du faint Tribunal de l'Inquifition de Carthagene d'Amérique, Examinateur fynodal du même Evêché, &c.

Colomb fut le premier Européen qui découvrit en 1498 l'*Orinoque*, ce grand

Fleuve de l'Amérique méridionale. On voit dans le *Journal* de cet immortel navigateur , qu'en traverfant le *golfe trifte* (*a*) , il en fortit par les *Dragons* & paffa par l'ifle de la *Marguerite* ; ce qu'il ne put faire fans naviger à la vue des bouches de l'*Orinoque*. Trente-fix ans après, *Diego de Ordaz* voulut approcher des bouches de l'*Orinoque* ; mais fa tentative eut des fuites fâcheufes ; il perdit prefque tout fon monde & fes vaiffeaux. Cet accident ne découragea point *Alfonfo de Herrera*. Plus heureux qu'*Ordaz* , il traverfa les bouches de ce fleuve, & après avoir doublé les courants rapides de *Camifeta* & de *Carichana* , il prit fond à l'embouchure de la riviere de *Meta*. Un début fi brillant étoit d'un augure bien favorable pour lui. Cependant il effuya les mêmes difgraces qu'*Ordaz*.

En 1536 , le bruit s'étant répandu que la province d'*Omaguas* , connue

L'Orino-que illus-tre.

(*a*) *Golfe trifte* , ainfi nommé par *Colomb* , parce qu'étant arrivé au milieu de ce golfe , il ne trouva aucune iffue. Enfin il en découvrit une , & c'eft la feule qu'il y ait ; il l'appella les *bouches des dragons* à caufe de la difficulté du paffage.

dans la carte sous le nom de Manoa *del Dorado*, étoit abondante en mines d'or, plusieurs Espagnols entreprirent d'y pénétrer par différents endroits; l'un deux arriva à l'*Orinoque*, & y mourut avec les trois quarts de son monde. On fit d'autres voyages qui ne réussirent pas mieux : les dangers d'une navigation qu'on connoissoit à peine, les courants qu'il falloit remonter, les écueils qu'on rencontroit à chaque instant, paroissoient rendre l'exécution de ce projet impossible.

Cependant *Diego de Ordaz* repartit d'Espagne, avec des pouvoirs de l'Empereur *Charles-Quint*, pour travailler seul à la découverte de l'*Orinoque* & de la province de *Manoa*. Les grands préparatifs qu'on avoit faits à cette occasion aboutirent à fonder *saint Thomas de la Guiane*. Ce nouvel établissement consistoit en quelques cabannes élevées à l'embouchure de la riviere de *Caroni*; elles augmenterent peu à peu jusqu'au nombre de 150. Les abondantes récoltes de tabac & le bétail qui s'y multiplioit beaucoup, faisoient espérer que cette colonie prospéreroit un jour.

Les Anglois furent bientôt qu'on vouloit découvrir l'*Orinoque* & la ville de *Manoa del Dorado*. *Raleg* partit d'Angleterre en 1545, & *Keymifk* en 1546. Ils furent trop heureux l'un & l'autre de regagner leur patrie, après avoir échappé à mille dangers. Il n'en fut pas de même des Hollandois qui établirent à la *Guiane* un commerce de tabac fi confidérable qu'ils faifoient quelquefois dans un an des cargaifons de neuf ou dix frégates. Mais quelque temps après, le Roi d'Efpagne ayant défendu à fes fujets de traiter avec les étrangers, le Capitaine *Janfon* monta jufqu'à la vue de la *Guiane* avec un vaiffeau armé en guerre, fous prétexte de recouvrer quelques anciennes dettes; les foldats qu'il avoit fait coucher fous les écoutilles, defcendirent à terre pendant la nuit, & mirent le feu aux cabannes; les habitants fe réfugierent dix lieues plus bas, & fonderent la nouvelle *Guiane* fur les bords de la même riviere de *Caroni*.

L'*Orinoque* a fa fource dans le *Popayan*, province de l'Amérique méridionale au nouveau royaume de Grenade, entre l'audience de *Paffama*, celle de *Quito*

& la mer du fud. Il coule du couchant au levant dans le vafte pays de la *nouvelle Andaloufie*, où il fe fépare en deux branches ; l'une defcend vers le midi & perd fon nom ; l'autre qui le conferve, tourne vers le feptentrion, & va fe jetter dans la mer du nord. Il forme à fon embouchure un tel laby-rinthe d'ifles, que perfonne n'eft d'ac-cord fur le nombre exact des bouches de ce fleuve. L'auteur en a connu jufqu'à trente ; quelques-uns affurent qu'il y en a quarante ; d'autres en comptent jufqu'à cinquante & foixante. Ces différentes opinions ne font pas mieux fondées les unes que les autres ; car les habitants de ces petites ifles fe perdent quelquefois eux-mêmes dans les détours du fleuve, & font obligés de gagner le golfe pour redreffer leur route. Ce qu'il y a de certain, c'eft que la plus grande bouche de l'*Orinoque* qu'on appelle *bouche des vaiffeaux*,, eft fituée à huit degrés cinq minutes de latitude, & à trois cents dix-huit de longitude. En remontant l'*Orinoque*, la riviere de *Caroni* eft la premiere qui fe jette dans ce grand fleuve ; elle eft à foixante & feize licues de la grande bouche, & fort des montagnes qui bordent l'*Orinoque* du côté du fud depuis les landes de *Pafto* & de *Timana* jufqu'à ce qu'il fe perde dans l'océan. Lorfque la riviere de *Caroni* tombe dans l'*Orinoque*, elle s'y précipite avec tant de violence que le courant du fleuve remonte vers fa fource jufqu'à trois cents pas. On diftingue très longtemps leurs eaux. Celles de l'*Orinoque* font toujours troubles, & celles de la riviere de *Caroni* paroiffent noires, parce qu'elles coulent fur un fable hoir, mais lorfqu'on en met dans un vafe, elles font claires & brillantes comme du criftal ; les habitants du pays difent que cette riviere entraîne ces fables noirs en paffant par des mines d'argent. A quatre-vingts lieues de *Caroni*, on trouve l'embouchure de la riviere de *Caura*, par les cinq degrés & demi de latitude & trois cents douze de longitude.

Ici le Pere *Gumilla* critique la carte dreffée fur les obfervations des Académiciens de Paris qui ont trouvé une communication entre le fleuve des *Amazones* & l'*Orinoque*, la branche de ce dernier qui defcend vers le midi ;

& qui prend le nom de *Rio negro*, ou *riviere noire*, se jettant, selon eux, dans le premier. Voici comme il s'explique.

,, *M. Samson Fer*, Géographe parti-
,, culier de Sa Majesté très Chrétienne,
,, dans la carte moderne de 1713,
,, admet aussi la même communica-
,, tion par *Rio negro*, à la hauteur
,, d'un degré de latitude & de trois cents
,, douze degrés de longitude. Je sais
,, que ces *Argus* & ces lynx des scien-
,, ces, non seulement ne trouveront
,, pas mauvais, mais encore approu-
,, veront que je soutienne qu'après
,, avoir parcouru plusieurs fois la même
,, hauteur & toutes les autres, en la-
,, titude & en longitude depuis l'en-
,, droit où commence le courant de
,, *Tabaje*, situé à trois cents six degrés
,, & demi de longitude, & un degré
,, quatre minutes de latitude, ni moi,
,, ni aucun des Missionnaires qui na-
,, viguent tous les jours sur l'*Orinoque*,
,, n'avons vu entrer ni sortir le *Rio*
,, *negro*; je dis ni entrer ni sortir,
,, parce que, ladite communication
,, supposée, il resteroit à savoir *lequel*
,, *des deux donne à boire à l'autre*. Mais
,, le cordon de montagnes qui sépare

,, le *Maragnon* ou *riviere des Amazo-*
,, *nes* & l'*Orinoque*, diſpenſe ces fleuves
,, de ſe faire des compliments. ,, Cette
erreur géographique eſt entiérement
détruite dans la *relation abrégée d'un
voyage fait dans l'intérieur de l'Amérique méridionale , depuis la côte de la
mer du ſud juſqu'aux côtes du Bréſil &
de la Guiane , par M. de la Condamine
de l'Académie des Sciences de Paris* (a).
Cet illuſtre Académicien , après avoir
rapporté quelques preuves de la communication de l'*Orinoque* avec l'*Ama-
zone* , finit par une derniere , à laquelle ,
comme il le dit lui-même , toutes les
autres doivent céder. ,, Je viens d'ap-
,, prendre, dit-il à la page 120, par
,, une lettte écrite du Para , que le
,, R. P. *Jean Ferreyra* , Recteur du
,, College des Jéſuites , que les Portu-
,, gais du camp volant de la *rivieee
,, noire* ayant remonté (en 1743) de
,, riviere en riviere , ont rencontré le
,, Supérieur des Jéſuites des Miſſions
,, Eſpagnoles des bords de l'*Orinoque* ,

L'ORINO-
QUE ILLUS-
TRE'.

(a) Un volume *in* 8o. très bien imprimé à Paris
chez la veuve Piſſot, Quai de Conti.

„ avec lequel les mêmes Portugais
„ font revenus par le même chemin,
„ & fans débarquer, jufqu'à leur camp
„ de la *riviere noire*, qui fait la com-
„ munication de l'*Orinoque* avec l'*Ama-
„ zone*. Ce fait ne peut donc plus au-
„ jourd'hui être révoqué en doute ;
„ c'eft en vain que, pour y jetter quel-
„ que incertitude, on réclameroit
„ l'autorité de l'auteur récent de l'*Ori-
„ noque illuftré*, qui après avoir été
„ long temps Miffionnaire fur les bords
„ de l'*Orinoque*, traite cette commu-
„ nication d'impoffible ; il ignoroit
„ fans doute que fes propres lettres au
„ Commandant Portugais & à l'Aumo-
„ nier de la *troupe de rachat*, étoient
„ venues de fa miffion de l'*Orinoque*
„ par cette même route, réputée ima-
„ ginaire, jufqu'au Para, où je les ai
„ vues en original entre les mains du
„ Gouverneur ; mais cet auteur eft au-
„ jourd'hui lui-même pleinement défa-
„ bufé à cet égard, ainfi que je l'ai
„ appris de M. *Bouguer*, qui l'a vu à
„ Carthagene d'Amérique. „ L'exactitude généralement reçonnue de M. *de
la Condamine* ne doit plus laiffer le
moindre doute fur une queftion géo-

graphique qu'il étoit important de décider.

Le Pere *Gumilla* fait un détail très circonstancié de toutes les rivieres qui se jettent dans l'*Orinoque* ; il assure que ce fleuve a soixante-cinq brasses de fond dans certains endroits, & quatre-vingts lorsque les eaux viennent à croître. Ce qu'il a vu de son étendue, de sa largeur & de sa profondeur, le détermine à le joindre aux trois fleuves, que les géographes nous donnent comme les plus grands du monde connu, savoir, le fleuve de *saint Laurent* dans le *Canada*, celui de la *Plata* dans le *Paraguay*, & le *Maragnon* dans les confins du *Brésil*. L'*Orinoque* ne leur céde en rien, selon le Pere *Gumilla*, & si on le mesure à tous égards avec soin, on verra qu'il est aussi considérable que les trois qu'on vient de nommer.

Après avoir expliqué tout ce qui peut avoir rapport à la géographie, l'auteur Espagnol commence à parler des Indiens qui habitent les bords de l'*Orinoque*. Il les examine en général sous trois points de vue différents : le premier, lorsque plongés dans une barbarie qui les rapprochoit plus de la brute que de l'homme, ils ne connoiſſoient pas encore la domination des *Incas* dans le *Pérou*, ni des *Motezumas* dans le *Méxique*; le ſecond, lorſqu'ils étoient ſoumis à ces deux puiſſances; le troiſieme enfin, s'écrie le Pere *Gumilla*, lorſque, par une *révolution bien-heureuſe* pour ces infideles, les armes catholiques mirent les Eſpagnols en poſſeſſion des royaumes indiens, & répandirent avec la foi le *bonheur* & la *félicité* dans ces vaſtes contrées. Il compare enſuite le premier état de ces peuples aux ténebres dont la terre étoit enveloppée avant que Dieu ſe manifeſtât au Patriarche *Abraham*; le ſecond, au temps où les Romains, en ſubjuguant la plus grande partie du monde, inſpiroient les douceurs de la ſociété civile aux différents peuples qu'ils venoient de ſoumettre à leur empire; le troiſieme, **au *regne fortuné de Tibere Céſar*.**

,, Les Indiens en général, continue ,, le Pere *Gumilla*, (je parle, dit-il, ,, de ceux qui habitent les forêts ou ,, qui viennent d'en ſortir) ſont *cer-* ,, *tainement des hommes*; mais leur bar-

,, barie

,, barie a tellement défiguré ce qu'ils
,, peuvent avoir de raisonnable , que
,, j'ose dire, dans le sens moral , que
,, l'Indien barbare & sauvage est un
,, monstre inconnu , qui a *une tête*
,, *d'ignorance, un cœur d'ingratitude , une*
,, *ame d'inconstance , des épaules de pa-*
,, *resse , des pieds de crainte : son ventre*
,, *& sa passion pour le vin sont deux*
,, *gouffres sans fond. ,,* La discrétion est
la seule vertu que l'auteur Espagnol
accorde aux Indiens ; ils la poussent si
loin qu'on a vu quelquefois un peuple
entier, & même plusieurs peuples assem-
blés pendant deux ou trois mois pour
se révolter , sans qu'aucun d'eux, pas
même les femmes ni les enfants, ait
jamais voulu proférer une parole, quelques tourments qu'on lui ait fait souffrir. ,, Mais qui est-ce qui pourra pé-
,, nétrer le génie de ces peuples si
,, agiles à faire le mal, & si paresseux
,, à faire le bien, si inconstants pour
,, leur salut éternel, & si fermes pour
,, leur perdition ? Il est absolument
,, nécessaire de croire *que le diable fu-*
,, *rieux de ce que tant d'ames lui échap-*
,, *peroient ,* les remplit *d'un esprit de*
,, *vertige pour les tromper à tout moment.*
Tome IV.   D d

Il est bien difficile de savoir l'origine des Indiens qui habitent les bords
de l'Orinoque. On ne trouve chez eux
ni peintures, ni hiéroglyphes, ni aucune espece de monuments qui puissent
répandre le moindre jour sur cette
matiere ; & lorsqu'on veut s'en instruire
en leur faisant des questions, ils font les
réponses les plus extravagantes, " *parce*
" *que leurs idées ne s'élevent pas d'un*
" *doigt au dessus de la terre*, & qu'à
" l'exemple des bêtes, ils ne savent
" que manger, boire, dormir, multi-
" plier, & se préserver de ce qui leur
" paroît opposé à leur bien être. "

Il y a malgré cela parmi les Indiens
des nations qui se croient beaucoup au
dessus des autres, & le Pere *Gumilla*
avoue que quelques-uns de ces peuples ont des avantages sur le plus grand
nombre, par la stature, l'air aisé &
dispos, la façon de parler, & la douceur du langage.

Les Caribes (*a*), par exemple, font

(*a*) Les *Caraïbes* qui habitent les Antilles, ont
les mêmes mœurs à peu près que les *Caribes* des
bords de l'Orinoque.

tous bien faits, grands, & de bonne
mine. Ils parlent aussi librement à un
étranger la premiere fois qu'ils le voient
que s'ils l'avoient connu toute leur
vie. Quand on leur demande d'où ils
tirent leur origine, ils répondent avec
hauteur : Ana Carina rote ; c'est-à-
dire, *nous autres seulement sommes des
hommes* ; A mucon papo roro itoto
nanto ; *tous les autres peuples font nos
esclaves.* Leur fierté ne leur permet pas
de donner d'autres éclaircissements.
Mais voici la fable qu'une nation voisine fait sur l'origine des *Caribes.* Elle
prétend que le *Puru* (*a*) fit descendre
son fils du ciel pour tuer un serpent
horrible, & qu'en effet il le vainquit
au grand étonnement de tous les peuples : leur joie ne dura pas long-temps ;
il se forma dans les entrailles du serpent des vers monstrueux qui produi-
sirent chacun un *Caribe* avec sa femme,
& comme ce monstre avoit fait une
guerre cruelle à toutes les nations des
environs, les *Caribes* qui lui doivent le
jour sont braves & inhumains.

______

(*a*) Nom qu'ils donnent à l'Etre Suprême.

Les *Othomacas qui font la quinteffence
de la barbarie, & les plus barbares des
barbares qui habitent les bords de l'Orinoque*, fe flattent d'être fortis d'une
pierre formée de trois autres pierres
les unes fur les autres.

Les *Salivas* fe donnent une origine
moins abfurde ; ils croient que la terre
produifit autrefois des hommes & des
femmes, comme elle produit aujour-
d'hui des plantes & des fleurs, & que
certains arbres portoient pour fruits des
créatures humaines. Toutes ces différentes nations n'ont aucune idée des
autres parties du monde, & ne connoiffent pas même leur propre pays.
Auffi le moyen le plus fûr, dont les
Miffionnaires fe fervent pour les ramener à la foi, eft de leur dire qu'ils ont
quitté une patrie éloignée de quatre
ou cinq mille lieues *pour venir les arracher des griffes du diable*. Ce tiait de
générofité les frappe, & convertit ordinairement beaucoup d'infideles.

Le Pere *Gumilla* veut que les Indiens
foient iffus de *Cham* fecond fils de *Noé*.
Voici les raifons qu'il en donne. Les Indiens aiment mieux fervir un negre efclave qu'un européen, foit laïque, foit ecclé-

fiaftique, quoique ce dernier le traite beaucoup mieux, & cette prédilection bifarre eft l'effet de la malédiction de *Noé*, qui prédit à *Cham* qu'il feroit efclave des efclaves de fes freres. Les Indiens vont nus & boivent beaucoup; *Cham* fe moqua de la nudité de fon pere lorfqu'il fut pris de vin ; *& ce qui n'étoit qu'un effet du hafard dans ce faint Patriarche, eft devenu un vice naturel aux defcendants de fon fils.* Ces peuples ont encore beaucoup de cérémonies & de coutumes des Hébreux. Les *Salivas* circoncifent leurs enfants le huitieme jour, avec fi peu d'intelligence que la plupart meurent dans l'opération. Quelques autres, par une humanité cruelle, leur font fur le corps un grand nombre d'incifions , après les avoir enivrés, pour qu'ils ne fouffrent pas tant. Le divorce & la poligamie font en ufage parmi eux. Ils fe frottent le corps avec des aromates, & fe lavent trois fois par jour. Ces reproches ne font pas bien graves; mais, ajoute le Pere *Gumilla*, *fi les Juifs perdoient l'efprit d'avarice, de fourberie & d'intérêt qui les anime, ils fe trouveroient tout entier*

L'ORINO-
QUE ILLUS-
TRE'.

Dd 3

chez les nations des bords de l'Orinoque.

Ces différents rapports avec la nation juive déterminent l'auteur à croire que tous ces Indiens descendent des Juifs. Ils ont l'adultere en horreur. Parmi quelques-uns d'entr'eux, le mari offensé se plaint, & on lui permet de réparer l'injure qu'il a reçue par la loi du *Talion* ; d'autres changent de femmes d'un commun accord pendant plusieurs mois, & reprennent ensuite chacun les leurs. Les *Caribes* sont les seuls qui punissent l'adultere de mort dans l'un & l'autre sexe.

Ces peuples en général ne connoissent aucune forme de gouvernement, & ne s'assemblent jamais que pour faire la guerre, qu'on déclare en attachant une fleche dans un lieu où tout le monde puisse la voir. A ce signal, ils prennent les armes, & se rendent auprès de leurs *Caciques*, qui n'ont d'autre prérogative que celle de marcher les premiers ; du reste, ils ne peuvent empêcher un Indien, quel qu'il soit, de se retirer, fût-ce au milieu d'un combat, si la fantaisie lui en prend. Pour ce qui regarde le gouvernement domestique, les enfants ne sont point

foumis à leurs peres , qui ne les aiment & n'en prennent foin que juf
qu'à l'âge de dix à douze ans ; paffé
ce temps , les petits Indiens ne recon-
noiffent plus aucune autorité , & maltraitent leurs peres au moindre fujet
de mécontentement.

Ce que le Pere *Gumilla* rapporte de
la nation *Guaranna* nous paroît bien
digne de curiofité. Les *Guaranniens*
habitent ces petites ifles qui forment
les différentes *bouches de l'Orinoque.* Il
eft d'autant plus furprenant qu'ils puiffent y vivre , que ce fleuve inonde
leur pays pendant fix mois confécutifs,
& le refte de l'année deux fois par
jour. Leur langage n'a rien de dur ,
& les étrangers l'apprennent avec beaucoup de facilité. Ils font doux , affa-
bles , & très attachés aux Efpagnols.
Dès qu'ils apperçoivent un de leurs
bateaux , ils accourent fur le rivage
en danfant & en chantant. La joie &
la vivacité font peintes fur leurs vifa-
ges , & tous les jours font marqués
chez eux par quelque divertiffement.
*Il eft bien malheureux que les Guaran-
niens , avec un caractere fi docile &
l'avantage d'être environnés de Miffion-*

D d 4

*naires , foient privés des inftructions de
ces derniers ,* qui ne peuvent vivre dans
leurs ifles à caufe de la quantité de
moucherons infupportables pour les
Européens. Les habitants de leur côté
ne veulent point en fortir quelques
inftances qu'on leur faffe. Leurs rues
& leurs maifons font élevées au deffus
du fol affez haut, pour que l'*Orinoque*
ne puiffe pas les inonder dans fes plus
grandes crues. L'architecture de leur
habitation eft affez folide pour réfifter
aux courants. Après avoir planté des
pilotis foutenus les uns fur les autres
par de longues & fortes traverfes de
bois , ils conftruifent deffus un théatre
de bo's de palmier , fur lequel chacun
éleve fa maifon.

Ce même palmier , le feul arbre
qui croiffe dans leurs ifles , leur fournit abondamment tout ce qui eft néceffaire à la vie. Le tronc leur fert à
faire des planchers, les branches des
murailles , les feuilles des cordes, des
lits , des voiles , des filets , des habits
& des éventails pour chaffer les moucherons. Ils ne dépouillent le palmier
qu'après en avoir tiré du pain , du
vin & de la viande. Lorfque l'arbre

est à son point de maturité , on le saigne à coups de hache ; la liqueur qui coule avec abondance est épaisse & douce comme du syrop ; elle acquiert ensuite la même force que le vin , & quelque temps après elle devient aussi piquante que le vinaigre. Ils s'en servent alors pour faire cuire des vers blancs qui naissent dans le palmier lorsqu'il n'y reste plus de liqueur. Le Pere *Gumilla* assure que cette nourriture est excellente , quoiqu'elle inspire d'abord un peu de dégoût. Le pain est la derniere chose que les *Gauranniens* tirent du corps du palmier ; ils le font avec une pâte qui se trouve dans le cœur de l'arbre : lavée & séchée au soleil, elle produit une très belle farine. Avec tant d'avantages , les Indiens pourroient se passer de cueillir les fruits du palmier ; ils ont un goût délicieux, & sont pleins d'une liqueur agréable & rafraîchissante. L'auteur en a vu d'aussi gros que des œufs de poule ; la moëlle dont les pepins sont remplis ressemble beaucoup à nos amandes pour le goût.

De toutes les nations qui peuplent les rivages de *l'Orinoque* , celle des

Aruacas eſt la plus attachée aux Eſpa-gnols. Ces peuples ont domté les *Caribes* qui ne leur ont été ſoumis qu'après des guerres très longues & très ſanglantes. Quelques tentatives que les Miſſionnaires aient faites pour les convertir, ils ont toujours perſiſté à ne point embraſſer la foi chrétienne. En 1731 le Pere *Gumilla* voulant faire un dernier effort pour les ramener, leur chef s'approcha de lui & lui dit : *Il eſt inutile que tu nous parles ; nous ſommes né Aruacas, & nous mourrons Aruacas ; les premiers Eſpagnols qui aborderent ſur nos côtes ne propoſerent point à nos aïeux d'abandonner leur religion.* Ces peuples croient que leurs médecins s'entretiennent familiérement avec le diable ; le Pere *Gumilla* regarde ce bruit populaire comme une fable ; *parce qu'il n'y a point d'apparence, dit-il, que le démon ſe donne la peine de paroître devant des gens qui lui appartiennent. D'ailleurs il n'a jamais vu aucune marque d'apparition parmi les Indiens des bords de l'Orinoque. Il eſt vrai qu'à 200 lieues de ce fleuve, dans les bois de Calajan & d'Uboca, le diable exhortoit une nation du haut d'un palmier, & la menaçoit de ſa colere ſi elle ſortoit de la forêt pour ſe faire Chrétienne. Le Capitaine Don Domingo Zorilla l'ayant entendu, demanda à un Cacique qui l'accompagnoit, quelle étoit cette voix qui portoit l'horreur & l'épouvante juſques dans le fond de l'ame. Le Cacique lui répondit tout ſimplement que c'étoit la voix du diable.*

Les peuples de la nation *Guayana* ne font pas plus curieux d'entendre parler de notre religion ; ils en veulent ſur-tout aux Capucins, & leur feroient un très mauvais parti ſans le ſecours de quelques détachements, qui vont les tirer d'embarras.

Pour les *Caribes*, ils font encore bien moins traitables, & ne répondent jamais aux Miſſionnaires qu'à coups de fuſil. Leur opiniâtreté va ſi loin qu'ils ne ſe contentent pas de réſiſter aux tentatives des Religieux pour les convertir ; ils font encore des incurſions ſur les Indiens qui veulent ſe ſoumettre à l'Evangile. Quelques autres peuples des environs embraſſent la foi des Eſpagnols juſqu'à ce que les *Caribes* viennent leur ordonner de n'y plus croire.

Les *Guayquiries* font jeûner leurs filles pendant quarante jours avant que de les marier. Un Cacique dit au Pere *Gumilla*, qui lui en demandoit la raison, que lorsque les filles étoient dans leurs jours critiques, elles corrompoient tout ce qu'elles touchoient, & que si un homme posoit ses pieds dans un endroit où elles avoient passé, ses jambes devenoient d'une grosseur monstrueuse, & la mort s'ensuivoit quelquefois. Pour éviter cet inconvénient, & pour les remettre bien pures entre les mains de leurs maris, ils les renferment, & ne leur laissent manger que trois dattes par jour, pendant le temps de jûne.

Les cérémonies de leurs mariages sont assez singulieres. Les hommes & les femmes couronnés de fleurs s'assemblent dans un bois au son d'une grande quantité d'instruments ; le Cacique marche à leur tête, &, avant que de sortir de la forêt, se fait apporter un plat de viande qu'il jette à terre en disant : *tien, prends-cela, chien de démon, & laisse-nous tranquilles pour aujourd'hui.* Le cortege va dansant à la porte des nouveaux mariés, qui marchent entourés de vieilles femmes, dont les unes pleurent, & les autres rient de très bonne foi ; les premieres chantent ces paroles : *ah, ma fille, si tu connoissois les embarras & les chagrins du ménage, tu ne prendrois pas un époux* ; les secondes : *ah, ma fille, si tu connoissois les plaisirs du ménage, il y a long-temps que tu aurois un époux.* Ainsi les hommes dansant, les vieilles pleurant & riant, les musiciens faisant un vacarme épouvantable, les enfants criant de toutes leurs forces, & les nouveaux mariés ne sachant quelle contenance faire au milieu de cette orgie, l'on se met autour d'une table couverte de tortues, & chacun s'enivre jusqu'au lendemain.

En remontant l'*Orinoque*, on trouve la nation des *Guamas* qui vont tous nus, quoique leurs femmes filent continuellement des étoffes de coton, très estimées des Espagnols. Les fêtes de ces peuples sont encore bien plus étonnantes. Ils s'enferment tous dans des salles publiques, hommes, femmes, pêle mêle. Après le repas, où l'on boit avec excès, ceux qui peuvent se soutenir s'amusent à danser, ou s'occupent plus agréablement encore, tandis que leurs camarades, yvres jusqu'à l'abrutissement, se vautrent dans des flots de sang qui coulent des incisions qu'ils se font à la tête & aux tempes, pour prévenir les mauvais effets que le vin pourroit leur causer.

Lorsque les enfants sont malades, leurs meres se percent la langue avec des os de poissons. Ces blessures leur font perdre une grande quantité de sang ; elles en arrosent le corps de leurs fils ou filles tous les matins jusqu'à ce qu'ils soient entiérement rétablis. L'amour excessif de ces Indiennes pour leur progéniture , donne occasion au Pere *Gumilla* de s'élever contre la coutume des Dames de l'Amérique, qui font allaiter leurs enfants par des négresses ; il croit que cette nourriture, indigne pour un blanc , peut contribuer à donner de fort mauvaises inclinations aux Américains.

Quelque barbare que soit cet usage, il n'a rien de si surprenant que celui dont nous allons parler. Les maladies épidémiques regnent souvent parmi les *Guamas*. Alors le Cacique , comme pere de tous les Indiens soumis à son autorité , est obligé de donner tout le sang qui peut sortir de son coprs pour la guérison des malades. Ce danger

inévitable n'empêche pas les chefs des
plus anciennes familles de briguer le
funefte honneur d'être à la tête de la
nation. Au refte, les *Guamas* ne craignent jamais la difette ; ils mangent
de la terre, auffi-bien que les *Othomacas* leurs voifins.

Pour donner une idée de la curiofité
de ces derniers peuples, *allons*, s'écrie
le Pere *Gumilla*, qui eft cenfé parcou-
rir dans une barque les différentes
contrées que l'*Orinoque* arrofe de fes
eaux, *allons, fautons vîte hors du bateau,
avant que les Indiens fe jettent en foule
dedans, & ne nous faffent couler à fond.*
Dès que les *Othomacas* fe levent, c'eft-
à-dire, à la pointe du jour, ils commencent par pouffer des hurlements
affreux, & par pleurer pendant trois
heures en mémoire de leurs parents &
de leurs concitoyens défunts. Ils vont
enfuite chacun à la porte de leur Capitaine, qui les diftribue, les uns pour
aller pêcher des tortues, tuer des crocodiles, &c, fuivant la faifon & le
temps, les autres pour travailler à la
campagne, cueillir le grain & l'enfer-
mer dans des magafins où les Caciques font enfuite les partages. Pendant

L'Orino-
que illus-
tré.

que la moitié de la nation eſt occupée à des travaux utiles, l'autre moitié joue à la *pelote* avec une adreſſe ſinguliere. Les femmes ne ſortent qu'à midi de leurs maiſons, où elles s'amuſent à faire des coffres, des paniers, des ſacs, & de petites écuelles de bois. Mais, dès que le ſoleil eſt au milieu de ſa carriere, elles quittent leurs occupations, pour aller jouer à la *pelote*. Comme la chaleur du jour eſt alors dans ſa plus grande force, les joueurs & les joueuſes ſe donnent des coups d'arêtes de poiſſon, afin de prévenir les pleureſies ; le ſang coule de toutes parts ſans que perſonne ſe détourne du jeu, & lorſqu'ils croient en avoir aſſez répandu, ils vont ſe laver à la riviere, & mettent du ſable ſur les plaies. Si quelqu'un a faim pendant le jeu, il ramaſſe en courant une poignée de terre qu'il mange ſans s'arrêter. Le premier enfant qui apperçoit les bateaux qui reviennent de la pêche, avertit tout le peuple. Alors les *Othomacas* quittent le jeu, & courent en foule ſur le rivage pour recevoir leurs compagnons ; les femmes portent le poiſſon devant la maiſon du Capitaine,

qui

qui le diſtribue par égales portions, & tout le monde va danſer juſqu'à minuit.

La valeur eſt héréditaire parmi ces peuples ; les femmes ſuivent leurs maris à la guerre pour ramaſſer les fleches ; ils ſont très difficiles à convertir, & les Miſſionnaires ne diſent jamais la Meſſe parmi ces barbares qu'à force ouverte, & ſuivis d'un gros détache-ment.

Le Pere *Gumilla* revient aux *Salivas* & s'étend beaucoup ſur ces peuples doux & tranquilles, chez leſquels les Miſſionnaires ſont très bien reçus. Ces Indiens offrent peu de particularités ; ils aiment la muſique avec paſſion & l'emploient dans toutes leurs cérémo-nies. Si une de leurs femmes a le malheur d'accoucher de deux enfants, elle eſt en horreur parmi eux, & ſou-vent punie de mort. Leur averſion pour les cadavres eſt ſi marquée, qu'ils changent de canton, lorſqu'il meurt quelqu'un dans leur voiſinage. Ils ont quelques coutumes des autres Indiens ; mais les Religieux qui les inſtruiſent, ont fort peu de peine à leur faire abandonner leurs ſuperſtitions.

Nous n'entrerons point dans les détails de la réfutation du Pere *Gumilla* sur ce que *Noblot* avance touchant les millions de l'Amérique, dans le cinquieme tome de la *Géographie univer-felle*. Il le suit pas à pas avec un zele vraiment apoftolique ; & fi l'on en croit l'auteur Efpagnol , *Noblot* étoit peu inftruit de la vérité , lorfqu'il a fait mention des travaux & des fatigues incroyables que les Religieux font obligés d'effuyer dans les Indes pour la propagation de la foi.

Le Pere *Gumilla* fort ici de l'*Orinoque* pour entrer dans les terres aux environs de la riviere de *Meta* qui fe jette dans ce grand fleuve. Les premieres nations qui fe préfentent, font celles des *Guayvas* & des *Chiricoas*, peuples errants & vagabonds, continuellement en guerre l'un avec l'autre par la feule raifon qu'ils vendent leurs prifonniers. Ils fe nourriffent de lions, de léopards, de tigres, de toutes fortes de bêtes féroces, & les attaquent fans diftinction. Leur féjour le plus long dans le même endroit eft de deux fois vingt-quatre heures. Comme ils craignent à chaque inftant d'être furpris,

ils ne dorment jamais à la même place
où ils ont mangé, &, avant que d'en
fortir, ils allument de grands feux,
& font un bruit épouvantable, pour
donner le change aux Indiens & aux
animaux qui pourroient venir fondre
fur eux. Lorfqu'ils font en voyage, ils
marchent fur une feule file, l'un derriere l'autre. Cette coutume paroît
d'abord extravagante ; mais elle a
quelque chofe de raifonnable. Les foins
qui coûvrent les campagnes autour de
la riviere de *Meta*, font à hauteur
d'homme, & tranchants comme des
lames. Si les Indiens marchoient de
front, ils s'eftropieroient tous à la fois,
au lieu que ceux qui font à la tête
fraient le chemin à leurs camarades,
&, lorfque les premiers font affoiblis
par le fang qui fort de leurs coupures,
ils reprennent des forces en attendant
que toute la nation ait défilé. Les Indiens mariés viennent enfuite, chargés
de leurs armes & des petits enfants.
Ils font fuivis d'une troupe de femmes
courbées fous le poids des bagages &
des provifions de bouche, & des fauvages les plus robuftes, qui portent
les invalides dans de grands paniers.

La marche est fermée par un gros dé-
tachement toujours prêt à combattre.
Si quelque femme accouche en route,
elle met son enfant dans une espece de
hotte, se lave avec lui au premier ruisseau,
& continue son chemin comme auparavant.

Leur chasse ressemble à nos battues.
Ils forment un grand cercle dans lequel ils enferment les lions, les tigres
& les sangliers, dont il n'échappe pas
ordinairement un seul. Les Missionnaires ont suivi quelquefois ces peuples, qui les maltraitent rarement ;
mais lorsqu'ils croient en avoir gagné
quelques-uns, ceux-ci décampoient
sans bruit, & laissoient ces bons Religieux au milieu d'un désert, où ils
étoient dévorés par des bêtes féroces.

Le Pere *Gumilla* s'est attaché particuliérement à connoître les plantes,
les racines, les baumes, & les différents animaux de cette contrée des
Indes occidentales. Les détails qu'il en
fait n'offrent rien d'assez particulier
pour que nous les rapportions ici. Nous
nous contenterons de remarquer en
passant l'instinct de la *grande bête*,
animal qui n'a aucune ressemblance

avec ceux que nous connoiſſons en Europe. Elle eſt toujours en guerre avec le tigre qui l'attend en embuſcade pour lui ſauter à la tête. Si le combat ſe livre en plaine, la *grande bête* en eſt toujours la victime ; ſi c'eſt dans un pays couvert, elle ſe jette au travers des broſſailles & des bois qu'elle coupe aiſément avec un gros os qui lui ſort entre les deux yeux, & le tigre eſt déchiré ſans vouloir abandonner ſa proie.

Les Indiens font du ſel avec le char-bon de la racine de *Polipodio*. Les dif-férents arbuſtes qui croiſſent dans leur pays, leur fourniſſent à peu près les mêmes choſes que nous tirons des nô-tres. L'arbre de *Cabima*, qu'on appelle *bois d'huile*, eſt d'un grand ſecours. Ils connoiſſent le temps auquel ils en doi-vent tirer ſa liqueur, par une enflure conſidérable qui ſe forme dans le corps de l'arbre, & qu'ils percent au mois d'Août. L'huile en eſt excellente ; elle eſt bonne à manger, à faire des mé-dicaments, & à guérir les bleſſures les plus dangereuſes. Mais rien n'égale la quantité de poiſſons qui ſe trouvent dans l'*Orinoque* & dans les autres ri-

vies dont nous avons parlé. L'auteur
Espagnol assure que les rameurs peuvent à peine faire avancer les chalou-
pes. Leur maniere de pêcher ne les fatigue pas beaucoup. Ils battent l'eau
avec les rames, les poissons sautent
de tous côtés pour éviter les coups,
& leur nombre est si prodigieux,
qu'il en tombe dans la barque, autant
qu'elle en peut contenir. Les tortues
sont très communes chez eux. On en
trouve d'assez grosses pour nourrir vingt
personnes pendant trois jours; ils ont
aussi beaucoup de miel, & les arbres
sont couverts d'abeilles sauvages qui
en produisent d'aussi bon que le
nôtre.

Le Pere *Gumilla* a voulu faire un
chapitre très étendu pour détruire les
histoires fabuleuses qu'on a imaginées
sur la province de *Manoa del Dorado.*
Il croit que la grande quantité de
mines d'or & d'argent qu'on trouve à
Mariquita, à *Muso*, à *Neyva*, à *An-
tioquia*, à *Anserma*, à *Choco*, & à *Bar-
bacoas*, a pu donner lieu à toutes les
extravagances que les voyageurs ont
inventées à ce sujet. Ce qu'il y a de
vrai, c'est que la terre des Indes ren-

ferme dans son sein des richesses immenses en or, en argent & en pierres précieuses, si abondantes dans plusieurs endroits, que les oiseaux en ont souvent dans leurs gosiers. Mais ceux qui découvrirent les premiers la ville de *Manoa del Dorado*, au lieu de trouver des montagnes & des rochers d'or massif, descendirent dans une vallée fertile en poudre d'or, & virent un peuple qui avoit un culte & une religion. Il est vraisemblable qu'ils estimoient cette poudre ; car leur prêtre, avant que d'aller au temple immoler des victimes, se frottoit tout le corps avec de la gomme, & y jettoit ensuite de la poudre d'or, afin de se présenter magnifiquement devant ses Dieux.

Parmi tous ces différents Indiens dont nous avons parlé, le Pere *Gumilla* n'a jamais trouvé aucune marque d'idolâtrie ; il les a toujours regardés, avec les autres Missionnaires, comme des bêtes féroces que la religion seule pouvoit apprivoiser.

Ce jugement est appuyé sur une vision du Pere *Antonio Ruiz de Montoya*, le premier Religieux qui ait porté

la foi dans les Indes, & le fondateur
des miffions de la Compagnie de Jefus.

„ Etant en extafe pendant la nuit, il
„ fut tout à coup tranfporté dans
„ une grande prairie, au milieu de
„ laquelle étoit un temple fuperbe.
„ Trois Jéfuites vêtus de blanc, s'ef-
„ forçoient d'y conduire un·troupeau
„ de bêtes à poil qui ne vouloient
„ pas marcher. Après bien des efforts,
„ elles entrerent cependant dans le
„ temple avec les trois Jéfuites & le
„ Pere *Montoya.* Mais quel fut leur
„ étonnement, lorfqu'ils virent ces
„ bêtes à poil changées en Indiens
„ profternés devant le maître autel ;
„ ils levent les yeux pour regarder le
„ tabernacle, & apperçoivent un écri-
„ teau fur lequel on lifoit ces paro-
„ les du Prophete Roi : HOMINES ET
„ JUMENTA SALVABIS, DOMINE. En
„ même temps, les Jéfuites, les In-
„ diens & le temple difparurent ; le
„ Pere *Montoya* revint à lui, & forma
„ dès-lors la réfolution de confacrer
„ fes jours à exécuter les grandes
„ chofes qu'on peut lire dans l'hiftoire
„ de fa vie. „

Il paroît que les Efpagnols ont mis

en queſtion , ſi les Indiens étoient des
animaux raiſonnables. ,, Je dirai, con-
,, tinue le Pere *Gumilla* , que ceux qui
,, penſerent d'abord que les Améri-
,, cains n'étoient pas des animaux rai-
,, ſonnables , ſe trompoient groſſiére-
,, ment : *diré , que fué graviſſimo error
el de los que à la primera viſta penſaron ,
que no eran racionales.* Il faut avoir
une bien haute opinion de ſon exiſten-
ce pour former de pareilles idées.

Le travail le plus rude des Miſſionnaires eſt ſans contredit d'apprendre
les différentes langues des Indiens ; les
uns prononcent abſolument de la gorge , les autres du nez , quelques-uns
du bout des levres , quelques-uns enfin parlent avec une rapidité ſi extraordinaire , qu'ils diſent un mot de neuf
ou dix ſyllabes en moins de temps que
nous en prononçons un de trois ou
quatre lettres. Les Miſſionnaires ſont
cependant obligés de s'attacher à la
prononciation pour ſe faire entendre
de ces Sauvages. Le Pere *Gumilla* prétend qu'il faut remonter à la confuſion
de la tour de Babel . pour rendre raiſon de cette grande diverſité de langues Indiennes. ,, Les Indiens , dit-il ,

„ ne fauroient les avoir inventées ,
„ parce qu'elles font auffi régulieres
„ & auffi expreffives que les langues
„ les plus cultivées de l'Europe.

Il examine enfuite pourquoi les bords
de l'*Orinoque* font peuplés d'un fi grand
nombre de nations , & pourquoi ces
mêmes nations font fi peu nombreufes ,
& la plupart fi miférables ? Lorfqu'il
arriva chez les *Guayquiries* , le Cacique vint au devant de lui avec cinquante perfonnes qui compofoient tout
fon peuple. Il entra dans fa cabane
meublée d'un mauvais filet pour dormir , & de quelques fieges de bois. A
peine furent-ils affis que le Cacique
s'adreffant au Miffionnaire , lui dit :
Pere , fi tu portes des vivres , nous dé-
jeûnerons enfemble , parce que ni moi ni
aucun de mes fujets ne poffédons de quoi
remplir notre bouche. Le Pere *Gumilla* lui
préfenta un panier d'œufs de tortue.
Lorfque tout le monde en eut mangé ,
le Miffionnaire demanda au Cacique
pourquoi il avoit fi peu de vaffaux ?
Cuaca , patri , ana , rote , carinà , acufi
nimbo , lui répondit l'Indien ; *nous ne*
fommes pas davantage , mon pere , & le
peu que nous fommes à préfent , nous

*vivons, parce que les Caribes ont bien
voulu nous laisser le reste.* Effectivement
les *Caribes* venoient de massacrer toute
la nation, & n'avoient donné la vie
aux cinquante sujets du Cacique, que
pour avoir le barbare plaisir de leur
voler leurs fruits & leur gibier, & de
les faire mourir de faim. Tous les autres
peuples des Indes se détruisent ainsi
mutuellement par les guerres conti-
nuelles qu'ils ont ensemble, ou par
les poisons qu'ils se font prendre sub-
tilement les uns les autres. D'ailleurs,
lorsque les Indiennes accouchent de
garçons ou de filles qui ont la moindre imperfection, elles leur coupent
la gorge ou les enterrent tout vifs,
„ pour les délivrer des travaux aux-
„ quels ils seroient exposés comme
„ leurs compatriotes, sans avoir la
„ force de les soutenir aussi-bien qu'eux.
„ Ces longues guerres, selon le Pere
„ *Gumilla*, sont une punition inévita-
„ ble du fratricide de *Caïn*, & cela
„ est si vrai, qu'elles cessent ordinai-
„ rement lorsque les Missionnaires
„ commencent à annoncer la parole
„ de Dieu.

Mais une des causes de ces mêmes

L'Orino-
que illus-
tré.

guerres, qu'il seroit aisé de détruire, est la coutume inhumaine d'acheter les prisonniers que les Indiens font sur leurs ennemis. Si l'avarice & la cupidité n'avoient pas imaginé ce commerce barbare, les peuples de l'Amérique verroient bientôt régner parmi eux la concorde & la paix.

Après être entré dans le détail de plusieurs incursions que les peuples de l'*Orinoque* ont faites sur les Missionnaires, des colonies qu'ils ont renversées, de quelques Eglises qu'ils ont brûlées, & des missions qu'ils ont détruites, l'auteur rapporte très au long la maniere dont ces peuples élisent leurs chefs, les qualités nécessaires pour parvenir au commandement, & la joie à laquelle les Indiens se livrent lorsqu'on a choisi un Cacique dans leur famille. Il faut d'abord que la nation entiere assure que le récipiendaire a fait ses preuves de légéreté, d'adresse & de valeur. On le conduit ensuite tout nu au milieu d'une plaine où les autres Capitaines & les notables Indiens lui distribuent chacun à leur tour autant de coups de fouet qu'ils en peuvent donner, sans qu'il lui soit permis de pouffer un foupir. Le lendemain, on le couche dans un hamac (a) & chacun y jette une poignée de groffes fourmis, qui s'attachent tellement à leur proie, qu'on eft obligé de les couper en deux pour leur faire lâcher prife. La troifieme épreuve eft celle du feu. On fufpend le candidat à un arbre au deffous duquel les Caciques allument de grands fagots, dont on diminue cependant la quantité, dès qu'on s'apperçoit que le malheureux Capitaine ne peut plus foutenir les tortures. S'il laiffe échapper la moindre plainte durant le cours de ces trois fupplices, il eft déclaré indigne d'être jamais à la tête de la nation.

Les poifons des Indiens font tirés des fucs de certaines plantes ou du corps de plufieurs animaux. Le Pere *Gumilla* traite cette matiere avec beaucoup d'exactitude ; il indique les remedes dont il faut fe fervir lorfqu'on eft empoifonné, ou piqué par les infectes, qui font prefque tous venimeux. Il

L'Orino-
que illus-
tre'.

(a) Sorte de lit portatif en ufage en Amérique ; on le fufpend entre deux arbres pour fe garantir pendant la nuit des bêtes féroces.

paſſe enſuite à la deſcription du crocodile : ,, Quelle définition pourrois-je
,, trouver pour faire ſuffiſamment com-
,, prendre l'horrible laideur du *Cai-*
,, *man* (a). L'imagination la plus vive
,, ne ſauroit donner une peinture plus
,, vra e du diable. ,, Il y en a de
trente pieds de long. Ces animaux ne
ſe battent jamais que lorſqu'ils ſont en
chaleur, ou qu'ils font des petits. On
les prend aiſément à l'hameçon ; leur
graiſſe eſt un remede ſpécifique contre
les maux d'eſtomac.

Les hommes ne cultivent jamais la
terre dans les Indes. Le ſoin de ſemer
le grain , de planter les cannes de
ſucre , & de cueillir les fruits , regarde
abſolument les femmes. Les Indiens
aſſurent que *puiſqu'elles ſavent engen-*
drer , elles doivent néceſſairement ferti-
liſer tout ce qu'elles touchent.

Les éclipſes de lune épouvantent
beaucoup les peuples de l'*Orinoque* ,
ils ſe fouettent , pleurent , gémiſſent ,
ſe déchirent le viſage , & éteignent le
feu juſqu'à ce qu'elle reparoiſſe. Ils

(a) Les Indiens donnent ce nom au crocodile.

obfervent fur tout de ne pas fe marier pendant ce temps là.

Quelques-uns d'entr'eux achetent leurs femmes; d'autres marient les filles dès qu'elles viennent au monde ; le mari n'eft cependant pas obligé de la garder, fi elle ne lui plaît pas dans un âge plus avancé. La poligamie occafionne quelquefois chez eux des guerres fanglantes. La querelle commence entre des femmes obligées de vivre enfemble pendant long-temps, & qui fe déteftent auffi cordialement que les nôtres. Bientôt les hommes s'en mêlent ; & ce qui n'étoit d'abord qu'une tracafferie domeftique , met quelquefois les armes à la main à plufieurs nations, qui ne fe quittent ordinairement qu'après la deftruction totale de l'un des deux partis.

Le Pere *Gumilla* termine fon *Orino-que illuftré* par une differtation fur la population des Indes , & par une longue apoftrophe aux Miffionnaires de la Compagnie de Jefus.

RELATION

D'UNE

EXHALAISON DE FEU,

Qu'on a découverte dans les mines d'étain de Cornouaille.

LE Surintendant des ouvrages de cette mine étant descendu en bas au niveau du fond de la mine, mais à quelque distance de l'endroit où travailloient les ouvriers, vit dans un coin qui étoit négligé ou plutôt épuisé, puisqu'autrefois on y avoit travaillé, un petit globule de vapeur blanche du volume d'une noix qui s'agitoit sur la surface, ce qu'il jugea être le commencement d'une exhalaison. Il résolut de couper racine au mal dans son origine ; il y fit mettre le feu, ce qui causa une explosion considérable, & remplit toute la cavité de la mine, sans y faire aucun dommage. Peu de

jours

jours après étant revenu au même endroit, il y vit un autre globule qui s'y étoit encore formé. Comme il n'avoit résulté aucun inconvénient du premier, l'entrepreneur résolut de laisser celui-ci quelque temps sans y mettre le feu, afin d'observer le progrès de la nature dans la formation de ces vapeurs. En conséquence il descendit tous les jours dans la mine, & il y vit le globule flottant qui augmentoit toujours de volume. Le quatrieme jour il étoit de la grosseur d'une balle de raquette; le quinzieme il étoit de la grosseur de la tête d'un homme, toujours d'une forme globulaire & beaucoup plus blanc qu'au commencement. Ce qui est remarquable, c'est qu'à mesure qu'il grossissoit, au lieu de plonger vers la terre, comme on auroit pu l'attendre, il s'élevoit en l'air. Au reste, comme il étoit dans un coin & hors du chemin des ouvriers, il n'incommodoit personne. Cependant l'entrepreneur effrayé du progrès de ce globule, se prépara à y mettre le feu. A cet effet il fit retirer les ouvriers, & mit le feu à la vapeur au moyen d'une lumiere attachée à une corde,

EXHALAISON DE FEU.

dont la communication avoit vingt-huit verges de long. Le bruit de l'explosion fut aussi considérable que celui de plusieurs canons qui feroient feu ensemble.

L'air s'enflamma jusqu'à l'endroit même où étoient les ouvriers, quoiqu'à cette distance de vingt-huit verges. Ils crurent ne revoir jamais le jour, tant ils furent effrayés du bruit horrible des pierres qu'ils virent rouler & qui tomboient d'en-haut. Par bonheur ils trouverent que ce n'étoit que quelques masses du rocher qui n'avoient point fermé le passage. Cependant cet événement fit tant d'impression sur l'entrepreneur, qu'il résolut de ne plus descendre dans la mine, en quoi il fit très prudemment ; car de dix-huit personnes qui y étoient alors, il fut le seul qui se sauva, & qui fut en état de raconter la seconde explosion. Cette mine communiquoit avec deux autres qui avoient été long-temps auparavant travaillées, & tous les passages avoient été remplis & comblés. Toutes les fois qu'on y avoit fait quelque ouverture, il en étoit sorti des exhalaisons empoisonnées qui avoient pensé causer la mort

aux mineurs. Il eſt vraiſemblable que
quelqu'un de ces malheureux avoit
frappé de ſon pied dans quelqu'une de
ces cavernes abandonnées, & que la
vapeur dont elles étoient remplies,
ayant pris feu à leur lumiere, les a
tous fait périr. L'entrepreneur dans ce
moment étoit au haut du paſſage de
la mine, dont l'ouverture étoit couverte d'un ouvrage de charpente aſſez
fort pour ſoutenir les poutres, les
échelles & autres machines pour le
le ſervice de la mine. Il entendit un bruit
beaucoup plus conſidérable que ne ſeroit
la décharge de mille canons à la fois;
& au même inſtant il vit ſortir de la
mine une colonne de feu de couleur
de ſalpêtre qui s'éleva à la hauteur de
quarante pieds, & qui étant tombé
ſur une chaumiere du voiſinage, l'é-
craſa, en tua le propriétaire, & eſtro-
pia toute ſa famille. Près de là on
trouva le corps d'un de ces mineurs
qui s'étoit ſans doute rencontré à l'ouverture de la mine : ſon ouverture étoit
comblée de morceaux de rocher qui
avoient été fendus & mis en pieces par
le feu.

Exhalai-
son de
feu.

MÉMOIRE

Sur une espece de Chenilles qui produisent de la soie, par M. DE LA ROUVIERE D'EYSSAUTIER, Chevalier de l'Ordre Royal & Militaire de saint Louis, Commissaire des guerres au département de Languedoc, Membre de l'Académie des Sciences & Belles-Lettres de Beziers.

Avertissement de l'Auteur.

CE Mémoire, dont le sujet peut devenir très intéressant par la suite, ne m'avoit pas d'abord paru mériter l'impression ; mais le desir que plusieurs personnes ont témoigné d'en avoir des copies, m'a enfin déterminé à le mettre au jour.

Je m'estimerois fort heureux si, par cette foible marque de mon zele, je pouvois un jour concourir au bonheur de l'humanité, & avoir quelque part à la bienveillance d'un Miniſtre qui n'a d'autre objet que la gloire du Prince & la félicité des ſujets.

A ces traits, quoique légérement ébauchés, il eſt aiſé de reconnoître l'illuſtre Duc de *Choiſeul*, ce citoyen aimable, ce patriote éclairé, qui, par ſes talents & ſes rares qualités, a ſu s'attirer avec juſtice la confiance d'un Maître beaucoup plus flatté du g'orieux titre de Pere du peuple, que de celui de Roi d'une des plus puiſſantes monarchies de l'univers.

Si au contraire, ma bonne volonté ne ſuffit pas pour remplir les vues de notre auguſte Monarque, & du Miniſtre ſi digne de ſon choix, j'oſe eſpérer du moins que le public équitable ne me ſaura pas mauvais gré d'avoir voulu me rendre utile. C'eſt à quoi j'ai toujours borné ma principale ambition.

MÉMOIRE.

L'auteur de la nature n'a rien dû faire en vain, c'eſt un principe inconteſtable.

On peut dire cependant, ſans prétendre heurter cette vérité , que la plupart des chenilles connues nous ont paru jufqu'ici très malfaifantes , & par conféquent fort inutiles , par la raifon fans doute que nous n'avons pas fu , ou peut-être voulu pénétrer dans leurs vertus occultes. Quoiqu'il en foit , la chenille dont je vais tracer le tableau , eft d'une efpece bien différente des autres , ainfi qu'on pourra le voir ci-après.

Cette chenille , que je crois devoir nommer *chenille de pin* , & que M. *de Réaumur* a mis au rang des chenilles qu'il appelle *Proceffionnaires* , naît aux environs de Farges dans le pays de Gex, entre le mont Jura & la Suiffe.

Il y a toute apparence qu'elle eft de la même efpece que celle dont il eft parlé dans les Commentaires de *Mathiole* fur *Diofcoride* , au mot *Pinorum eruca* , en grec *Pitio campa* , dont les vallées d'Ananie & de Flemme auprès de Trente font toutes remplies , attendu , dit cet auteur , qu'il y a beaucoup de pins.

Cette chenille eft à peu près femblable aux autres , c'eft-à-dire que fon corps eft velu & compofé de plufieurs

anneaux qui , en s'éloignant & se rap-
prochant les uns des autres , le portent
où il a besoin d'aller : sa couleur est
roussâtre, sa longueur d'environ quinze
lignes, & son épaisseur proportionnée.

Les chenilles de cette espece vivent
& font leurs cocons sur des pins sauvages, fort communs en France , &
qui croissent dans les endroits même
les plus stériles.

Ce qu'il y a de plus admirable dans
ces animaux , est qu'ils ne s'arrêtent
sur aucun autre arbre : ainsi il ne faut
pas les confondre avec ces insectes ou
reptiles voraces , qu'on ne doit chercher qu'à détruire & non à multiplier.

Or , ces chenilles ne s'attachant qu'à
des arbres regardés jusqu'ici comme
presque inutiles, au haut desquels elles
font leurs cocons , elles ne sauroient
par conséquent nuire aux autres végétaux destinés aux besoins ou aux plaisirs des hommes , auxquels elles peuvent au contraire servir fort utilement
ainsi que je tâcherai de le démontrer.

Les cocons, fruit de leurs travaux
presque journaliers, sont à peu près de
la grosseur d'un melon ordinaire , & l'on
peut en tirer de fort belle & bonne soie.

F f 4

Toute la difficulté confisteroit, felon moi, à détacher ces cocons de l'arbre, attendu qu'ils en entourent & ferrent fort étroitement une branche droite, & parfaitement femblable à une quenouille à filer.

De plus, il y a au centre du cocon une efpece de fac rempli de petits boutons, qui leur fervent vraifemblablement de nourriture en hiver, peutêtre même encore de matiere pour leur ouvrage ; & ce fac leur fert de nid pendant l'été.

Je penfe, s'il m'eft permis de faire ici quelques réflexions, qu'en coupant la branche qui traverfe le cocon, on pourroit aifément fe fervir de ces quenouilles naturelles pour en extraire la foie, fans détériorer l'arbre dont la branche ne manqueroit pas de repouffer l'année d'après. C'eft aux artiftes à trouver des moyens plus fûrs & plus courts pour une opération qui, je crois, leur paroîtra peu difficile, eu égard aux autres inventions curieufes qu'on découvre ou qu'on perfectionne chaque jour fous les yeux & les aufpices de MM. de l'Académie Royale des Sciences de Paris &

des autres Académies du Royaume.

J'obſerverai ſeulement en faveur des phyſiciens & des amateurs de l'Hiſtoire naturelle, que les petites chenilles de l'eſpece ci-deſſus prennent naiſſance dans le ſac dont j'ai parlé, y reſtant enfermées juſqu'à ce qu'elles ſoient comme pere & mere ; alors perçant leur maiſon, elles ſortent toutes en file à la queue l'une de l'autre pour aller s'établir ſur un pin étranger à celui qui leur a ſervi de berceau, & ſur lequel un grand nombre d'entr'elles travaillent de concert à un même cocon depuis le printemps juſqu'à l'entrée de l'hiver, & même quelque temps après les premieres neiges ; ce qui fait préſumer qu'elles pourroient fournir de la ſoie preſque toute l'année dans la partie méridionale du Royaume, comme la Provence, le bas Languedoc & le Rouſſillon.

De quelles reſſources ne ſeroient donc pas ces chenilles à ces trois provinces & à toute la France, ſi mes conjectures ſe trouvoient vraies ?

1°. On auroit le moyen le plus avantageux de mettre à profit, & à peu de frais, un terrein inculte & à charge.

2°. On retireroit de ces infectes bienfaifants une marchandife auffi néceffaire pour les meubles que pour les habits ; & au lieu de faire paffer notre argent en Efpagne, en Italie, dans le levant, & ailleurs, nous verrions bientôt circuler chez nous celui de l'étranger qui s'empreffěroit à venir profiter du bon marché qu'on feroit en état de lui faire, & à la faveur duquel il pourroit s'enrichir à fon tour.

Il eft vrai que la propagation de ces chenilles ne feroit peut être pas auffi aifée qu'on fe l'imagine ; un climat différent & le tranfport d'un lieu à un autre pourroient fort bien leur être nuifibles. Cependant la réuffite paroiffant très poffible, pourquoi négligeroit-on les moyens de s'en éclaircir ? L'effai en feroit facile en faifant apporter à Paris ou ailleurs une des branches au bout defquelles giffent dans le nid les œufs de ces infectes, qu'on pourroit faire éclorre par le fecours de l'art, auffi bien & peut-être avec plus de fuccès, que les poulets de feu M *de Réaumur*. C'eft aux naturaliftes à en décider.

Pour moi je ne dois m'attacher

qu'à décrire ce que j'ai trouvé de remarquable dans ces fortes d'animaux.

Je dirai donc , pour remplir ma
tâche , qu'ils ne fe multiplient que de
proche en proche , & que l'on voit
des pins éloignés au plus d'un quart
de lieue de ceux qui en produifent une
quantité innombrable où l'on n'en découvre point du tout ; ce qui me faifoit croire que pareilles chenilles ne
deviennent jamais papillons , & qu'elles
peuvent reſſembler à celles dont il eſt
parlé dans le Spectacle de la nature ,
tome I , page 55.

Il fera fort aifé aux méchaniciens de
trouver des moyens pour tirer cette
foie des cocons , & pour la dévider
auffi facilement que celles de ces vers fi
eftimés & dont plufieurs perfonnes fe
dégoûtent , tant par rapport aux foins ,
que par la dépenfe qu'ils occafionnent ,
les mûriers qui lui fervent de nourriture ne croiſſant pas dans tous les pays
avec la même facilité que les pins fauvages , arbres dont la culture ne fauroit
occuper.

Je dois obferver en finiſſant , qu'on
fit il y a quelques années , auprès de
Farges , de très bons bas de la foie en

queſtion, quoiqu'elle ne fût ni dé-
creuſée ni dévidée, mais ſeulement
arrachée avec la main, & filée à l'ordinaire : ce qui me perſuade qu'on en
tireroit encore un grand parti en la
filant à la quenouille ou au rouet, en
ſuppoſant que les tours ordinaires ne
puſſent pas être mis en uſage pour
cette opération; ce qui n'eſt pas à préſumer.

Cette ſoie eſt très forte & d'un blanc
argenté, ſur-tout ſi on a le ſoin de
la ramaſſer avant les neiges, ſe ſaliſſant
un peu pendant l'hiver.

Il eſt infiniment à deſirer que la
choſe réuſſiſſe, & l'on verra bientôt,
je le répete, la France en état de
fournir de la ſoie à toute l'Europe, ſi
l'on parvient à avoir & à perpétuer
dans tous les endroits complantés de
pins, dits vulgairement *Pinades*, les
utiles inſectes dont je viens de parler.

Peu de temps après la lecture de ce
Mémoire à l'aſſemblée publique de
l'Académie des Sciences & Belles Lettres
de Beziers, tenue le 25 du mois d'Août
de l'année 1761, M. *Bouillet*, Secre-
taire perpétuel de cette Académie, reçut
une lettre de M. *Vergnies*, Prieur de

Miglos près Tarafcon en Foix, par laquelle il lui mandoit qu'un mois après l'affemblée de notre Académie, il fut à un bois de pins, où il trouva une grande quantité de cocons des chenilles en queftion, mais prefque tous pourris, le temps de les cueillir étant paffé ; mais qu'il étoit à portée de faire dans la faifon une abondante récolte.

CHENIL-
LES QUI
PRODUI-
SENT DE
LA SOIE.

Il envoya une petite portion de la foie extraite d'un de ces cocons qui, malgré fa faleté, annonce qu'on pourroit en tirer grand parti.

On m'a encore affuré avoir vu de pareils cocons fur des pins qui font dans le Jardin du Roi à Montpellier.

DES SAUTERELLES

Qui dans les années 1747 & 1748, ont endommagé la Walachie , la Moldavie & la Tranſilvanie.

ON ſait, à n'en pas douter, que les Sauterelles qui ont cauſé tant de dommages en Tranſilvanie , ſont venues de la Walachie & de la Moldavie, en ſuivant les défilés des montagnes , dont le plus connu ſe trouve aux environs de Clauſenbourg , & eſt appellé *le paſſage de la tour rouge*. Il en arriva auſſi par les défilés voiſins de Carlſtad, qui forment la grande route allant de Tranſilvanie en Moldavie & en Walachie.

Les premieres colonnes arriverent en Tranſilvanie au mois d'Août 1747. Elles furent ſuivies par d'autres qui étoient en nombre ſi prodigieux, que du moment où les premieres atteignirent la tour rouge , il s'écoula plus de quatre heures avant que les dernieres

fuſſent paſſées ; & cette colonne étoit
ſi épaiſſe , que l'entrechoquement de
leurs aîles faiſoit un bruit ſourd dans
l'air. La largeur de la colonne étoit
de pluſieurs centaines de braſſes , & il
eſt aiſé de concevoir que ſon épaiſſeur
doit avoir été beaucoup plus conſidérable , puiſque quand elle baiſſoit le
vol , elle déroboit la clarté du ſoleil &
obſcurciſſoit le jour au point qu'on ne
pouvoit ſe reconnoître à la diſtance de
vingt pas. Lorſque ces ſauterelles furent
ſur le point de traverſer la riviere qui
paſſe dans les vallées de la Tour rouge ,
ne trouvant ni fourrage , ni endroit pour
ſe repoſer , & étant laſſes de voler , une
partie ſe laiſſa tomber en deça de la
Tour rouge , ſur du bled qui n'étoit
pas mûr , ſur du millet , du froment
de Turquie , &c. Une autre partie ſe
campa ſur un petit bois , & après avoir
ravagé toute la campagne qui l'environne , la colonne ſe remit en marche ,
comme ſi elle en eût reçu l'ordre par
quelque ſignal. La garde de la Tour
rouge fit ſon devoir pour diſputer le
paſſage à ces dangereux animaux , &
fit feu ſur la colonne qui fut rompue
en effet par-tout où les balles & les

dragées de plomb donnoient ; mais ils se rallierent sur le champ, & la colonne continua sa route.

Les sauterelles different de figure selon leurs différents âges. Une tempête accompagnée d'une forte pluie abattit une partie de la colonne dans le mois de Septembre ; & ces animaux étant mouillés d'outre en outre se cacherent dans la terre, dans le fumier & dans la paille, où ils étoient à l'abri de la pluie. Ils y pondirent une quantité prodigieuse d'œufs, qui tenoient ensemble par un suc visqueux, & qui étant un peu plus longs & plus minces que ceux des fourmis, ressembloient à peu près à un grain d'avoine. Les femelles moururent après avoir pondu, comme il arrive aux vers à soie, & les Transilvaniens apprirent par l'expérience que la colonne qui étoit tombée sur nos champs près de la Tour rouge, ne paroissoit pas destinée à y rester, mais qu'elle avoit été abattue par une grosse tempête. On eut soin de retirer quantité de leurs œufs de terre, & l'on en écrasa beaucoup le printemps suivant avec la charrue. Ces œufs rendirent un suc jaunâtre.

Dans

Dans le printemps de 1748 , on trouva certains petits vers répandus dans les champs & entre les haies. Ils fe tenoient tous , & étoient amaſſés par tas , femblables à ceux des taupes & des fourmis. Comme perſonne ne connoiſſoit ces vers , on n'y fit point d'attention ; & au mois de Mai ils furent cachés par le bled d'hiver qui commençoit à pouſſer. Le mois de Juin ſuivant démaſqua enfin ces vers : car comme la ſemence de printemps étoit déjà alors aſſez avancée , ils fe répandirent par-tout dans les champs , & leur nombre prodigieux cauſa des dommages terribles aux fruits de la terre. Les gens de la campagne , qui avoient mépriſé l'avertiſſement qui leur avoit été donné à temps par ces tas de vers , fe repentirent avec raiſon de leur indolence , puiſqu'on ne pouvoit plus exterminer ces infectes répandus partout , fans ruiner en même temps tous les fruits qui en étoient déjà couverts.

Ces infectes étoient d'un brun foncé fur la tête , aux côtés & au dos ; le ventre étoit jaune , & les autres parties rougeâtres. Vers la mi-Juin ils étoient devenus longs d'un doigt & davanta-

Tome IV.   G g

ge , selon qu'ils avoient été éclos plutôt ou plus tard ; mais leur couleur resta toujours la même.

Vers la fin de Juin ils quitterent leur peau , & l'on voyoit alors distinctement qu'ils avoient des aîles , qui ressembloient à celles des abeilles ; mais qui n'étoient pas encore déployées. Leur corps étoit alors fort délicat & d'un verd jaunâtre. Pour s'apprêter au vol , ils travailloient sans cesse avec leurs pattes de derriere pour débarrasser leurs aîles , comme font aussi les mouches en pareil cas. Ceux qui étoient parvenus à faire usage de leurs aîles, s'élevoient aussi tôt , & en volant autour des autres , les invitoient par leur bourdonnement à venir les accompagner. Le nombre de ceux qui voloient s'étant ainsi augmenté de jour en jour, ils continuerent leur vol en allant & venant dans un canton de 20 ou 30 aunes en rond , jusqu'à ce que les derniers se fussent joints à eux , & enfin après avoir terriblement ravagé leur terre natale , toute la troupe se forma en colonne , & se mit en route pour chercher sa vie ailleurs.

Par-tout où ces insectes étoient tom-

bés, ils n'avoient épargné aucune forte
de plantes. Ils avoient dévoré le jeune
bled & même l'herbe des champs ;
mais ce qui formoit le spectacle le plus
triste, c'étoient les champs où ils étoient
nés, & dont, avant de pouvoir s'envoler, ils avoient si bien ravagé jufqu'à la moindre verdure, que la terre
étoit restée toute nue.

On n'avoit rien à craindre dans les
lieux où les sauterelles ne tomberent
que vers l'automne, puisqu'elles ne
peuvent voler à une certaine distance
qu'en Juillet, Août & au commencement de Septembre, & que vers ce
dernier temps elles semblent ordinairement se transporter vers des climats
plus chauds.

Pour s'en garantir, il faut se servir
de différents moyens selon l'âge &
l'état différents de ces insectes, savoir
lorsqu'ils ne font qu'éclorre, ou qu'ils
commencent à marcher, ou enfin quand
ils font en état de voler. L'expérience
a appris en Transilvanie, qu'il auroit
été fort à propos de découvrir les endroits où étoient les femelles. Rien
n'auroit été plus aisé que de visiter
soigneusement ces cantons en Mars &

en Avril , & d'écraser les œufs ou les
petits avec des bâtons ou autrement ; &
au cas qu'on n'eût pu les faire sortir des
broussailles , du fumier ou de la paille ,
d'y mettre le feu. L'expédient auroit
été prompt & son succès assûré , comme
il a été reconnu ailleurs. Mais lorsqu'une fois l'été est venu , & que ces
animaux ont déjà quitté leurs quartiers
de printemps & qu'ils se sont jetés sur
les champs de bled , il est absolument
impossible de les détruire , sans battre
tout le canton à coup de fléau ou avec
d'autres instruments , & ruiner ainsi les
fruits avec les sauterelles.

Dans le temps que le bled est à peu
près mûr , les Transilvaniens ont appris à leurs dépens qu'il n'y a d'autre
moyen de se débarrasser des ces hôtes
incommodes, ou du moins d'en diminuer le nombre , que de faire ranger
beaucoup de monde autour de leur
troupe , & de les chasser à grand bruit
de sonnettes , de tambours , de vaisseaux de cuivre , &c. Mais toutefois ce
moyen ne réussit pas , à moins que le
soleil ne soit très haut & assez chaud ,
pour avoir desséché la rosée des tuyaux
de bled ; sinon ces animaux s'attachent

aux tuyaux ou restent cachés sous l'herbe. Si l'on peut réussir à les chasser & à les faire retomber sur un champ qui ne serve pas dans l'année, on peut alors les tuer avec des bâtons ou des branches d'arbres. S'ils s'amassent en un tas, il faut promptement les couvrir d'une couche de paille & y mettre le feu. Au reste tous ces remedes servent plutôt à diminuer leur nombre qu'à les exterminer entiérement. Il y en a quantité qui se cachent sous l'herbe pour éviter l'ardeur du soleil, ou qui entrent dans les trous & fentes de la terre pour chercher de l'humidité. C'est pourquoi il est nécessaire de réitérer de temps à autre ces expéditions, afin de les éclaircir de plus en plus & de prévenir par-là les grands dommages qu'ils causent dans la campagne.

Il est encore bon de creuser un long fossé de la largeur & de la profondeur de deux à trois pieds, attenant le canton où l'on voit qu'une grosse troupe de ces insectes s'est campée. On range le long de ce fossé du monde muni de balais, d'arbres, &c. pendant que d'autres forment des deux côtés du foſſé un demi-cercle qui renferme les ſauterelles & les chaſſent à grand bruit dans le foſſé, les premiers les y reçoivent, en tuent tant qu'ils peuvent, & comblent le reſte de terre.

Lorſque ces animaux commencent à voler, il faudroit être ſur ſes gardes dans les champs, & au moment que la colonne ſe diſpoſe à ſe mettre en route, avertir toute la commune par un ſignal, afin que tout le monde accourût à grand bruit, pour les chaſſer de toute la contrée. Lorſqu'étant fatigués de voler, ils ſe campent dans quelque champ; il eſt alors aiſé de les tuer avec des bâtons ou des balais, ſoit le ſoir ou le matin quand ils ſont mouillés par la roſée, & même à toute heure du jour par un temps de pluie, parce qu'alors ils ne peuvent point voler.

Il a déjà été dit que dans les temps froids ou humides du printemps les femelles ſe cachent dans la terre ou autre part, pour pondre les œufs, & qu'elles meurent après. C'eſt pourquoi il faudroit avoir ſoin de les exterminer dans le temps que les champs ſont dépouillés de leurs bleds, &

avant que la femelle ponde ſes œufs.

On eut avis en Septembre 1748, que pluſieurs colonies de ſauterelles s'étoient miſes en route dans la Walachie, qu'elles tournoient vers les défilés ordinaires qui conduiſent en Sibérie, & qu'elles étoient campées alors aux environs de Clauſberg, tenant un eſpace de près de trois lieues. Il fut impoſſible en ces endroits de ſauver le millet & le froment de Turquie de la voracité de ces inſectes.

L'hiſtoire de Tranſilvanie auroit peine à fournir l'exemple d'un pareil malheur, & les vieillards de ce pays ne ſe ſouviennent pas d'y avoir jamais vu venir de ſauterelles qui ne ſoient mortes avant d'avoir pondu leurs œufs. Ce qu'il y a de certain, c'eſt qu'il en vint quelques colonies de la Walachie, il y a environ 40 ans : elles firent beaucoup de dégâts par tout où elles tomberent ; mais elles quitterent ce pays avant la fin de l'été, où elles creverent par le mauvais temps.

On écrivit alors de Vienne en Autriche, qu'une colonne formidable de ſauterelles venoit d'arriver à environ vingt lieues de cette ville, qu'elle te-

DES SAU-
TERELLES.

noit environ une demi-lieue de large,
& qu'elle étoit si longue, que quoiqu'elle parût avancer fort vîte, on
n'en voyoit pas la fin trois heures
après qu'elle eut commencé à paroître.

Fin du quatrième Tome.